Thomas Grüter
Offline!

Der Kollaps der globalen digitalen Zivilisation

2. Auflage

Thomas Grüter
Münster, Deutschland

ISBN 978-3-662-63385-4   ISBN 978-3-662-63386-1   (eBook)
https://doi.org/10.1007/978-3-662-63386-1

Die Deutsche Nationalbibliothek verzeichnet diese Publikation in der Deutschen Nationalbibliografie; detaillierte bibliografische Daten sind im Internet über http://dnb.d-nb.de abrufbar.

Covermotiv: © stock.adobe.com/Petrovich12/ID 83022226
Covergestaltung: deblik, Berlin

Planung/Lektorat: Simon Rohlfs
Springer ist ein Imprint der eingetragenen Gesellschaft Springer-Verlag GmbH, DE und ist ein Teil von Springer Nature.
Die Anschrift der Gesellschaft ist: Heidelberger Platz 3, 14197 Berlin, Germany

Einführung

Seit 200.000 Jahren wandern Menschen über die Erde, aber erst vor 10.000 Jahren wurden sie sesshaft. Seitdem entstanden Dutzende von Hochkulturen und Zivilisationen, die aus unscheinbaren Anfängen langsam heranwuchsen, aufblühten und wieder verschwanden.

Viele von ihnen zeigen einen rätselhaften und verstörenden Entwicklungszyklus. Nach einem langsamen Aufstieg zu Macht und Reichtum brachen sie in ihrer Hochblüte unvermittelt zusammen. Das Erbe von Jahrhunderten zerfiel in wenigen Jahrzehnten.

Müssen wir eventuell mit dem gleichen Schicksal rechnen? Unsere technische Zivilisation ist ohne Zweifel einzigartig, und doch hat sie mit den vergangenen Kulturen mehr gemeinsam, als wir glauben.

Alle städtischen Kulturen sind darauf angewiesen, dass die Landwirtschaft sie miternährt. Nur so gewinnen Schmiede, Ärzte, Tischler oder Händler die Freiheit, ihren Beruf zur Meisterschaft zu entwickeln. Städte und

Staaten brauchen eine Verwaltung, eine innere Ordnung und eine Verteidigung. Selbst in sehr frühen Städten fanden Archäologen ein Straßennetz und eine Wasserversorgung, manchmal auch eine Kanalisation. Eine Stadtmauer schützte gegen Feinde. Feste und gesicherte Wege begünstigten den Fernhandel. Schon frühe Großkönige richteten in ihren Reichen ein Kommunikationsnetz ein. Briefe, Befehle, Depeschen und Berichte reisten per Kurier, per Schiff und schließlich per Telegrafenleitung.

Alle diese kulturellen Leistungen hat die Menschheit in den letzten fünfzig Jahren in nie gekannte Höhen getrieben. In Deutschland ernährt heute ein Landwirt 135 Menschen, Mitte des 20. Jahrhunderts waren es noch zehn. Die Stromleitungen allein in Deutschland würden aneinandergelegt zweimal zum Mond und zurück reichen. In weniger als einem Tag fliegen wir zum anderen Ende der Welt. Und zum ersten Mal überhaupt verbindet ein schnelles, weltumspannendes Kommunikationsnetz mehrere Milliarden Menschen. Die digitale Revolution hat unser Leben umgekrempelt. Und das Besondere daran: Unsere Zivilisation umfasst nicht nur ein Reich oder eine Region, sondern die ganze Welt. Die schnelle Entwicklung der Impfstoffe gegen das Coronavirus wäre ohne den verzögerungsfreien Informationsaustausch zwischen Forschern und Firmen nicht möglich gewesen.

Ganz ohne Frage: Unsere Zivilisation erlebt ihre Hochblüte. Und genau in dieser Zeit sind viele frühere Kulturen zusammengebrochen. Was wäre, wenn wir mit dem Aufbau einer beispiellos komplexen Infrastruktur nicht die Stabilität verbessern, sondern nur die Fallhöhe vergrößern?

Ein Kollaps ist aber kein unabwendbares Schicksal. In hundert Jahren haben wir mehr Wissen angehäuft als alle früheren Hochkulturen zusammen. Wir sollten es nutzen, um unsere Zivilisation zu stützen und die

Welt lebenswerter zu gestalten. Wenn wir unsere Infrastrukturen nicht aktiv erhalten, werden sie zerfallen. Unsere Umwelt muss gesund bleiben, wenn wir zu essen haben wollen. Wir müssen Wissen sorgfältig bewahren, weil auch digitale Speicher eine begrenzte Lebensdauer haben. Und noch immer schwebt der Schatten eines Atomkriegs über uns, unsichtbar und tödlich.

Nur wenn wir die Risiken kennen, werden wir sie minimieren können. Unser Gehirn ist aber noch immer auf ein Leben als Jäger und Sammler in der Steppe eingestellt. Ein exponentielles Wachstum und einen drohenden Kollaps erkennt es meistens viel zu spät. Anders als frühere Zivilisationen sind wir in der glücklichen Lage, solche Entwicklungen zu berechnen und zu simulieren. Eine Stadt, ein Staat oder eine Zivilisation lässt sich als sogenanntes komplexes System beschreiben. Grundsätzlich versteht man darunter ein System aus vielen Einzelkomponenten, die untereinander und mit der Außenwelt wechselwirken, aber nicht starr gekoppelt sind. Jede Komponente ist ein Objekt oder wiederum ein eigenständiges System und verändert ihr Reaktionsschema im Laufe der Zeit. Und ja, ein solches System lässt sich tatsächlich simulieren.

Die Tücken der Komplexität

Die folgenden Ausführungen sind teilweise etwas abstrakt und für das Verständnis der weiteren Buchkapitel nicht unbedingt notwendig. Sie können sie also getrost überspringen. Hilfreich sind sie aber schon, und ich empfehle darum, sie zumindest zu überfliegen.

Ein einfaches physikalisches System lässt sich vollständig beschreiben. Die klassische Physik beruht auf der Idee, dass man störende Einflüsse eliminiert, um die zugrunde liegenden Gesetze und mathematischen

Beziehungen in ihrer reinen Form herauszuarbeiten. Das ist aber nicht immer möglich. Manche Systeme sind riesengroß und reagieren ganz anders, als es die getrennte Betrachtung ihrer Einzelteile erwarten ließe. Wenn, wie in einem Flugzeug, jedem Element eine genau festgelegte Rolle zugewiesen ist, haben wir es lediglich mit einem *komplizierten* System zu tun. In einem komplexen System sind viele Elemente selbstständig handelnde Akteure, die aufeinander einwirken. Obwohl sie vorwiegend die unmittelbare Nachbarschaft beeinflussen, breiten sich Störungen oder Veränderungen zuweilen über das gesamte System aus. Die Akteure sind nicht notwendigerweise untereinander gleich, dürfen fest oder beweglich sein und nehmen mehrere verschiedene Zustände an. Sie reagieren auf Veränderungen in ihrer Umgebung linear oder nicht-linear. Beispielsweise bewegen sie sich vielleicht zunächst überhaupt nicht, aber wenn eine immer stärker werdende Kraft auf sie einwirkt, rücken sie irgendwann schlagartig zur Seite. Oder sie verhalten sich wie ein Luftballon, der beim Aufblasen ohne Vorwarnung platzt. Damit das alles nicht zu einfach wird, zeigen die Akteure ein Lern-verhalten. Sie reagieren also beim zweiten Mal eventuell anders als beim ersten. Das Gesamtverhalten eines großen Netzwerks aus solchen Akteuren ist deshalb schwer vorher-zusehen.

Alle komplexen Systeme sind selbstorganisierend. Sie bilden Regeln aus, die ohne äußeren Zwang entstehen. Aus der isolierten Betrachtung der Eigenschaften einzel-ner Akteure und ihrer Interaktion lassen sich Gestalt und Verhalten des Gesamtsystems nicht zuverlässig erschließen. Viele Eigenschaften entstehen unvorhersehbar und spontan. Die Wissenschaft spricht dann von „Emergenz".

Ein bekanntes Beispiel ist das menschliche Bewusst-sein. Es ist eine *emergente* Eigenschaft des menschlichen

Gehirns. Selbst wenn man die Funktion der einzelnen Nervenzellen vollständig kennt und ihre Verbindungen untereinander lückenlos kartiert, wird man nicht unbedingt erwarten, dass sich im Gesamtsystem so etwas wie ein Bewusstsein entwickelt.

Menschliche Gesellschaften sind ebenfalls komplexe Systeme. Wie sich in den letzten Jahren immer wieder gezeigt hat, sind auch ihre Veränderungen weitgehend unvorhersehbar. Manchmal reagieren sie auf kleine Anstöße mit großen Umwälzungen, während sie andererseits schwere Schläge fast unbeschadet überstehen. Allerdings kehren sie nach dem Ende äußerer Störungen nicht unbedingt in den Ursprungszustand zurück, sondern entwickeln neue Reaktionsmuster. Der ehemalige US-Präsident Donald Trump hat die Schlacht um seine Wiederwahl im November 2020 verloren, aber die Gesellschaft in den USA hat er dauerhaft verändert. Komplexe Systeme haben also ein Erinnerungsvermögen.

Man kann sich ein komplexes System wie einen kleinen Teich in einem schnell fließenden Gebirgsbach vorstellen. Solange Zufluss und Abfluss unverändert bleiben, bilden sich stabile Muster im Teich. In manchen Bereichen fließt das Wasser gleichmäßig, in anderen strudelt es und staut sich. An manchen Stellen wirft es stationäre Rippen auf. An einigen Orten schwimmen kleine Fische, an anderen Kaulquappen und Frösche. Obwohl hier alles fließt, wirken die Strukturen und Formen seltsam stabil. Wenn der Bach im Frühjahr Hochwasser führt, ändert sich erst einmal wenig. Die Strömungen werden etwas hektischer, die Rippen kürzer, die Strudel tiefer. Aber irgendwann bricht alles zusammen und ganz neue Strukturen treten hervor. Dann sinkt der Wasserspiegel wieder und der Teich kehrt in seinen früheren Zustand zurück – aber nur fast.

Einige Steine sind zur Seite gerollt, die Strömungsmuster haben sich verändert und die Fische sind umgezogen.

Aber war da nicht das Gesetz der Entropie, nach dem eine Ordnung nicht spontan entsteht, sondern langsam zur Unordnung zerfällt? Richtig: Der zweite Hauptsatz der Thermodynamik besagt, dass Unordnung immer nur zunimmt, aber nie geringer werden kann. Dann wäre es doch eigentlich unmöglich, dass komplexe Systeme spontan entstehen, oder nicht?

Anders als man auf den ersten Blick vermuten würde, liegt hier kein Widerspruch vor. Der zweite Hauptsatz der Thermodynamik gilt nur dann, wenn das betrachtete System in einem *thermodynamischen Gleichgewicht* ist, also Energie weder zu- noch abgeführt wird. Man spricht dann von einem geschlossenen System.

Komplexe selbstorganisierende Systeme mit ihrer bunten Vielfalt an Akteuren bilden sich dort, wo kein solches Gleichgewicht herrscht, sondern ständig Energie zu- und abfließt. Der Teich im Gebirgsbach ist ein gutes Beispiel dafür. Man spricht dann von einem offenen System, einem *Fließgleichgewicht*. Die Erde und auch jedes Lebewesen sind Beispiele für solch offene Systeme. Die Sonne bestrahlt die Tagseite der Erde mit Energie, die auf der Nachtseite wieder abfließt. Wie in dem Teich bilden sich durch den ständigen Energiefluss komplexe Netzwerke und Strukturen aus.

In den letzten Jahren befassen sich immer mehr Wissenschaftler mit den Eigenschaften der komplexen Systeme. In Deutschland sind das zum Beispiel gleich drei Max-Planck-Institute: das MPI für die Physik komplexer Systeme in Dresden, das MPI für die Dynamik komplexer Systeme in Magdeburg und das MPI für Dynamik und Selbstorganisation in Göttingen. Sie erforschen jeweils unterschiedliche Aspekte des Themas.

Das sind keine akademischen Gedankenspiele, denn auch unsere Zivilisation besteht aus miteinander verwobenen komplexen Systemen, die wiederum komplexe Systeme bilden.

Solche Gebilde bleiben lange erstaunlich stabil, aber sie haben einen Pferdefuß: Sie neigen dazu, ihren Zustand schlagartig zu verändern. Strukturen kollabieren und werden durch neue ersetzt, die ganz anders aussehen. Jeder Mensch ist ein komplexes System und wir alle wissen, dass der vollständige Zusammenbruch irgendwann unvermeidlich ist. Die Natur hat das so vorgesehen. Der Tod ist nicht etwa ein Versagen des Organismus, er ist ein Teil seiner normalen Funktion.

Auch scheinbar stabile menschliche Gesellschaften lösen sich manchmal plötzlich auf. Ein aktuelles Beispiel: Zwischen 1988 und 1991 brach die Sowjetunion zusammen – und auseinander. Sie hinterließ nicht weniger als 15 Nachfolgestaaten und verlor alle ihre Vasallen in Europa. Auch das Gesellschaftssystem des „real existierenden Sozialismus" überlebte diesen Kollaps nicht. Bis heute hat niemand schlüssig erklärt, warum eines der mächtigsten Imperien der Welt wie eine vertrocknete Landkarte zerbröckelt ist. Anders als beim Fall Roms können wir Zeitzeugen befragen und Millionen Dokumente auswerten. Und trotzdem bleibt die genaue Ursache ein Rätsel. In der DDR zerfiel das Regime, obwohl Polizei und Geheimdienste über lange Zeit jede Opposition im Ansatz erstickten. Wie wir gesehen haben, trägt jedes komplexe System den Keim des Zerfalls bereits in sich, und erst im Nachhinein wirken die Sollbruchstellen so auffällig, dass man sich fragt, wie die damaligen Akteure sie übersehen konnten.

Droht unserer globalen digitalen Zivilisation ein ähnliches Schicksal? In seinem Buch *Der plötzliche*

Kollaps von allem warnt der emeritierte Mathematiker und Komplexitätsforscher John Casti vor Extremereignissen („X-Events"), die unsere Zukunft zerstören könnten – eben, weil die heutige Welt ein System von außerordentlicher Komplexität ist. Anders als ich glaubt er aber, dass die X-Events eine „kreative Zerstörung" auslösen können, aus der eine neue Ordnung erwächst.

Diesen Optimismus teile ich nicht. Unsere globale digitale Zivilisation hat eine Eigenschaft, die sie von allen früheren Kulturen, Hochkulturen, Zivilisationen oder Ideologien unterscheidet: Sie beruht auf einer *weltweiten*Arbeitsteilung, die nicht ohne Weiteres ersetzt oder kompensiert werden kann. Ihr wichtigster Grundpfeiler ist der Austausch von Rohstoffen, Waren, Informationen und Menschen über alle Kontinente hinweg. Sollte unsere Zivilisation in regionale Einheiten zerfallen, verschwänden alle Technologien, die nur in weltweiter Zusammenarbeit lebensfähig sind.

Mit diesem Buch möchte ich die Schwachstellen unserer Zivilisation offenlegen und Wege zur Stabilisierung vorschlagen. Die Herausforderungen sind gewaltig, und sie kommen schon in den nächsten Jahrzehnten auf uns zu. Natürlich lebt keine Zivilisation ewig, aber sie muss deshalb nicht zwangsläufig mit einer großen Staubwolke in sich zusammenfallen. Noch haben wir die Gelegenheit, den Übergang zur nächsten Zivilisation als friedlichen Umbruch zu gestalten.

Inhaltsverzeichnis

1

Nach dem Ende der digitalen Welt

Zusammenfassung Das menschliche Gehirn stellt sich die Zukunft gerne als Weiterführung der Vergangenheit vor. Auch morgen wird mein Smartphone mich wecken, und ich sehe noch im Bett die Push-Meldungen durch. Aber unsere digitale Lebenswelt bricht vielleicht schneller zusammen, als wir es erwarten.

Das menschliche Gehirn stellt sich die Zukunft gerne als Weiterführung der Vergangenheit vor. Auch morgen wird mein Smartphone mich wecken, und ich sehe noch im Bett die Push-Meldungen durch. Am Frühstückstisch lese und beantworte ich die nachts eingegangenen WhatsApp-Nachrichten, lasse mir das Wetter anzeigen und sehe die Staumeldungen durch. Noch schnell ein Blick auf den Ladezustand – und der Tag kann beginnen. Aber eines Morgens, ohne jede Warnung, verliert das Smartphone die Verbindung zur Welt. Das Navi im Auto oder am E-Bike empfängt kein GPS mehr. Die Zoom-Konferenz

© Springer-Verlag GmbH Deutschland, ein Teil von Springer
Nature 2021
T. Grüter, *Offline!*, https://doi.org/10.1007/978-3-662-63386-1_1

fällt aus, und selbst das Telefon bleibt tot. Die Displays der Terminals an den Supermarktkassen sind dunkel, nur Bargeld wird noch angenommen. Aber der Geldautomat ist ebenfalls stillgelegt. Das ist kein Albtraum, und keine Weckmelodie wird ihn beenden.

Unsere digitale Lebenswelt bricht vielleicht schneller zusammen, als wir ahnen. Das ist keine schöne Perspektive und die meisten Menschen möchten darüber lieber nicht nachdenken. Doch nach dem ersten Schock kehrt bald der Alltag wieder ein – wenn auch nicht so komfortabel wie früher. Begleiten wir die 16-jährige Jana, geboren im Jahr 2045, durch einen unerwartet aufregenden Tag.

Der Wecker klingelt morgens um Viertel vor sieben und Jana tastet nach dem Knopf auf der Oberseite, um das penetrante Lärmen abzustellen. Sie zieht das tickende kleine Monster zu sich heran und schielt auf das Zifferblatt, obwohl sie natürlich genau weiß, wie spät es sein muss. Sie schwingt die Beine aus dem Bett und zieht gewohnheitsmäßig den Wecker auf.

Jetzt, Ende April, ist es morgens schon hell, aber noch kalt. Das ruhige Licht von unten zeigt ihr, dass Strom in den Leitungen fließt. Der Geruch von Grießbrei kitzelt ihre Nase. Sie schlüpft schnell ins Bad, dreht den Hahn auf und hält den Finger in den Strahl. Warm – das ist gut. Das Doppelhaus wird von einer Wärmepumpe beheizt. Aber die schaltet nachts ab, wenn der Strom mal wieder ausfällt und die Akkus zu wenig Reserven haben. Jeder Handgriff beim Waschen und Anziehen ist geübt und zehn Minuten später poltert sie nach unten.

Eigentlich mag sie kein Frühstück, aber vor ihr liegt eine Fahrradfahrt von 25 Minuten und ihre Mutter besteht darauf, dass sie vorher etwas isst. Sie und ihre Mutter reden nicht viel, wie jeden Morgen.

„Kommt Papa heute Abend?"

„Hat er versprochen."

Ihr Vater lehrt Philosophie an der Universität. Als Professor hat er eine unkündbare Stelle – eine Rarität in dieser Zeit. Die Bezahlung ist nicht gut, aber die Sicherheit ist heutzutage wichtiger, sagt ihre Mutter. Für die 18 Kilometer braucht er mit dem Bus mehr als eine Stunde. Wenn er abends noch Termine hat, schläft er in seinem Zimmer in der Uni. Nach neun Uhr abends fahren keine Busse mehr.

Jana greift nach ihrer Schultasche, die sie am Vorabend bereits gepackt hat.

„Dein Schulbrot."

Sie schaut in den Kasten.

„Das ist ja ein Konti-Brot!"

Kontingentbrot wird Familien kostenlos zugeteilt. Es enthält Maismehl, sieht gelb aus, hat eine krümelige Konsistenz und schmeckt nicht besonders. Das freie Brot, das die Bäckereien auf eigene Rechnung verkaufen, ist aber fast unerschwinglich teuer. Als ihre Mutter vierzehn war, kaufte man Brot im Supermarkt oder beim Bäcker. Billig und in beliebiger Menge.

„Nimm's einfach mit. Wir können uns freies Brot nicht immer leisten."

Ihre Mutter sieht müde aus. Und dünn. Die Hungerjahre haben Spuren hinterlassen.

„Tut mir leid, Mama!"

„Schon gut." Ihre Mutter sieht kritisch an ihr herunter.

„Pass auf deine Sachen auf. Schuhe kriegen wir erst im Herbst wieder. Oder es wird richtig teuer."

„Mama!"

„Ja, ich weiß, du bist keine zehn mehr. Übrigens: Papa hat Papier besorgt, ich habe dir 20 Blatt in die Tasche gesteckt."

„Danke, Mama."

Papier ist rar und ein begehrtes Tauschmittel. Es gibt noch immer zu wenige Schulbücher und die Schüler müssen die wichtigsten Inhalte des Unterrichts mitschreiben. Welche das sind, sagen ihnen die Lehrer.

„Hast du die Notizen für dein Referat eingesteckt?"

„Über das Kessler-Syndrom? Ja, habe ich."

Jana seufzt. Sie ist schließlich kein Baby mehr.

„Ich geh' heute Nachmittag zu Jonas."

Jonas ist der Bruder ihrer Mutter. Er hat sich ausdrücklich verbeten, Onkel Jonas genannt zu werden. Weil er gut verdient, unterstützt er seine Eltern und seine beiden Schwestern mit Geld und Lebensmitteln. Außerdem lädt er die Familie jeden zweiten Sonntag zum Essen ein. Er betreibt eine profitable Firma, in der es abwechslungsreich und interessant zugeht.

„Ich hol' dich ab."

„Traust du mir nicht?"

Das war ein Spiel zwischen ihnen. Aber heute wirkte die Mutter zu müde dafür. Sie antwortete nur:

„Ich muss noch in die Stadt. Um fünf bin ich da."

Halten wir hier einen Moment an. Wieso sollten alltägliche Dinge in naher Zukunft knapp werden? Und wo sind die heute allgegenwärtigen Computer, Handys und Tablets? Und was ist mit dem Internet geschehen?

Jeder Erzählung, die in der Zukunft spielt, ist notwendigerweise eine Spekulation. Sie skizziert nur einen möglichen Weg, den unsere Welt nehmen kann. Für den Zweck dieser Geschichte nehme ich an, dass das komplexe System der Digitalgesellschaft zwischen 2048 und 2050 zusammenbricht, und zwar ebenso unerwartet wie die Sowjetunion. Und so könnte es geschehen:

Das Wirtschaftswachstum in China ist bis 2040 fast auf null zurückgegangen. Die Spannungen in der chinesischen Gesellschaft steigen, denn der implizite Pakt – Aufgabe bürgerlicher Freiheiten im Tausch gegen wachsenden Wohlstand – hat seine Grundlage verloren. Im Jahr 2047 kommt es zu gewalttätigen Aufständen. Der Versuch der Regierung, mit militärischen Aktionen gegen die Nachbarn von den inneren Problemen abzulenken, führt zu einem Kleinkrieg im Chinesischen Meer und einem Anstieg der Piraterie. Der Seehandel gerät ins Stocken. Um den großen Rivalen Indien zu schwächen, heizt China den schwelenden Kaschmirkonflikt zwischen Indien und Pakistan an. Nach undurchsichtigen Aktionen aller Beteiligten bricht im Januar 2048 ein Krieg aus (*Panasiatischer Krieg*). Indien besetzt große Gebiete im pakistanischen Teil Kaschmirs.

China greift Indien im Himalaja an, um Pakistan Entlastung zu verschaffen. Im April 2048 fallen auf China, Indien und Pakistan insgesamt 182 Atombomben. Militärinstallationen, Hafenanlagen, Industriegebiete und Bevölkerungszentren werden verwüstet.

182 Atombomben – das klingt vielleicht übertrieben. Aber die drei Atommächte verfügen über rund viermal so viele nukleare Sprengköpfe.[1] Eine wissenschaftliche Studie aus dem Jahr 2019 zur Klimawirkung von Nuklearexplosionen legt einen regionalen Atomkrieg zwischen Indien und Pakistan zugrunde, bei dem die Konfliktparteien 250 Atomsprengköpfe zünden.[2]

In allen drei Ländern bricht die Wirtschaft zusammen. In Asien entsteht ein Machtvakuum, das wiederum zu vielen kleinen kriegerischen Konflikten führt. Die digitale Weltkultur hängt aber kritisch von einem ständigen ungestörten Fluss der Wirtschaftsgüter ab. Die Nutzungsdauer eines Handys beträgt im Durchschnitt weniger als drei Jahre. Auch Router, Laptops oder Drucker halten nicht viel länger. Weil die Lieferketten dieser Produkte aber die ganze Welt umspannen, bringt der Krieg in Ostasien die Produktion weitgehend zum Stillstand.

Alle Seiten führen heftige Cyberangriffe durch, die auch Europa und Amerika empfindlich treffen. Kraftwerke müssen vom Netz genommen werden, der internationale Zahlungsverkehr funktioniert nur noch zäh oder tageweise überhaupt nicht. Wichtige Datenbanken verlieren ungeheure Datenmengen oder melden sich endgültig vom Netz ab. Das alles belastet die Wirtschaft und die Politik extrem, aber noch ist das Internet nicht in seinem Bestand gefährdet. Erst ein Treffer aus einer unerwarteten Richtung zerreißt das weltweite Netz endgültig und unwiderruflich.

Satellitennetze sind nicht reißfest

Schon heute bieten verschiedene Firmen einen Internet-Zugang über Fernmeldesatelliten an. Sie nutzen dafür einen sogenannten geostationären Satelliten. Diese künstlichen Himmelskörper stehen über dem Äquator und umkreisen die Erde in genau 24 Stunden. Deshalb scheinen sie, von der Erde aus betrachtet, fest am Himmel zu stehen. Dafür müssen sie aber hoch hinaus: Erst in einer Entfernung von rund 36.000 Kilometer braucht ein Satellit einen ganzen Tag für eine Erdumrundung. Das ist schon fast ein Zehntel der Entfernung zum Mond. In Europa bieten mehrere Firmen diese Art des Internet-Service an. Die Kosten liegen zurzeit (2021) um etwa 20 bis 50 Prozent höher als beim normalen Festnetzanschluss. Die Datenrate ist geringer, die Signallaufzeiten länger. Gehöfte oder Ferienhäuser fernab der Zivilisation lassen sich auf diese Weise aber bequem und erschwinglich mit einem Internet-Anschluss ausrüsten.

Zwei neue Anbieter, die Firmen SpaceX (Projekt *Starlink*) und OneWeb (Projekt *OneWeb*), möchten den Markt aber jetzt komplett neu aufrollen. Sie verlassen sich nicht auf einen einzelnen geostationären Satelliten, sondern schicken Hunderte oder sogar Tausende Kommunikationssatelliten in eine erdnahe Umlaufbahn. Wegen der sehr viel kleineren Entfernung zum Boden (550–1200 km) lassen sich mehr Daten schneller und mit geringerer Sendeleistung übertragen.

Aber ist es nicht viel zu teuer, Tausende Satelliten ins All zu schießen? Erstaunlicherweise nicht – denn zwischen 2010 und 2020 verringerten sich die Preise für den Satellitentransport von 20.000 US-Dollar pro Kilo (Space Shuttle) auf weniger als 3000 US-Dollar (Falcon 9, offizielle Preisliste[3]). Für 1–2 Mio. Euro lassen sich Internet-Satelliten bauen und in eine niedrige Umlaufbahn befördern. OneWeb und SpaceX dürfen also erwarten, das Rückgrat eines *weltweiten* schnellen Internets für weniger als 10 Mrd. Euro aufzubauen.

Die Kosten für die Endkunden werden deutlich sinken. Damit lohnt sich aber der Ausbau des Glasfasernetzes am Boden nicht mehr. Und mehr noch: Sobald weitere Anbieter von Satellitennetzen auf den Markt drängen, werden die Preise noch weiter zurückgehen. Die Firma Kuiper Systems LLC, eine Tochter von Amazon, hat im Juli 2019 bei der amerikanischen Zulassungsbehörde für Kommunikationsgeräte (FCC) Sendefrequenzen für ein Netzwerk von 3236 Satelliten beantragt.[4] Die EU hat 2020 eine Machbarkeitsstudie für ein eigenes Weltraumnetz in Auftrag gegeben. Es soll 2025 bereits den Betrieb aufnehmen.[5] Auch Russland möchte ab 2024 ein eigenes Internet-Satellitenprogramm auflegen. Durch das riesige Land Glasfaserleitungen zu legen, wäre einfach zu teuer.[6] Zur Einordnung: Die Deutsche Telekom rechnete 2018 vor, dass der flächendeckende Ausbau des Glasfasernetzes allein in Deutschland 80 Mrd. Euro verschlingen dürfte.[7]

Ab etwa 2040 werden wohl nur kritische Infrastrukturen und das Militär mit bodengebundenen Netzen arbeiten. Die grauen Telefonkästen (offizielle Bezeichnung: Kabelverzweiger oder Multifunktionsgehäuse[8]) am Straßenrand werden nach und nach verschwinden.

Und damit kommen wir zum Kessler-Syndrom, benannt nach dem Astronomen Donald J. Kessler (*1940).[9] Er warnte schon im Jahr 1978 davor, dass eine kleine Splitterwolke, beispielsweise von einem explodierten Satelliten, eine fatale Kettenreaktion auslösen könnte.[10] Die scharfkantigen Metallteilchen treffen andere Satelliten. Deren Bruchstücke wiederum vernichten weitere Erdtrabanten, bis schließlich eine gigantische Trümmerwolke die Erde umrundet und alles zerschlägt, was in ihrem Weg liegt.

Die mehr als 12.000 Satelliten, die Starlink und OneWeb gerade in die Umlaufbahn schießen, vergrößern das Risiko beträchtlich.[11] Nur zum Vergleich: Bis Januar 2019 hatten alle Raketenstarts seit 1957 erst 8950 Satelliten in den Orbit befördert, von denen noch etwa 5000 die Erde umkreisen.[12] Neue Anbieter, wie Kuiper Systems und zukünftig auch Firmen wie Samsung oder Google, werden das Gewimmel im erdnahen Weltraum weiter vergrößern. Bis 2035 werden vermutlich mehr als 20.000 Satelliten die Welt mit preiswerten Internet-Zugängen versorgen – bis sie sich in eine Wolke aus Trümmergeschossen verwandeln. Und jetzt wieder zurück zum fiktiven Szenario in diesem Buch:

Unmittelbar nach den Atomschlägen zündet eine nie identifizierte Macht mehrere Splitterbomben in den Umlaufbahnen der Internet-Satelliten. Praktisch gleichzeitig sabotiert jemand mehrere große Unterseekabel für den Datenverkehr.[13]

Damit bricht das Internet weitgehend zusammen. Mehr noch: Die Trümmerteile im Weltraum zerstören auch alle Navigationssatelliten der Systeme GPS (USA), Galileo (EU), GLONASS (Russland) und Beidou (China). Jetzt fahren auch die autonomen Autos nicht mehr. Speditionen verlieren die Verbindung zu ihren LKWs und der Lieferverkehr bleibt weitgehend stecken. Flugzeuge starten nicht mehr, weil die Navigation allein nach Kreiselkompass erst wieder eingerichtet werden muss. Die Wirtschaft kommt praktisch zum Stillstand. Panik macht sich breit, vor den Geldautomaten bilden sich lange Schlangen. Schon nach wenigen Stunden ist kein Bargeld mehr zu bekommen.

Also, wo waren wir in unserer Geschichte? Über China, Indien und Pakistan sind Atombomben explodiert. Große Teile des Internets funktionieren nicht mehr. Die satellitengestützten Navigationssysteme sind ausgefallen. Der Warenverkehr zwischen Asien, Amerika und Europa bricht zusammen. Überall tauchen Gold- und Silbermünzen als inoffizielle Zahlungsmittel auf.

Die Atomexplosionen haben so viel Ruß in die Stratosphäre geschleudert, dass deutlich weniger Sonnenlicht bis zur Erdoberfläche durchkommt. Der sogenannte nukleare Winter[14] lässt die Temperaturen weltweit um 2–5 °C abstürzen. Dadurch verdunstet weniger Wasser auf den Ozeanen und es fällt kaum Regen.[15] Weltweit brechen die Ernteerträge ein. China, Indien und Pakistan leiden außerdem unter den direkten Folgen der Nuklearexplosionen. In diesen drei Ländern allein wohnt ein Drittel der Weltbevölkerung, sodass die Hilfe aus anderen Ländern nur schwache Linderung bringen kann. Der nukleare Winter hält vier Jahre an. Bereits im zweiten Jahr wird auch in Europa das Getreide knapp. Weil die Wirtschaft am Boden liegt, steigt die Arbeitslosenquote weltweit auf mehr als 50 Prozent. Überall brechen kleine Kriege und Konflikte aus.

In Europa macht sich nach zwei Jahren auch der Mangel an Importwaren aus anderen Kontinenten immer stärker bemerkbar. Strom muss rationiert werden, weil die Ersatzteile für Windräder, Transformatoren, Solarpaneele oder Computerplatinen fehlen. Nur die Versorgung mit Öl und Gas aus Norwegen, Russland und dem Nahen Osten funktioniert weiterhin einigermaßen. Deutschland nimmt den Braunkohlebergbau wieder auf.

Nach ein bis zwei Jahren stellen die angeschlagenen Mobilfunknetze ihre Arbeit ein, weil Ersatzteile für die Rechenzentren und Basisstationen fehlen. Die Regierungen in Europa lassen einfache analoge Radios bauen und verteilen, um Kontakt zur Bevölkerung zu halten. Immer mehr Menschen beschaffen sich dieselbetriebene Notstromaggregate oder ausgediente Autoakkus, weil die Heizungen der meisten Gebäude auf Wärmepumpen umgestellt sind und bei Stromausfall nicht mehr funktionieren. Im dritten bis sechsten Jahr der Krise müssen Nahrungsmittel streng rationiert werden.

2054 schließen die asiatischen Kriegsparteien einen Waffenstillstand. Bis 2056 ist der Ruß weitgehend aus der Atmosphäre gewichen und das Leben in Europa beginnt sich zu normalisieren.

In anderen Teilen der Welt wirkt sich die Hungersnot sehr viel schlimmer aus. Zum ersten Mal seit mehr als 300 Jahren schrumpft die Weltbevölkerung deutlich. Die Landwirtschaft kommt nur langsam wieder in Gang. Fast überall fehlt es an Saatgut, Dünger und Pestiziden. Erst ab 2055 kann sich Europa wieder einigermaßen selbst mit Nahrung versorgen, Lebensmittel bleiben aber teuer.

Unsere Geschichte spielt im April 2061, 13 Jahre nach den Atomschlägen.

Jana schwingt sich auf ihr Fahrrad. Die lange Zeit des Mangels hat tiefe Schlaglöcher in die Straße gefressen, denen sie sorgfältig ausweicht. Fahrräder, Rikschas und Lastenräder beherrschen das Straßenbild. Jana könnte auf dem Radweg fahren, aber das tut eigentlich niemand. Die Ampeln sind abgeschaltet. Jana kann sich kaum noch erinnern, sie in Betrieb gesehen zu haben. Einige Autos, fast alle im öffentlichen Auftrag, bahnen sich geduldig ihren Weg zwischen den vielen Zweirädern hindurch. Hier und da manövriert ein Lastwagen routiniert um Fahrräder und Schlaglöcher herum.

Im Klassenraum ist es kalt, aber Jana hat das vorausgesehen und einen Pullover in ihre Schultasche gestopft. Die

Heizung in der Schule läuft nicht gut, zwei der vier Wärmepumpen sind außer Betrieb. Ersatz wird es nicht geben, und erst für das nächste oder übernächste Jahr ist eine Öl- oder Gasheizung vorgesehen. In der kältesten Woche im Februar hatte die Stadt schulfrei gegeben.

Janas Referat ist ein Erfolg. Ihr Lehrer hat ihr den Roman „Amalthea" von Neal Stephenson aus der Schulbibliothek gegeben, weil er eine gute Erklärung des Kessler-Syndroms enthält. Internet-Recherchen sind nicht mehr möglich und viele Schulen sind froh, ihre Bibliotheken noch behalten zu haben. Eigentlich galten gedruckte Bücher ab 2040 als überholt, aber die Auflösung der Schulbibliotheken zog sich hin.

Um zwei endet die Schule und Jana schlägt das Angebot ihrer besten Freundin Maja aus, bei ihr abzuhängen und mit einem alten, aber noch funktionsfähigen Tablet Musik zu hören.

Die digitalen Geräte sind natürlich nicht verschwunden, aber sie verbinden ihre Besitzer nicht mehr mit der Welt. Ein Handy ist ohne Netz zwar als Kamera oder Wecker zu gebrauchen, aber es tauscht keine Nachrichten mehr aus. Wenn der Nachschub an neuen Geräten und Ersatzteilen versiegt, läuft die Zeit der digitalen Alltagsgeräte unwiderruflich ab. Auch so banale Dinge wie Leitungen und Kabel haben eine begrenzte Lebensdauer.

Jana lenkt ihr Rad durch das Gewerbegebiet. Noch vor fünf Jahren standen hier viele Gebäude leer, aber jetzt herrscht wieder emsige Geschäftigkeit. Ein großer Lastwagen mit Dieselantrieb fährt lärmend und stinkend an ihr vorbei.

Elektrische Antriebe brauchen große Batterien und eine komplexe Elektronik. Dieselmotoren sind sehr viel einfacher herzustellen. Will man die Wirtschaft nach dem Kollaps der Digitaltechnik wieder aufrichten, wird es ohne diese einfache Technik nicht gehen.

Jonas' Firma residiert in einer kastenartigen Halle. Von den sechs großen Rolltoren sind vier geschlossen, vor zweien stehen Lastwagen, zwei weitere sind zugeschweißt. Dort sind je zwei Türen eingelassen, vor denen lange Menschenschlangen stehen. Sechs stabile Wachleute sorgen dafür, dass alles geordnet zugeht. Ein Schild auf dem Rasen – „Office" – weist auf einen kleinen Vorbau mit Tür und Glasfenstern. An der Außentür des Büros ist eine DIN-A3-Tafel angeschraubt: „Elektronik, Digitaltechnik, Datenträger, Batterien. Ankauf und Verkauf. Finderservice – Entschlüsselungen – Beglaubigungen" steht darauf.

Findige Kaufleute ziehen aus jeder Lage Gewinn. Wo Mangel herrscht, entwickelt sich sofort ein grauer Markt. Viele Unternehmungen bewegen sich am Rande der Legalität, andere sind eindeutig kriminell. Jonas' Firma arbeitet ausschließlich im Rahmen der Gesetze, darauf legt er großen Wert.

Jana schiebt ihr Fahrrad an Schlangen vorbei zu einer Tür an der Seite des Gebäudes, dem Eingang für Angestellte. Ein Fahrradständer bietet Platz für etwa zwanzig Räder, aber er ist bereits voll und sie stellt ihr Rad daneben ab. Sie begrüßt den Wachmann.

„Hallo Pjotr! Ist Leon schon da?"

Leon ist ein Jahr älter als Jana, ein Schuljahr weiter und mit ihr befreundet – rein platonisch natürlich. Er interessiert sich für Computer, programmiert geläufig und wühlt sich auch gerne durch die Innereien von Betriebssystemen. Das ist heutzutage nicht gerade angesagt und so gilt er in der Schule als unverbesserlich gestriger Nerd. Jana hat ihm einen Job bei Jonas verschafft.

Bis vor einem Jahr sah Leon eher weichlich aus, aber seitdem ist er deutlich gewachsen, hat eckigere Züge und eine tiefe Stimme bekommen. Das steht ihm gut, findet Jana, wenn sie sich traut, darüber nachzudenken.

„Ja, er ist drin. Seit einer Stunde schon."

„Danke, Pjotr. Und wie geht's eigentlich Irina?"

Pjotrs Tochter ist zwölf und geht auf Janas Schule. Vor vier Monaten hat sie sich eine Tuberkulose eingefangen und durfte nicht zur Schule gehen. Mehrere Wochen lang musste sie im Krankenhaus behandelt werden. Jana hat bereits gehört, sie solle bald wiederkommen.

Ein Schatten huscht über Pjotrs Gesicht, aber nur ganz kurz, dann strahlt er.

„Viel besser. Dein Onkel hat ihr die Arzneien besorgt, die sie braucht, und die Behandlung bezahlt. Sonst hätte sie es vielleicht nicht geschafft. Dein Onkel ist ein Heiliger. Wir schließen ihn in jedes unserer Gebete ein."

Die Medikamentenversorgung der Krankenhäuser und Apotheken ist in der Krise weitgehend zusammengebrochen, weil viele gängige Grundstoffe in Europa kaum noch hergestellt wurden. Der Aufbau einer Produktion kostet aber Zeit, besonders unter so widrigen Bedingungen.

Tuberkulose ist eine typische Krankheit der Hungerzeiten. Die heutigen Erreger sind teilweise gegen mehrere Antibiotika resistent. Für die Patienten wird es dann schnell gefährlich. Neue und maßgeschneiderte Medikamente sind schwer zu beschaffen und sehr teuer. In Deutschland ist Tuberkulose selten, im Jahr 2018 wurden lediglich 5429 neue Tuberkulosefälle gemeldet.[16] In den Entwicklungsländern sieht die Lage ganz anders aus. Die WHO zählte im gleichen Jahr etwa 1,5 Mio. Tuberkulosetote bei ca. 10 Mio. Neuerkrankungen.[17] Die Krankheit plagte schon unsere Vorfahren vor mehr als 500.000 Jahren und wartet stets darauf, dass schlechte Zeiten die Menschen wieder anfälliger machen.[18] Patienten mit einer offenen Tuberkulose sind ansteckend und müssen sofort isoliert werden. Wenn allgemeiner Mangel herrscht, dann leidet auch die Krankenversorgung. Das Niveau der kostenlosen Behandlung könnte auf einen gefährlich niedrigen Wert sinken. In unserem Szenario ist nur die Grundversorgung kostenlos, alles Weitere muss bezahlt werden. In vielen Teilen der Welt, selbst in den USA, ist das heute schon die Regel.

Pjotr hält Jana die Tür auf und sie schlüpft hinein. Jonas handelt mit elektronischen Geräten und Notstromaggregaten aus Batterieblöcken, aber das ist nur ein Nebengeschäft. Das meiste Geld verdient er mit der Rettung und Wiederherstellung von Daten.

In dem für Kunden zugänglichen Bereich der Halle stehen acht Schreibtische, eine lange Theke und einige Kabinen, die gegeneinander mit Sperrholzwänden abgetrennt sind. Hinter der Theke stehen Angestellte, die mit geübtem Blick die Geräte beurteilen, die Kunden ihnen verkaufen wollten. Die Schreibtische gehören den Notaren. Für prominente Kunden hat Jonas einen eigenen Seiteneingang bereitgestellt, der zu einem Flur mit sechs komplett geschlossenen Räumen führt.

Als das Internet zusammenbrach, gingen überall Daten verloren. Urkunden, Zeugnisse, Bescheide, Zulassungen oder Pässe – all die Dokumente, die den Status eines Menschen gegenüber den Behörden ausmachen, wurden mit dem Zusammenbruch des Internets unzugänglich. Nicht schlagartig – die meisten Verwaltungen von Bund und Ländern liefen über Glasfaserkabel. Aber als die Ersatzteile ausbleiben, fiel die Verbindung zu den Datencentern immer öfter aus. Die meisten Privatpersonen hatten allerdings schon nach der Zerstörung des Satellitennetzes keinen Zugang mehr zu ihrer elektronischen Identität.

Auch Mietverträge, Krankenakten, Darlehensverträge, Wartungsverträge oder Steuerbescheide existieren seit Mitte der 2030er-Jahre nur noch als Elektronenwolke in der Cloud. Papier galt bis zum Kollaps des Internets als ebenso veraltet wie Keilschrifttafeln. Immerhin haben viele Menschen Sicherheitskopien auf USB-Sticks, DVDs, externen Platten oder SIM-Karten aufbewahrt. In der ersten, schlimmen Zeit kümmerte sich niemand um Formalien, aber jetzt, da sich alles langsam normalisiert, werden Rentenbescheide, Miet-verträge, Versicherungsunterlagen, Arbeitszeugnisse und Beschäftigungsnachweise wieder wichtig. Nur fehlen den Menschen jetzt die Laptops und Drucker, um ihre Dateien wieder auf Papier zu bringen. Und manche Datenträger sind nach so langer Zeit nur noch mit Spezialwerkzeugen lesbar. Jonas' Firma bietet das Auslesen, Drucken und Beglaubigen von Dokumenten als Dienstleistung an. Er akzeptiert nur Bargeld oder Gold. Tauschgeschäfte, Ratenzahlungen oder Überweisungen lehnt er ab.

Jonas hatte sich nach dem Zusammenbruch eine große Menge verschiedenster Computer, Handys, DVD-Laufwerke, Drucker, Papier und Kabel gesichert. Das alles war billig zu haben und er ging davon aus, dass er es noch brauchen würde. Das erwies sich als glänzende Idee. Bis heute bietet er an, dass jedermann bei ihm einen Datenträger abliefern kann, auf dem er wichtige Dokumente vermutet. Entweder bekommt der Kunde eine Liste der Dateien oder er gibt vorher an, was er sucht. Wenn Jonas' Leute ein passendes Dokument finden, lassen sie es ausdrucken und die Notare bestätigen hochoffiziell die Richtigkeit des Vorgangs und die Übereinstimmung mit dem Original.

Häufig kommen auch verzweifelte Menschen mit einem Stapel von Datenträgern und bitten Jonas, bestimmte Daten, Bilder, Filme oder Dokumente zu finden, die sie darauf ver-muteten. Für diesen Finderdienst ist Jonas überall bekannt, er ist aber nicht seine wichtigste Einnahmequelle. Tatsäch-lich nimmt der Kundenbereich nur ein Achtel der Halle ein. Eine dekorative Ziegelmauer versperrt den Kunden den Blick auf Lager und Werkstatt hinter den beiden rechten großen Toren und dem Arbeitsbereich der Informatiker, Datenbank-spezialisten und Systemanalytiker auf der linken Seite.

Jonas größtes – und weitgehend unsichtbares – Geschäft ist die Wiederherstellung von Daten für Firmen und Verwaltungen. Was sie retten konnten, als die Cloud unerreichbar wurde, erwies sich später oft als unleserlich oder war verschlüsselt. Jonas' Firma hat vieles davon wieder zugänglich gemacht. Mit nur drei Spezialisten fing er vor zwölf Jahren an. Sie waren froh, dass ihnen jemand eine gut bezahlte Arbeit gab, als alles zusammenbrach und Computerexperten überflüssig wurden. Heute führt jeder von ihnen eine Arbeitsgruppe mit acht Informatikern, die jeweils ein Fachgebiet hervorragend beherrschen.

Viele Unternehmen oder öffentliche Dienststellen halten ihre Daten in der Cloud. Das erspart den Kunden zwar die aufwendige Sicherung und Verwaltung der Server, aber es macht sie auch abhängig. Auch die Programme arbeiten oft nur noch mit Online-Anschluss. Schon heute stellt das Microsoft-Programm Office 365 ohne Internet-Anbindung nicht mehr alle Funktionen zur Verfügung. Außerdem nimmt es alle 31 Tage von sich aus Verbindung zu Microsoft auf. Kommt sie nicht zustande, schaltet sich das Office-Paket teilweise ab. Es zeigt zwar Dokumente an und druckt sie auch aus, aber Änderungen sind nicht mehr möglich.[19]

Bis 2040 sind viele Computer vermutlich so konfiguriert, dass sie ohne Internet-Anbindung nur noch sehr eingeschränkt hochfahren. Und selbst wenn findige Systemadministratoren Daten und Anwendungen im lokalen Netz betriebsbereit halten, sind die Tage der Systeme gezählt. Ohne Ersatzteile laufen sie vielleicht zwei bis vier Jahre weiter, aber dann ist Schluss.

Pjotr öffnet die Tür und Jana geht direkt in den Arbeitsbereich. Die Informatiker haben alle Freiheiten, solange sie zügig arbeiten. Deshalb begrüßen einige von ihnen Jana je nach Temperament freundlich, schüchtern oder lautstark witzelnd. Leon steht auf und geht auf sie zu, sichtlich erfreut und etwas unsicher.

„Hallo Jana, ich komm' gleich. Jonas hat mir gestern einen USB-Stick gegeben, den ich mir ansehen soll. Eine Frau

meint, die Lebensversicherung ihres verstorbenen Mannes wäre da drauf. Der Stick ist verschlüsselt und Ibi hat mir geholfen, ein Dechiffrierprogramm darauf loszulassen. Scheint schon fertig zu sein. Eigentlich sollte es zwei Wochen dauern, aber die Verschlüsselung war wohl nicht so sicher wie gedacht."

Anders als Leon hat Jana keine wirkliche Aufgabe hier, sie fühlt sich manchmal eher als eine Art Maskottchen. Natürlich ist ihr bewusst, dass sie als Jonas' Nichte viele Privilegien genießt, aber sie möchte das nicht ausnutzen und macht alle Arbeiten, die anfallen. Dafür plaudern die Informatiker, unter denen auch fünf Frauen sind, gerne mit ihr. Sie genießt die lockere und zugleich konzentrierte Atmosphäre und den entspannten Umgang in der Gruppe. Aus Janas Sicht sind sie alle unheimlich alt. Nur Leon ist unter 35, einige haben die 60 bereits überschritten. Das ist kein Wunder, denn seit dem Beginn der postdigitalen Ära werden nur noch sehr wenige Informatiker ausgebildet.

Während Mediziner, Juristen oder Lehrer immer gebraucht werden, sind Informatiker unbedingt auf Computer angewiesen – wenn die Informatik nicht auf die reine mathematische Theorie reduziert werden soll. Also werden die Universitäten die Studiengänge streichen oder aussetzen. Damit wird es aber nach einigen Jahren immer schwieriger, Internet und Computer wieder einzuführen, denn es fehlen ganze Jahrgänge an Fachleuten. Wissen geht schneller verloren, als man glauben könnte. Heute sind beispielsweise Handwerkstechniken untergegangen, die in der Mitte des 20. Jahrhunderts noch lebendig waren. Wer weiß denn noch, wie ein Stellmacher seine Arbeit verrichtete oder was er überhaupt tat?[20]

Leon hat offenbar etwas gefunden und holt Johannes, den alle aus unerfindlichen Gründen „Ibi" nennen. Der wirft einen Blick darauf, erstarrt und holt Jonas.

Jonas blättert in schneller Folge Fotos und Dokumente durch. Einer der Verkäufer kommt und flüstert ihm etwas zu. Er überlegt einen Moment und gibt dem Mann mit leiser Stimme Anweisungen. Dann ruft er Jana und Leon zu sich und lotst sie in sein Arbeitszimmer.

„Hört zu, ihr beiden. Könnt ihr für mich eine Botschaft und diesen USB-Stick überbringen? Ihr müsstet allerdings nach Dortmund fahren und da übernachten. Ich gebe euch die Adresse."

„Jonas, ich muss morgen zur Schule", sagt Jana überrascht.

„Ich möchte, dass ihr die Stadt verlasst. Hier wird es bald hoch hergehen. Der Stick enthält Beweise gegen Big Boris und zeigt genau, mit wem er in der Stadt zusammenarbeitet, vom Bürgermeister angefangen. Die Witwe von Boris' Buchhalter hat ihn gestern hier abgegeben. Er hieß Matthias Häberle, genannt Matz der Ratz, und seine Witwe wusste vermutlich, was auf dem Stick ist.

Wir haben ihr gesagt, die Entschlüsselung würde zwei Wochen dauern. Sie ist wohl zu BB gegangen und hat Geld gefordert. Jedenfalls war eben jemand da, der den Stick zurückverlangt hat. Er behauptete, der Bürgermeister habe angeordnet, die Entschlüsselung sofort abzubrechen. BB und seine Schergen glauben vermutlich, wir wären damit noch nicht fertig."

Jana braucht einen Moment, um zu verstehen, was er meint. Big Boris oder BB ist der ungekrönte König der Schwarzhändler, der „Kingpin". Man munkelt, er habe Teile der Stadtverwaltung in der Tasche. Sogar die Polizei soll angeblich mit ihm im Bunde sein. Jonas fährt fort: „Wir versuchen ihn seit einem Jahr festzunageln. Mit diesem Stick könnte das endlich was werden. Aber dieser Stick muss sofort zu Klaus Sartorius, dem Leiter der OrgCrime-Unit in Dortmund. Schafft ihr das?"

Leon räuspert sich: „Also, hm, Jonas, warum gibst du dem Typen vorne nicht einen kopierten Stick? Dann wäre BB erst mal beruhigt."

„Dann hat die Witwe kein Druckmittel mehr und ist in Gefahr. BB mag es nicht, wenn ihn jemand unter Druck setzt. Wir brauchen ihre Aussage, aber im Moment ist sie untergetaucht."

Jana fragt: „Warum sollte uns – wie hieß er noch – überhaupt empfangen? Ich meine, wir könnten ja sonst wer sein."

Jonas sagt: „Ich rufe ihn an."

„Du hast hier Telefon?", fragt Jana überrascht. Nur Behörden, Institutionen und wichtige Unternehmen haben Telefone und Möglichkeiten zur Datenübertragung. Private Anschlüsse sollen in ein oder zwei Jahren erst wieder verlegt werden.

„Ich lasse deine Eltern mit dem Auto abholen. Sie müssen auch aus der Stadt. Und ich regle das mit der Schule. Und mit deinen Eltern, Leon."

Zum ersten Mal fällt Jana auf, dass Jonas wirkliche Macht ausstrahlt. Sie schluckt.

„Brauchen wir nicht Sachen zum Wechseln?"

„Das ergibt sich. Vor allem müsst ihr so schnell wie möglich los. Nehmt eure Fahrräder und macht euch zum Bahnhof auf. Ihr fahrt mit der Bahn."

Jana fällt auf, dass Jonas „wir ermitteln" gesagt hatte.

„Bist du bei der Polizei, Jonas?"

„Nicht offiziell. Und fragt nicht."

Er holt eine Geldkassette aus einer Schreibtischschublade und gibt ihnen je acht kleine Goldmünzen. Jana wirft einen Blick darauf.

„Das sind ja Zehntel-Maple-Leafs. Das ist doch viel zu viel."

„Ihr schreibt mir eine Abrechnung, wenn ihr wiederkommt. Zwei Münzen sollten euch für ein Garantieticket reichen."

Die wenigen Züge, die fahren, sind total überfüllt und lassen oft die Hälfte oder mehr der Reisewilligen zurück. Wer einen sicheren Platz möchte, muss ein Garantieticket erster Klasse kaufen.

„Ich lasse euch am Bahnhof in Dortmund abholen.“

„Aber …“

„Jana, dieser Stick bringt mindestens zehn Leute sehr lange ins Gefängnis. Das möchte keiner von denen. Viele haben vor Jahren einfach nur das Geld genommen, das BB ihnen gegeben hat, und kleine Gefälligkeiten für ihn erledigt. In den ersten fünf Jahren der neuen Ära herrschte Chaos. Viele Menschen haben alles verloren und andere haben sich die Taschen gefüllt. Damals haben Politiker und Staatsdiener aus Not oder aus Gier Geld und Waren von Schwarzhändlern angenommen, ihnen dafür Gefälligkeiten erwiesen oder heimlich rationierte Waren zugeschanzt. Heute möchten sie das am liebsten vergessen. In der chaotischen Anfangszeit gab es viele kleine Fische auf dem Schwarzmarkt, aber die großen Haie wie BB haben sie verdrängt oder gefressen. Und BB vergisst nicht. Er wird seine ehemaligen Freunde heute daran erinnern, dass sie mit ihm in den Bau gehen, wenn wir den Stick auswerten. Und dann wird's hier gefährlich. Wir brauchen nur ein oder zwei Tage, bevor wir zuschlagen. So lange möchte ich meine Familie aus der Schusslinie haben.“

Jana und Leon nicken tapfer.

„Wenn ihr am Bahnhof abgeholt werdet, sagt ihr, dass ihr aus Ninive kommt und einen Schneider sucht. Der Mann oder die Frau wird antworten: ‚Ich kenne einen guten italienischen Schneider.‘ Wenn der Abholer das Passwort nicht kennt, stimmt etwas nicht. Klar? Wiederholt das!“

„Wir kommen aus Ninive und suchen einen Schneider. Die Antwort lautet: ‚Ich kenne einen guten italienischen Schneider‘“, wiederholt Jana aufgeregt.

„Und jetzt los!“

An dieser Stelle verabschieden wir uns von Jana und ihrer Familie. Was jetzt folgt, ist ganz allein ihr Abenteuer.

Janas Welt ähnelt der unseren, aber es fehlt die digitale Informations- und Kommunikationstechnologie. Sie beruht auf einem weltweiten Fluss von Rohstoffen, Bauteilen und Waren, und der kann, wie gezeigt, plötzlich zusammenbrechen. Selbst die Versorgung mit Lebensmitteln und Medikamenten ist dann nicht mehr selbstverständlich.

Das Satelliten-Internet drückt die Kosten für die weltweite Kommunikation und erlaubt auch den Ländern der Dritten Welt die Teilhabe an der digitalen Welt. Aber eine entschlossene Gruppe kann mit zehn sprengstoffgefüllten Nanosatelliten das ganze System zerstören. Vielleicht muss nicht einmal ein akutes Ereignis stattfinden. Hungersnöte und Pandemien, verstärkt durch einen entgleisten Klimawandel, zehren vielleicht so viel Kapital auf, dass für die teure Digitaltechnik nicht mehr genug Mittel übrigbleiben. Die Corona-Pandemie war vielleicht nur die erste Böe eines aufziehenden Sturms.

Dieses Buch möchte die Verletzlichkeit unserer Lebensweise aufzeigen. Ihr Kollaps tritt aber nicht schicksalhaft ein. Wenn wir die Schwachstellen unserer globalen Gesellschaft identifizieren und Vorsorge treffen, haben wir eine gute Chance, unsere Lebensweise zu bewahren und ihr – letztlich unvermeidliches – Ende in einen geordneten Übergang zu einer künftigen Gesellschaft zu verwandeln.

Selbst ein Kollaps wäre nicht unbedingt so einschneidend, dass man ihn als „apokalyptisches Ereignis" bezeichnen müsste. Der Zusammenbruch der Sowjetunion führte in Russland und den Folgestaaten zwar zeitweilig zu chaotischen Zuständen, man würde die enormen gesellschaftlichen Veränderungen aber eher nicht unter dem Begriff „apokalyptisch" einordnen. Kein Historiker hat die russische Gesellschaft zwischen 1990 und 2000 als postapokalyptisch kategorisiert. In Janas fiktiver Welt hat es die EU geschafft, die staatliche Ordnung weitgehend aufrechtzuerhalten. Die materiellen Rahmenbedingungen haben sich aber unwiderruflich verschoben. Die weltweiten Warenströme sind versiegt, das Internet zerrissen. Flugreisen sind weitgehend unmöglich geworden. Eine Wiederbelebung des alten Systems wird wahrscheinlich nicht gelingen.

In den folgenden Kapiteln werde ich einige der gefährlichsten Sollbruchstellen aufzeigen und Lösungsvorschläge erarbeiten. Eine vollständige Analyse des komplexen Systems der globalen Gesellschaft sprengt den Rahmen dieses Buches, vielleicht sogar den Rahmen unseres Wissens. Aber es wäre schon viel erreicht, wenn meine Ausführungen das Bewusstsein für die möglichen Probleme schärften.

Im nächsten Kapitel wird es um die Elemente unserer Zivilisation gehen, die wir für selbstverständlich halten und die doch viel Geld und Arbeit verschlingen, wenn sie immer perfekt funktionieren sollen: die Infrastrukturen, also Strom, Wasser, Kanalisation, Gas, Straßen und Schienen.

2

Der Unterbau der Informationsgesellschaft

Zusammenfassung Noch nie in der Geschichte der Menschheit hat es eine Zivilisation mit einer so umfangreichen Infrastruktur gegeben wie heute. Damit möchte ich nicht behaupten, dass wir die Ersten sind, denen es eingefallen ist, Straßen und Wasserleitungen zu bauen. Durch das römische Imperium zogen sich Tausende Kilometer gepflasterter Straßen. Aber unsere technische Zivilisation hängt kritisch von einer ständigen Verfügbarkeit von Wasser, Strom und digitaler Kommunikationstechnik ab. Damit ist sie so verletzlich wie keine der bisherigen Hochkulturen im gesamten Verlauf der geschriebenen Geschichte.

Noch nie in der Geschichte der Menschheit hat es eine Zivilisation mit einer so umfangreichen Infrastruktur gegeben wie heute. Damit möchte ich nicht behaupten, dass wir die Ersten sind, denen es eingefallen ist, Straßen und Wasserleitungen zu bauen. Durch das römische Imperium zogen sich Tausende Kilometer gepflasterter

© Springer-Verlag GmbH Deutschland, ein Teil von Springer Nature 2021
T. Grüter, *Offline!*, https://doi.org/10.1007/978-3-662-63386-1_2

Straßen. Sie waren so sorgfältig konstruiert, dass Teile davon noch immer erhalten sind. Ebenso herausragend war die römische Wasserbaukunst. Alle großen Städte wurden mit Wasserleitungen versorgt, die mehrere Hundert Kilometer lang sein konnten. Nach dem Zerfall des Imperiums gab es mehr als tausend Jahre lang kein Reich in Europa, das ein auch nur annähernd so perfektes Netz von Wegen und Versorgungsleitungen aufbauen konnte. Erst im 19. Jahrhundert, also fast 1400 Jahre nach dem Ende des Römischen Reichs, begann der Aufbau der europäischen Infrastruktur im großen Stil (Abb. 2.1).

Immanuel Kant (1724–1804), der große Philosoph der Aufklärung, musste ohne Strom und Telefon auskommen. Er hatte auch kein fließendes Wasser im Haus. Das Fehlen von geteerten oder geschotterten Landstraßen wird ihn nicht gestört haben; er hat fast sein ganzes Leben in Königsberg verbracht. Johann Wolfgang von Goethe (1749–1832) sah immerhin schon die Anfänge der Eisenbahn, wenn auch nur in England. Erst drei Jahre nach seinem Tod fuhr die erste deutsche Dampflokomotive, der berühmte „Adler", von Nürnberg nach Fürth. Sherlock Holmes hingegen benutzte selbstverständlich die Eisenbahn, als er Ende des 19. Jahrhunderts nach Dartmoor fuhr, um den berühmten Hund der Baskervilles ausfindig zu machen. Sein Zimmer in der Baker Street hatte aber noch keine elektrische Beleuchtung. Es war die Zeit des Gaslichts, das die Straßen und Häuser von London nachts in einen gelblichen Schein tauchte. Die Stromnetze verbreiteten sich erst zu Anfang des 20. Jahrhunderts. Als Albert Einstein geboren wurde, begann gerade die Erzeugung von Strom im großen Maßstab, und als er 1955 starb, waren alle Industriestaaten mit einem flächendeckenden Stromnetz überzogen.

Warum entdeckten die Europäer gerade im 19. Jahrhundert die Bedeutung der zentralen Versorgung mit

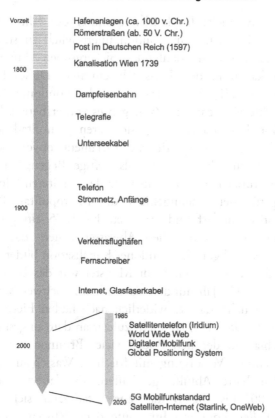

Vorzeit — Hafenanlagen (ca. 1000 v. Chr.)
Römerstraßen (ab. 50 V. Chr.)

Post im Deutschen Reich (1597)

Kanalisation Wien 1739

1800

Dampfeisenbahn

Telegrafie

Unterseekabel

Telefon
Stromnetz, Anfänge

1900

Verkehrsflughäfen

Fernschreiber

Internet, Glasfaserkabel

1985
Satellitentelefon (Iridium)
World Wide Web
Digitaler Mobilfunk
Global Positioning System

2000

5G Mobilfunkstandard
2020 Satelliten-Internet (Starlink, OneWeb)

Abb. 2.1 Zeitachse der wichtigsten Infrastrukturen. (© Thomas Grüter)

Wasser und Strom? Damals hatte die Bevölkerung sehr stark zugenommen und mehr und mehr Menschen drängten sich in den engen Städten. Immer wieder zogen Seuchen durch Europa und hinterließen eine Spur von Angst und Tod. Nur langsam setzte sich die Erkenntnis durch, dass sauberes Wasser ein gutes Mittel gegen Cholera und Typhus war. Außerdem verbesserte eine geregelte Abwasserentsorgung die Lebensqualität.

Zwei Beispiele: Im heißen Sommer des Jahres 1858 begann die Themse in London unerträglich zu stinken, weil die ständig überlaufenden Sickergruben Unmengen von Fäkalien in den Fluss schwemmten. Dieses Ereignis ist als „The Great Stink" in die Londoner Stadtgeschichte eingegangen. Zwar gab es vorher bereits Pläne für eine Kanalisation, aber sie waren dem Stadtrat zu teuer gewesen. Das britische Parlament erwog bereits einen Umzug flussaufwärts, als heftige Regengüsse den Ausdünstungen ein gnädiges Ende bereiteten. Joseph Bazalgette, der Chefingenieur des Metropolitan Board of Works, entwarf und errichtete bis 1875 ein geniales System von unterirdischen Abwasserkanälen, das noch heute das Rückgrat der Londoner Kanalisation bildet.

In der westfälischen Stadt Münster war das Brunnenwasser im 19. Jahrhundert so stark mit Schwefelwasserstoff verseucht, dass es widerlich nach faulen Eiern roch und schmeckte. Das lag nicht zuletzt an dem ungesunden Faulschlamm, der den Boden vieler Brunnen bedeckte. Eine zentrale Versorgung mit frischem Wasser aus guten Quellen hätte Abhilfe geschaffen. Es dauerte jedoch bis 1880, bis die Münsteraner Stadtväter sich dazu entschließen konnten. Im Laufe der nächsten 30 Jahre ließen sie eine Frischwasserversorgung und eine unterirdische Kanalisation für die Abwässer bauen. Auch die meisten anderen deutschen Städte erhielten erst am Ende des 19. Jahrhunderts eine zuverlässige Versorgung mit Trinkwasser. Die Einführung des elektrischen Stroms verlief anfänglich etwas schleppend. In Münster wie in vielen anderen Städten war Strom gegen Ende des 19. Jahrhunderts viel zu teuer, um das für Beleuchtung, Warmwasser und Kochstellen benutzte Stadtgas zu ersetzen. Das neue Stromnetz diente zunächst nur zum Betrieb der städtischen Straßenbahnen. Das war aber keineswegs die erste Anwendung der Elektrizität. Im Jahr 1800 hatte der italienische Naturwissenschaftler Alessandro Volta die erste Batterie erfunden, die sogenannte Voltasche Säule. Ihre Leistung reichte nicht aus, um schwere Maschinen zu treiben. Immerhin stand jetzt den Wissenschaftlern in aller Welt Elektrizität zum Experimentieren zur Verfügung. Anfangs wurde sie zum Beispiel zur Elektrolyse genutzt und gab der Chemie, die sich gerade von der Alchemie abgenabelt hatte, entscheidende Impulse. Zum ersten Mal konnten Naturforscher unedle Elemente in reiner Form gewinnen. Zunächst waren das noch akademische Übungen, aber schon bald entstand daraus die chemische Industrie.

Zugleich erkannten die Wissenschaftler, dass sich Stromimpulse in Kupferleitungen über weite Entfernungen beinahe ohne Zeitverlust ausbreiten. Damit eröffneten sie eine völlig neue Ära der Informationsübertragung. Anfang der 30er-Jahre des 19. Jahrhunderts entstanden die ersten elektrischen Telegrafenstrecken. Jetzt konnte man verzögerungsfrei Nachrichten von einer Stadt in die andere schicken. Die dadurch bewirkte Revolution des Nachrichten- und Meldewesens kann man sich kaum gewaltig genug vorstellen. Innerhalb von nur 20 Jahren legte sich ein dichtes Netz von Telegrafenleitungen über Europa. 1858 ließ der amerikanische Geschäftsmann Cyrus W. Field das erste transatlantische Unterseekabel verlegen. Es funktionierte nur einige Monate, aber viele weitere Kabel folgten in kurzem Abstand. Im Jahr 1866 erfand Werner von Siemens den Dynamo, der aus mechanischer Bewegung im großtechnischen Maßstab Elektrizität erzeugte.

Das Telefonnetz entstand nicht lange nach dem Bau der ersten Telegrafenstrecken. Im Jahr 1863 stellte Philipp Reis in Deutschland den funktionierenden Prototyp eines Telefons vor. Er bewies damit das Arbeitsprinzip, aber seine Konstruktion war nicht markttauglich. 1876 begann

Alexander Graham Bell in den USA mit der Herstellung eines wirklich brauchbaren Apparats. Seit ungefähr 1880 verbreitete sich der Fernsprecher auch in Deutschland sehr schnell und bereits 50 Jahre später waren Millionen Kilometer Telefonleitungen in Deutschland verlegt. Das heißt aber nicht, dass die Welt bereits perfekt verbunden gewesen wäre. Zwischen den Regierungen der USA und der Sowjetunion (heute Russland) existierte bis 1962 keine direkte Telefonverbindung. Erst nachdem die Kubakrise im Jahr 1961 die Welt an den Rand eines Atomkriegs gebracht hatte, wurde ein sogenannter „heißer Draht" eingerichtet. Anders als vielfach dargestellt, war das kein rotes Telefon auf dem Schreibtisch des Präsidenten, sondern lediglich ein Fernschreiber im Keller des Weißen Hauses.

Die enorme Verbreitung der Mobiltelefone blieb dem letzten Jahrzehnt des 20. Jahrhunderts vorbehalten. Heute hat jeder Bundesbürger im Durchschnitt mehr als ein Handy. Der universelle Anschluss von Mobilgeräten an das Internet setzte sich erst zu Beginn des 21. Jahrhunderts durch.

Wie sehr unsere Zivilisation von den Lebensadern Wasser und Strom abhängt, lässt sich in etwa an den Leitungslängen ablesen. Die folgende Tab. 2.1 zeigt einige Beispiele (Eigenangaben der jeweiligen Stadtwerke).

Insgesamt liegen in Deutschland mehr als 1,85 Mio. Kilometer öffentliche Stromleitungen, davon 36.700 Kilometer Höchstspannungsleitungen, 94.600 Kilometer Hochspannungsleitungen und 519.200 km Mittelspannungsleitungen.[21] 1,85 Mio. Kilometer – das sprengt jede Vorstellung. Man könnte die Erde am Äquator damit 45-mal einwickeln. Und das ist nur das deutsche Netz! Übrigens: Die meisten öffentlichen Stromkabel haben keine Kupferseelen mehr, sie bestehen aus Aluminium. Kupfer leitet zwar besser, ist aber zu teuer geworden.

Tab. 2.1 Länge der Strom- und Wassernetze in einigen Städten, Stand 2013* / 2020

Stadt	Stromnetz in Kilometern	Wassernetz in Kilometern
Münster	4485	1112
München	12.000	3200
Bochum*	4195	1162
Dresden	4377	2414
Karlsruhe	2878	913
Kassel	2953	1296
Leipzig	3349	6407
Hamburg	-	11.317
Rostock	2156	698
Wien*	22.600	3000

Wasser muss im Gegensatz zu Strom nicht nur zu den Wohnungen geführt werden, es muss – ebenso wie Regenwasser – auch wieder abgeleitet werden. Deshalb sind in Deutschland ungefähr 594.000 Kilometer öffentliche Abwasserrohre verlegt, wenn man Mischwasser-, Abwasser- und Regenwasserkanäle zusammenzählt.[22]

Nach dem Zweiten Weltkrieg waren einige deutsche Städte so stark zerstört, dass es möglich gewesen wäre, sie nach den Regeln des modernen Städtebaus völlig neu zu errichten. Die engen und krummen Gassen hätten sinnvoll geführten Straßen weichen können. Nur wenige Städte haben solche Pläne umgesetzt, denn die unterirdischen Leitungsnetze hätte man ebenfalls neu verlegen müssen. Das aber hätte lange gedauert und viel Geld gekostet. In der Zeit unmittelbar nach dem Krieg waren Zeit und Mittel aber knapp, die Menschen brauchten dringend warme Wohnungen, intakte Büros und arbeitsfähige Fabriken. So hat der Verlauf des unsichtbaren Netzes der Versorgungsleitungen den Straßenplan des Wiederaufbaus diktiert.

Normalerweise machen wir uns nicht klar, dass wir in einer vollständig künstlichen Umwelt leben. Selbst für unsere Grundbedürfnisse Wasser und Nahrung greifen wir auf ein großflächig organisiertes Infrastrukturnetzwerk zurück. Die Wasserpumpen arbeiten nur, wenn sie mit Strom versorgt werden, und auch der Transport und die Verteilung von Nahrungsmitteln würden ausfallen, sobald für einige Tage keine elektrische Energie verfügbar ist. Damit gehört auch die ständige Verfügbarkeit elektrischer Energie indirekt zu den Grundbedürfnissen des modernen Menschen. Ähnliches gilt für Gas: Sollte der internationale Transport von Erdgas stocken, würden Millionen von Menschen in Deutschland frieren. Die folgende Tab. 2.2 zeigt, in welchen Größenordnungen die Infrastrukturnetzwerke heutzutage organisiert sind.

Vor 50 Jahren konnte sich in Europa und den USA niemand mehr ein Leben ohne Heizung, fließendes warmes Wasser, Telefon und elektrischen Strom vorstellen. Das hat sich nicht geändert, es ist sogar noch einiges hinzugekommen. Heute halten es die meisten Menschen schon für selbstverständlich, dass man von jedem zivilisierten Ort der Welt aus mit dem Mobiltelefon überall anrufen kann und Zugang zum Internet hat.

Tab. 2.2 Organisationsebene der Infrastrukturen

Struktur	Lokal	Regional	National	Übernational	Weltweit
Straßennetz		x	x	x	
Schienennetz	x	x	x	x	
Luftverkehr			x	x	
Wasser/ Abwasser	x	x			
Erdgas			x	x	
Strom		x	x	x	
Post			x	x	x
Telefonie			x	x	x
GPS					x
Internet					x

Wie stabil ist aber die künstliche Umwelt, die wir uns errichtet haben? Wir können das nicht aus der Geschichte lernen, denn es hat nie zuvor eine derart eng vermaschte und großflächig organisierte Infrastruktur gegeben. Die scheinbar sichere Stromversorgung kann aber durchaus einmal ausfallen. Dazu ein Beispiel:

Wehe, wenn der Strom ausfällt

Was wirklich geschieht, wenn der Strom für mehr als einen Tag ausbleibt, haben viele Menschen im Münsterland Ende November 2005 am eigenen Leib erfahren. Ich möchte hier einem Ehepaar die Gelegenheit geben, zu erzählen, was es damals erlebte. Stefan und Julia (sie heißen nicht wirklich so) haben in einer Bauerschaft in der Nähe des Orts Nordwalde ein Haus gekauft. Es steht allein und ist nur von Wiesen und Ackerland umgeben. In Westfalen drängen sich die Bauernhöfe nicht zu Dörfern zusammen, vielmehr wohnen die Bauern inmitten ihrer Weiden und Äcker. Ihr nächster Nachbar lebt also einige Hundert Meter entfernt, das Wasser kommt zwar aus dem Netz der Gemeinde Nordwalde, aber das Abwasser müssen sie selbst klären. Der Strom wird über eine Leitung auf Holzmasten geleitet, die an der einspurigen Straße entlangführt, mit der die Bauernhäuser verbunden sind. Weder Stefan noch Julia hat einen landwirtschaftlichen Hintergrund, sie sind Akademiker, verstehen sich aber aufgrund ihrer zupackenden Art gut mit den Nachbarn. An jenem Freitag, als der Strom ausfiel, war Stefan alleine zu Hause. Er hatte eine Stelle als wissenschaftlicher Mitarbeiter an der Universität Münster, Julia arbeitete für eine Unternehmensberatung bei einem Kunden in Frankfurt.

„Ich war mittags bei einem Nachbarn zum Grünkohlessen eingeladen, und als ich am frühen Nachmittag nach Hause fuhr, hatte es bereits eine ganze Zeit geschneit und gestürmt. Der Schnee war dick und pappig, die Temperatur lag um 0 °C."

Der Wetterdienst sollte später festhalten, dass an diesem Tag zwischen 15 und 40 Zentimeter Schnee fiel. Das flache Gelände setzte dem Wind kaum Widerstand entgegen, und so entstanden große Schneeverwehungen.

„Der Straßengraben war zugeweht und ich konnte den Weg kaum noch erkennen", berichtet Stefan. „Straße und Felder waren zu einer weißen Ebene verstrichen und ich musste mich an den Masten der Stromleitung orientieren, um sicher nach Hause zu kommen."

Julia war zu dieser Zeit am Frankfurter Flughafen und wartete auf den Aufruf ihres Fluges nach Münster, genauer gesagt, zum Flughafen Münster/Osnabrück.

„Wir hatten schon den Bus zum Flugzeug bestiegen, als die Durchsage kam, der Flughafen Münster/Osnabrück könne wegen des extremen Wetters nicht angeflogen werden. In Frankfurt schneite es nicht, und alle waren verständlicherweise ärgerlich, denn es ist extrem schwierig, am Freitagnachmittag einen Zug nach Münster zu bekommen. Ich versuchte Stefan mit dem Handy zu erreichen, aber die Verbindung brach gleich wieder ab. Etwas später rief mich eine Freundin an, die mir von Stefan ausrichtete, ich solle mir in Frankfurt ein Zimmer nehmen, im Münsterland herrsche Verkehrschaos. Aber ich hatte die ganze Woche beim Kunden zugebracht und wollte unbedingt nach Hause."

Stefan erzählt: „Mein Handy war ausgefallen und mein Festnetztelefon brauchte eine Steckdose. Also nahm ich Julias ‚Clio' und fuhr drei Höfe weiter zu einem befreundeten Nachbarn, der vielleicht eine andere Basisstation erreichen konnte. Seine Frau versprach mir, Julia anzurufen. Ich wollte mein Haus nicht unbewacht lassen und fuhr gleich zurück. Die Straße war kaum zu sehen und ich habe den Auspufftopf irgendwo krachend auf einen Stein gesetzt. Ich konnte weiterfahren, aber der Topf hatte ein Loch. Na ja, das war wohl einfach Pech."

Julia erzählt: „Mit einiger Mühe konnte ich einen Platz im völlig überfüllten Zug nach Köln ergattern. Da saß ich erst mal fest, denn der Fahrplan für Züge in den Norden war völlig zusammengebrochen. Auf mich wirkte das geradezu surreal, denn in Köln war kein Zentimeter Schnee gefallen. Für alle Fälle habe ich am Geldautomaten 300 Euro abgeholt und einen großen Vorrat belegte Baguettes gekauft."

Die Straßen und Autobahnen im Münsterland waren inzwischen so gut wie unpassierbar und teilweise gesperrt. Der nasse, von Windböen der Stärke acht vorangepeitschte Schnee türmte sich zu hohen Verwehungen auf und klebte an den Hochspannungsleitungen fest. Die Aluminiumkabel dehnten sich unter der Last, bis sie fast den Boden berührten. Durch den Sturm in Schwingungen versetzt, begannen sie zusammenzuschlagen. Am frühen Nachmittag traten die ersten Kurzschlüsse auf und an vielen Orten in den Kreisen Steinfurt, Borken und Coesfeld mussten Leitungen vom Netz genommen werden. Um 17:36 Uhr knickten mehrere Tragmasten der 110-Kilovolt-Leitung von Gronau nach Metelen ein. Die Reparaturteams zählten später 36 beschädigte Masten allein im Verlauf dieser einen Strecke. Stefan berichtet:

„Schon am Mittag war für einige Minuten kein Strom da, am Nachmittag flackerte mehrfach das Licht und schließlich fiel der Strom endgültig aus. Ich wartete einige Minuten, eine Viertelstunde, eine halbe Stunde, bis ich schließlich befürchtete, dass der Ausfall länger dauern würde. Wir haben nur eine träge reagierende Fußbodenheizung in unserem Haus, deshalb hatte ich zusätzlich zur Kaminkassette im Wohnzimmer noch einen Kohleofen in mein Arbeitszimmer einbauen lassen. Unsere Zentralheizung arbeitet mit Gas, das aus einem großen Gastank hinter dem Haus kommt. Weil aber die elektrische Pumpe für den Brenner ausgefallen war, stellte die Heizung ihren Betrieb ein. Ich heizte also den Kamin im Wohnzimmer und den Ofen in meinem Arbeitszimmer an. Beide waren natürlich zu klein, um das ganze Haus zu heizen, aber es reichte erst mal. Das Telefonnetz wird über eigene Batterien bei der Deutschen Telekom mit Strom versorgt, aber unsere Telefonanlage brauchte Strom aus der Steckdose. Auch die Basisstationen der Mobiltelefone waren vom Netz gegangen, ich war also faktisch auf mich selbst gestellt."

Julia hatte es geschafft, über mehrere Stationen mit dem Zug bis nach Münster zu kommen. „Alles war völlig überfüllt und ich wusste nicht, wie ich nach Hause kommen sollte. Ich konnte Stefan nicht erreichen, weder sein Festnetzanschluss noch sein Mobiltelefon funktionierten. Schließlich fand ich einen Busfahrer, der sich bereit erklärte, trotz des Wetters nach Steinfurt zu fahren. Meine Haltestelle, von der ich noch ungefähr zwei Kilometer zu unserem Haus lief, lag auf seiner Strecke, und so stieg ich ein."

Um 18:28 Uhr knickten zwei Masten der Hochspannungsleitung Alstette-Vreden um, gegen 20:30 Uhr fiel auch die Strecke von Metelen nach Roxel aus, hier hatten gleich 17 Masten unter der Schneelast nachgegeben.

Stefan berichtet: „Meine einzige Verbindung zur Außenwelt war ein batteriebetriebenes Radio. Aus den Sendungen des WDR war aber nicht zu entnehmen, wie schlimm die Lage wirklich war. Ich hatte irgendwann mal einen Frequenzscanner gekauft, und den stellte ich jetzt auf den Polizeifunk ein. Irgendwie schien die

Polizei aber kaum weniger verwirrt zu sein als ich, jedenfalls konnte ich mir aus den Durchsagen kein sicheres Bild von der Situation machen. Irgendwann fiel das Wort ‚Plünderung'. Heute weiß ich natürlich, dass nirgendwo geplündert wurde. Im Gegenteil: Die Menschen haben sich überall geholfen. Damals aber, eingeschneit im weißen Nirgendwo, bei heulendem Sturm, im Dunkeln und im kälter werdenden Haus, wurde ich doch nervös. Ich schloss den Waffenschrank auf und legte meine registrierten Waffen bereit, einen Colt-Revolver und eine Brünner-M75-Pistole."

Julia marschierte derweil durch den Schnee. Sie war an ihrer üblichen Station aus dem Bus gestiegen, obwohl sie den Weg kaum noch erkennen konnte.

„Ich hatte nur meine Büroschuhe mit den profillosen Ledersohlen an. Nach wenigen Metern bekam ich nasse Füße, denn die Schuhe saßen natürlich nicht dicht. Andererseits war ich fast zu Hause, und an den meisten Stellen lagen nur etwa 20 Zentimeter Schnee, sodass ich durchaus vorankam. Es war auch nicht allzu kalt, etwa um den Gefrierpunkt. Ich hatte vergessen, wie glatt Ledersohlen auf Schnee sind, und so fiel ich immer wieder hin. Erstaunlicherweise war es in der Nacht durch den Schnee so hell, dass ich gut sehen konnte – und für den äußersten Fall hatte mein Handy eine Taschenlampe. 200 Meter vor unserem Haus habe ich dann Stefan gesehen; er half unserem Nachbarn, ein Auto aus dem Graben zu ziehen."

Stefan: „Weil praktisch alle Straßen und Autobahnen gesperrt oder unpassierbar waren, versuchten einige Autofahrer über die Wirtschaftswege weiterzukommen. Die Schneeverwehungen hatten aber die Wege an vielen Stellen fast unsichtbar gemacht und die Straßengräben zugeschüttet. Der lockere Schnee hielt natürlich nicht das Gewicht eines Autos und so wurden die Gräben zu tückischen Fallen. Die Bauern in der Gegend mussten mit ihren Treckern immer wieder festgefahrene Autos befreien. Soweit ich weiß, sind alle weitergefahren, jedenfalls haben weder unsere Nachbarn noch wir die Insassen eines liegen gebliebenen Autos aufnehmen müssen. Später am Abend kam das Technische Hilfswerk mit Unimogs. Bei einem Auto in der Nähe unseres Hauses habe ich mitgeholfen, als ich Julia kommen sah. Sie sah ziemlich elend aus."

Julia: „Weil wir keine Kerzen im Haus hatten, stellten wir Teelichte auf. Wir haben uns Tee auf dem Ofen in Stefans Arbeitszimmer heiß gemacht und die Baguettes gegessen, die ich aus Köln mitgebracht hatte. So wurde der Abend noch fast romantisch. Ich war entsetzlich müde, aber ich habe mir in der Nacht trotzdem alle zwei bis drei Stunden den Wecker gestellt, um Briketts für den Ofen und die Kaminkassette nachzulegen. Irgendwie gruselte mich die Vorstellung, morgens in einem eiskalten Haus zu sitzen und die Öfen vielleicht nicht wieder in Gang zu bringen. Immerhin hatten wir die ganze Zeit Wasser, der Druck in der Leitung blieb konstant. Die Pumpe in unserer Kläranlage war natürlich ausgefallen, aber das Becken war so groß, dass es nicht überlief, bis wir am nächsten Abend wieder Strom hatten."

Am Nachmittag begriffen Polizei, Feuerwehr, Technisches Hilfswerk (THW) und die RWE als zuständiger Stromversorger, dass ein lebensbedrohlicher Notfall eingetreten war. Für die Kreise Steinfurt und Borken wurde Katastrophenalarm gegeben. Der Stromausfall betraf mehr als 250.000 Menschen – bei Temperaturen um 0 °C und starkem Wind bestand die Gefahr, dass Menschen in ihren Häusern erfroren. Im landwirtschaftlich geprägten Münsterland haben sich viele Bauern auf Schweinezucht spezialisiert. Die riesigen Ställe fassen Hunderte oder sogar Tausende von Tieren und müssen ständig aktiv belüftet werden, weil sonst der Sauerstoff knapp wird. Die elektrischen Ventilatoren waren aber ebenso ausgefallen wie die computergesteuerten Fütterungsanlagen. Die Züchter bemühten sich fieberhaft, Notstromaggregate zu bekommen. In einer enormen Anstrengung gelang es schließlich dem THW und der Feuerwehr, mehr als 500 mobile Systeme aufzutreiben und anzuschließen. Durch die gemeinsame Anstrengung von Betroffenen und Helfern konnte eine Katastrophe letztlich vermieden werden. Nach vier Tagen waren die meisten Stromleitungen notdürftig repariert. Die Stadt Ochtrup war am schlimmsten betroffen, sie wurde nur von einer einzigen 110-Kilovolt-Leitung versorgt, die weitgehend zerstört war. Es dauerte vier Tage, bis der Strom dort wieder floss. Die Stadt richtete Notunterkünfte ein, damit die Menschen nicht in ihren eiskalten Häusern übernachten mussten. Die Innenstadt wurde zwischenzeitlich aus mehreren Notstromaggregaten versorgt, aber die Höfe im Außenbereich blieben die ganze Zeit über ohne Strom. Dank der schnellen, effektiven und umfassenden Hilfe gab es im gesamten betroffenen Gebiet keine Toten.

„Wir haben uns einen Grundofen einbauen lassen", sagt Stefan. Zweieinhalb Tonnen feuerfeste Schamottesteine kleiden ihn aus. Wenn man ihn morgens und abends mit Kohle oder Holz füttert, hält er das Haus durchgehend warm. „Wir haben jetzt immer aufgeladene Batterien und Akkus im Haus. Ein Vorrat an Grillkohle liegt bereit, wenn wir ohne Strom kochen müssen. Ein Notstromaggregat haben wir uns nicht zugelegt. Der Dieselmotor müsste regelmäßig in Betrieb genommen und gewartet werden. Ich weiß nicht, ob wir über viele Jahre rechtzeitig daran denken würden. Und natürlich müssten wir ausreichend Dieselöl vorhalten. Mit 20 Litern kämen wir im Ernstfall kaum aus, also müssten wir einen großen Dieseltank einbauen. Ich denke, das lohnt sich nicht."

Die Industrie- und Handelskammer Nord Westfalen bezifferte den Schaden für die Firmen in der betroffenen

Region auf 100 Mio. Euro. Weitere 35 Mio. Euro gab der Stromversorger RWE als eigene Schäden an. Jede weitere Haftung lehnte die RWE rigoros ab. Verantwortlich sei eine Wetterlage, die nur alle hundert Jahre auftrete. Die Leitungen und die Masten hätten alle vorgeschriebenen Normen eingehalten. Allerdings stand die am schlimmsten betroffene Leitung BL 1536 Gronau-Metelen bereits seit 1951. Die Masten bestanden aus sogenanntem Thomas-Stahl, der mit der Zeit zur Versprödung neigt und dabei an Stabilität verliert. Ein Gutachten der Bundesanstalt für Materialprüfung bestätigte, dass mehrere Masten im Jahr 2005 nicht mehr ausreichend stabil waren. Aber selbst, wenn sie noch voll belastbar gewesen wären, hätte sie das Gewicht des Schnees bei dem Sturm vermutlich umgerissen.

Extreme Wetterbedingungen treten jedoch öfter auf, als die RWE zugegeben hat. Das zeigt die folgende Tab. 2.3 von größeren Störungen im Hochspannungsnetz durch Eislasten (entnommen aus dem Untersuchungsbericht der Bundesnetzagentur über den Stromausfall im Münsterland):

Tab. 2.3 Eisschäden an Hochspannungsmasten seit 1956

Anfangsdatum	Gebiet	Beschädigte oder zerstörte Hoch-spannungsmasten
28./29.10.1956	Ostbayern, Inngebiet	69
07./08.12.1967	Ems-/Wesergebiet	127
29./30.03.1979	Ostbayern	42
24.04.1980	Ostbayern, Oberschwaben	150
02.03.1987	Südniedersachsen, Ostwestfalen, Ober-schwaben	76
30.11.1988	Ostwestfalen	24
12./13.04.1994	Alpenvorland in Bayern und Schwaben	172
25./26.11.2005	Münsterland	83

Demnach findet ein Masten gefährdendes „Jahrhundertwetter" in Wirklichkeit alle sechs bis sieben Jahre statt. Und vermutlich zünden die Stromversorger regelmäßig Kerzen in den Kirchen an, um dafür zu bitten, dass die Katastrophe auf eine kleine Fläche beschränkt bleibt. Sollte ein großflächiger Eisregen in mehr als einem Bundesland die Masten wie Streichhölzer knicken, wäre Deutschland überfordert. Die Rettungskräfte könnten nicht genügend Notstromaggregate installieren, um die betroffenen Menschen zu versorgen. Die Schäden würden sehr schnell einen zweistelligen Milliardenbetrag erreichen, die Wirtschaft wäre auf Jahre hinaus schwer angeschlagen. Bis zum Winter 2019/2020 ist uns eine solche Katastrophe erspart geblieben, aber leider erhöht der Klimawandel die Wahrscheinlichkeit von extremen Wetterereignissen. Bisher haben die Versorger dafür keine Vorsorge getroffen.

Denkfehler und falsche Sicherheit

Strom ist der zentrale Lebenssaft der modernen Welt: Ohne Strom fließt kein Wasser, die Benzinpumpen der Tankstellen arbeiten nicht, die Kommunikationseinrichtungen sind nach wenigen Stunden tot. Fernsehsender fallen aus, Rundfunksender arbeiten immerhin einige Tage lang. Der österreichische Autor Marc Elsberg schildert in seinem Thriller *Blackout – Morgen ist es zu spät* sehr dramatisch die Folgen eines fiktiven mehrtägigen Stromausfalls in ganz Europa und Amerika. Das Problem ist bekannt, erst im Jahr 2011 hatte das Büro für Technikfolgen-Abschätzung beim Deutschen Bundestag eine Studie zu den Folgen eines großflächigen wochenlangen Stromausfalls veröffentlicht. „Ein Kollaps der gesamten Gesellschaft wäre kaum zu verhindern", lautet ihr düsteres

Fazit.[23] Aber seitdem ist immer noch zu wenig geschehen. Die Lage droht sogar noch schlimmer zu werden, denn möglicherweise wird die Stromversorgung ihrerseits bald vom Internet abhängen.

Was das Büro für Technikfolgen-Abschätzung abstrakt als „gesellschaftlichen Kollaps" bezeichnet, bedeutet für viele Menschen den Tod. Im Winter drohen viele Häuser unbewohnbar zu werden, weil die Heizungen nicht mehr arbeiten. Man wird Sammelunterkünfte einrichten müssen, aber manche Menschen werden aus Angst um ihr Hab und Gut nicht mitkommen wollen. Sie werden irgendetwas anzünden, um der Kälte zu entkommen, und damit Brände auslösen oder in ihren Wohnungen ersticken. Die Feuerwehr wird dann so überlastet sein, dass sie nicht mehr überall löschen kann. Nach einigen Tagen werden auch die elektrisch betriebenen Pumpen der Wasserwerke stillstehen, sodass aus den Leitungen kein frisches Wasser mehr fließt. Die Notstromaggregate der meisten Krankenhäuser und Pflegeheime haben nur für wenige Stunden Treibstoff. Nach spätestens zwei bis drei Tagen müssen die Einrichtungen evakuiert werden. Gleichzeitig werden die Akutkrankenhäuser sehr viel mehr Kranke und Verletzte versorgen müssen.

Viele Menschen werden sterben, weil sie keine Medikamente mehr bekommen. Allein in Deutschland sind Millionen Menschen täglich auf Insulin angewiesen. Der Polizeifunk bricht ab, damit haben kriminelle Banden leichtes Spiel. Sie werden von überall her in das Krisengebiet reisen. Wenn die Versorgung mit Lebensmitteln, Medikamenten und Treibstoff zusammenbricht, werden verzweifelte Menschen Lager und Geschäfte plündern. Viele werden versuchen, aus dem betroffenen Gebiet zu fliehen, und damit die Straßen verstopfen, sodass keine Hilfslieferungen mehr durchkommen. Alle diese Folgen sind absehbar und – bei entsprechender

Vorsorge – vermeidbar. Bisher ist jedoch das Problem nur benannt worden. Vor den Kosten einer umfassenden Notfallvorsorge scheinen die meisten Verantwortlichen zurückzuschrecken. Immerhin gibt das Bundesamt für Bevölkerungsschutz und Katastrophenvorsorge eine Broschüre heraus, in der es den Bürgern empfiehlt, selbst Vorsorge für einen mehrere Tage dauernden Notfall zu treffen. Dazu gehört auch ein längerer Stromausfall. Die Menschen sollen warme Kleidung gegen den Ausfall der Heizung bereithalten und warme Mahlzeiten auf einem Kohle- oder Gasgrill zubereiten. Ein Campingkocher tut es auch. Kerzen, Taschenlampen, Batterien und Streich-hölzer sollten griffbereit sein. Und natürlich braucht man genügend Wasservorräte. Ein batteriebetriebenes Radio ist auch nützlich.[24] Das alles ändert aber nichts daran, dass nach spätestens zwei Tagen die Lage kritisch wird und es immer noch zu wenige große Notstromaggregate (offizielle Bezeichnung: Netzersatzanlagen) gibt.

Eine Infrastruktur kann nicht nur plötzlich *ausfallen,* sie wird auch langsam *zerfallen,* wenn sie nicht instandgehalten wird. Die im Jahr 1990 untergegangene DDR hat es darauf ankommen lassen. Ihr Telefonnetz befand sich am Ende in einem desolaten Zustand. 23 Prozent der Vermittlungseinrichtungen waren älter als 60 Jahre, 72 Prozent zwischen 23 und 60 Jahren alt. Nicht einmal jeder fünfte Haushalt besaß überhaupt einen Telefonanschluss. Die Wartezeit für neue Anschlüsse betrug bis zu 20 Jahre. Trotzdem funktionierte das Netz einigermaßen, aber eine Modernisierung war unmöglich. Das System verschliss schneller, als es ersetzt wurde, das Ende war absehbar. Aber nicht nur im real existierenden (oder besser: real nicht mehr existierenden) Sozialismus zerfällt die Infrastruktur. Auch in den USA sind Brücken, Straßen, Stromleitungen und Abwassersysteme in einem besorgniserregenden Zustand. Die Gesellschaft amerikanischer Ingenieure (ASCE – American Society of Civil Engineers) vergibt regelmäßig Schulnoten für die Infrastruktur. Wasser- und Abwassersysteme erreichen eine Vier, die Energie-Infrastruktur kommt gerade mal auf eine Vier plus. Ein Großteil des amerikanischen Stromnetzes stammt aus den 50er- und 60er-Jahren des vergangenen Jahrhunderts und seine Lebensdauer war auf etwa 50 Jahre angesetzt. Stromausfälle wegen der überalterten Leitungen oder wegen Extremwetter kosteten die USA zwischen 2003 und 2012 etwa 18 bis 33 Mrd. US-Dollar pro Jahr. 2 Billionen US-Dollar müssten auf Sicht von zehn Jahren investiert werden, schätzte die ASCE im Jahr 2017. Bisher geben die USA etwa 2,5 Prozent ihres Bruttoinlandsprodukts für die Erhaltung und Verbesserung der Infrastruktur aus – mindestens 3,5 Prozent seien aber notwendig, schreibt die ASCE.[25]

Trotzdem stehen die USA im internationalen Vergleich nicht einmal schlecht da. Im *Global Competitiveness Report 2019* des Weltwirtschaftsforums erreichen sie den 13. Platz beim Thema Infrastruktur, Deutschland steht auf Rang acht hinter Spanien und Südkorea.[26]

Aber auch in Deutschland schieben die Städte und Kommunen einen Berg von Reparaturen und Verbesserungen vor sich her. Jedes Jahr unterbleiben Milliardeninvestitionen zur Erhaltung von Gebäuden, Wasserleitungen, Straßen, Brücken und Stromkabeln. Der sogenannte Investitionsstau[27] soll hierzulande bis Anfang 2019 etwa 159 Mrd. Euro erreicht haben.[28] Im Jahr 2012 waren es noch etwa 100 Milliarden. Dabei ist eigentlich genug Geld vorhanden. Aber die Bauvorschriften sind so kompliziert geworden, dass Infrastrukturprojekte nur sehr langsam realisiert werden können. Straßen und Schulgebäude zerfallen leider trotzdem weiter. Und die Anforderungen an die Infrastrukturen steigen weiter. Im Februar 2020 gab die Stadt Münster beispielsweise bekannt, dass sie die Hauptkläranlage im Stadtteil Coerde reparieren, modernisieren und ausbauen werde. Bis 2023 soll eine vierte Reinigungsstufe Mikroplastik und Arzneimittelrückstände ausfiltern. Die Kosten wurden mit 116 Mio. Euro angesetzt, etwa 370 Euro pro Einwohner. Die Abwassergebühren sollen deshalb ab 2023 um 18 Prozent steigen.[29] Insgesamt scheinen die deutschen Behörden Probleme zu haben, die Infrastrukturen zu bewahren oder so auszubauen, wie es den schärfer werdenden Vorschriften entspricht. Das ist keine gute Entwicklung.

Es wird kritisch

Nicht alle Infrastrukturen sind auch *kritische Infrastrukturen*. Das Bundesamt für Bevölkerungsschutz und Katastrophenhilfe betreibt zusammen mit dem Bundesamt für Sicherheit in der Informationstechnik ein Webportal unter dem Titel *Schutz kritischer Infrastrukturen*, kurz *KRITIS*.[30]

Wie bei deutschen Behörden üblich, haben sie diesen Begriff amtlich definiert.[31] Man versteht darunter *„Organisationen und Einrichtungen mit wichtiger Bedeutung für das staatliche Gemeinwesen, bei deren Ausfall oder Beeinträchtigung nachhaltig wirkende Versorgungsengpässe, erhebliche Störungen der öffentlichen Sicherheit oder andere dramatische Folgen einträten.*"

Dazu gehören folgende neun Gruppen:

1. Transport und Verkehr (Luft, Wasser, Schiene, Straße)
2. Energie (Elektrizität, Mineralöl, Gas)
3. Informationstechnik und Telekommunikation
4. Frischwasserversorgung und Abwasserbeseitigung
5. Staat und Verwaltung einschließlich Katastrophenschutz
6. Erzeugung und Verteilung von Nahrungsmitteln

7. Finanz- und Versicherungswesen einschließlich der Börsen
8. Gesundheit und medizinische Versorgung
9. Medien und Kultur

Die ersten vier sind als technische, der Rest als Dienstleistungsstrukturen definiert. Wie man leicht erkennt, hängen die Strukturen alle voneinander ab. Ohne Strom funktioniert beispielsweise die medizinische Versorgung nur sehr eingeschränkt und ohne staatliche Verwaltung zerbröseln bald alle übrigen Dienstleistungen. Der Staat wiederum ist auf Informationen angewiesen, um effektiv zu arbeiten, und die Telekommunikation braucht Strom, der ohne Informationstechnik nur schwer richtig zu steuern ist.

Wenn gleich neun Gruppen von Infrastrukturen so wichtig sind, dass schon eine ernsthafte Beeinträchtigung „dramatische Folgen" haben dürfte, was sagt das dann über unsere Lebensweise? Auch wenn wir uns normalerweise keine Gedanken darüber machen: Wir leben in einer hochgradig künstlichen Umwelt und sind von einer Vielzahl unsichtbarer Heinzelmännchen abhängig, die uns ständig umsorgen.

Die fleißigen Gesellen dürfen sich niemals freinehmen, nicht krank werden oder streiken. Binnen Tagen würde unsere Gesellschaft sonst schweren Schaden nehmen. Im Prinzip ist jede Gesellschaft, angefangen von den Jägern und Sammlern in der Steinzeit, auf Nahrung, Trinkwasser und Energie zum Kochen oder Wärmen angewiesen. Spätestens ab der Antike brauchten die Menschen auch Transportmittel wie Karren oder Schiffe. Der römische Staat unterhielt bereits eine hochkomplexe Verwaltung. Aber die enorme Bedeutung des Finanzwesens und der Informationstechnik hat sich erst im letzten Jahrhundert entwickelt. Nichts hat unsere Gesellschaft jedoch stärker und schneller verändert als die inzwischen allgegenwärtige Digitaltechnik. In den kommenden Jahren wird noch die künstliche Intelligenz hinzukommen, die uns eventuell bald das Autofahren und die Hausarbeit abnimmt – und vielleicht die Herrschaft über die Erde.

Es mag uns heute so vorkommen, dass in unseren Städten Straßen und Plätze mit Grünflächen und Bäumen friedlich koexistieren und dass die Menschen sich über die Jahrhunderte den Sinn für saubere Flüsse und naturnahe Wälder bewahrt haben. Das ist aber leider eine Illusion. Tatsächlich leben wir in einer sorgfältig intakt *gehaltenen* Umwelt. Das war nicht immer so. Anfang des 19. Jahrhunderts war Deutschland bis auf kleine Reste entwaldet. Dass unser Land heute zu einem Drittel aus Wald besteht, ist das Ergebnis einer unglaublich erfolgreichen Aufforstung und Waldbewirtschaftung. Der Rhein war noch 1970 fast tot und wurde erst im 21. Jahrhundert wieder so sauber, dass er mehr als 60 Fischarten eine Heimat bietet. Rigorose Gesetze und die konsequente Klärung fast aller Abwässer aus den Städten und der Industrie haben hier ein kleines Wunder bewirkt.[32] Die großen Flüsse in Deutschland sind nur deshalb einigermaßen gesund, weil eine gewaltige Infrastruktur aus Klärwerken und Messstationen die Einleitung von Schadstoffen weitgehend unterbindet. Die Stadtreinigung sorgt in Städten und Gemeinden für gefegte und gewischte Straßen, Gehwege und Plätze. Ohne eine regelmäßige Müllabfuhr würden Ratten in den herumliegenden Abfällen ihre Nester bauen. Im Grunde leben wir, wie auch die meisten anderen Europäer, in einem Landschaftspark, einem englischen Garten, der Natur nachempfunden, aber ständig von unsichtbaren Händen gepflegt. Ein Ausfall kritischer Infrastrukturen hätte also ganz sicher schon binnen weniger Tage unangenehme Folgen. Aber was ist mit einem langsamen Zerfall?

Die Unbeständigkeit der Digitaltechnik

Während Brücken, Gebäude, Stromleitungen oder Kanal-rohre problemlos viele Jahrzehnte überstehen und notfalls mit örtlichen Mitteln instandgehalten werden können, würde die digitale Infrastruktur binnen zehn Jahren weit-gehend verschwinden, wenn sie nicht ständig ersetzt wird. Fast alle dafür notwendigen Bauteile und Geräte kommen aus Asien, das Rohmaterial wie Lithium, Tantal oder Kobalt aus der gesamten Welt.

Die Telekommunikationsunternehmen haben in den letzten Jahren allein in Deutschland mehr als 700.000 Kilometer Glasfaserkabel verlegt (Stand Ende 2020). Im Mobilfunknetz sorgten Ende 2019 mehr als 190.000 Basisstationen für sichere Verbindungen, davon beherrschten laut Bundesnetzagentur 62.567 den neuen Standard LTE.[33] Als Basisstation bezeichnet man die orts-festen Sender und Empfänger, mit denen die Handys an das Telefonnetz angebunden werden. Deutschland hat eine Fläche von 357.000 Quadratkilometern, sodass auf je zwei Quadratkilometer eine Mobilfunkbasisstation kommt. Aber warum sieht man sie dann nirgends? Das hängt nicht zuletzt damit zusammen, dass zwar jeder Handybenutzer immer und überall eine Netzanbindung erwartet, aber viele Menschen große Bedenken gegenüber einer Basis-station in ihrer Nähe hegen. Mobilfunkgegner verbreiten gruselige Geschichten über die angeblich krank machende Wirkung von hochfrequenten elektromagnetischen Strahlen. Also verbergen sich die Basisstationen in Kirch-türmen oder Schornsteinattrappen. Manchmal hängen sie auch an hohen Industrieschornsteinen oder stehen gut getarnt inmitten von anderen Antennensystemen auf Hochhäusern. In den dicht besiedelten Gebieten Deutsch-lands ist die nächste Basisstation eigentlich nie mehr als 1000 Meter Luftlinie entfernt. Dieses umfangreiche System deckt aber nur die Übertragung der Signale ab. Für die Strukturen und Inhalte des weltumspannenden digitalen Netzes muss ein eigener Gerätepark vorgehalten werden. 2017 betrieben deutsche Rechenzentren nach einer Studie[34] im Auftrag des Bitkom (Bundesverband Informationswirtschaft, Telekommunikation und Neue Medien e. V.) ca. 1,9 Mio. Server. Etwa 130.000 Menschen arbeiteten dort in Vollzeit. Allein in Frankfurt verbrauchen Rechenzentren etwa 20 Prozent des Stroms und damit mehr als der Flughafen.[35]

Das hört sich eindrucksvoll an, aber die wirklich großen Rechenzentren stehen eher in den skandinavischen Ländern. Dort beziehen sie den Strom günstiger und das kalte Wetter vereinfacht die Kühlung. Skandinavien stellt außerdem eine exzellente Anbindung an das Datennetz zur Verfügung, ist politisch stabil und kennt kaum Stromausfälle.[36]

Wer also friedlich am Spreeufer sitzt und die Internet-Anbindung seines Laptops zum Arbeiten nutzt, greift auf eine gewaltige weltweite Infrastruktur zurück.

Leider ist sie ausgesprochen kurzlebig. Sollte der globale Austausch von Material, Wissen und Geld für wenige Jahre stocken, würden das Internet und damit unsere gegenwärtige Lebensweise binnen fünf Jahren zusammenbrechen. Digitale Geräte haben die kürzeste Lebenserwartung von allen technischen Infrastrukturen. Eine Autobahnbrücke hält etwa 30 Jahre, ein öffentliches Gebäude mindestens 40 bis 50. Das Rückgrat der Londoner Kanalisation ist mehr als 150 Jahre alt. Römische Aquädukte lieferten in Ausnahmefällen mehr als 1000 Jahre frisches Wasser.[37] Über einige Römerstraßen in Süddeutschland oder England fahren heute Autos. Die Glasfaserkabel zur schnellen Datenübertragung überstehen nach Herstellerangaben lediglich 25 Jahre[38], die Verstärker müssen aber schon nach kürzerer

Zeit ausgetauscht werden. Die transatlantischen Glasfaserkabel zwischen Europa und den USA haben dagegen eine Lebenserwartung von höchstens 20 Jahren, denn das Salzwasser ist aggressiv und die Schleppanker von Schiffen zerreißen immer wieder ganze Kabelbündel.

Die Satelliten des GPS-Systems senden im Durchschnitt nicht einmal zehn Jahre, müssen also ständig ersetzt werden. Würde man die Satellitenstarts für nur vier Jahre aussetzen, wären das GPS und seine Konkurrenten Galileo (EU), GLONASS (Russland) und Beidou (China) tot und die Navigationssysteme von vielen Millionen Autos und Smartphones arbeitslos.

Die Festplatten der Internet-Server halten fünf bis zehn Jahre. Die durchschnittliche Nutzungsdauer eines Handys liegt aber nur bei zwei bis drei Jahren. Nach etwa fünf Jahren ist endgültig Schluss, weil die meisten fest verbauten Akkus nicht länger durchhalten. Die heutige Zivilisation ist auf Gedeih und Verderb global. Alles baut aufeinander auf, Stillstand bedeutet Verfall. Von den neun kritischen Infrastrukturen würde die digitale Informations- und Kommunikationstechnik in einer internationalen Krise zuerst an Leistung verlieren, aber auch die übrigen brauchen Geld, Arbeitskräfte und Material, wenn sie nicht zerfallen sollen.

Im nächsten Kapitel werden wir sehen, warum die Computerindustrie tatsächlich verletzlicher ist als die meisten anderen Wirtschaftszweige.

3

Die Computerindustrie – global und verletzlich

Zusammenfassung Im Jahr 2019 nutzten rund 5,2 Mrd. Menschen ein Mobiltelefon. Das sind rund zwei Drittel aller Einwohner der Erde. Das Internet reicht bis in die letzten Winkel der Erde. Aber das System ist kurzlebig und verletzlich.

Im Jahr 2019 nutzten rund 5,2 Mrd. Menschen ein Mobiltelefon. Das sind rund zwei Drittel aller Einwohner der Erde.[41] Die Mehrzahl davon, rund 3,2 Milliarden, besitzt ein Smartphone[42]. Zum ersten Mal seit der Entstehung unserer Art ist die Mehrheit der Menschen direkt miteinander verbunden. Die Infrastruktur ist weltweit so aufeinander abgestimmt, dass ich mit meinem Smartphone in Kairo, Berlin, Moskau, Seoul oder Kansas City arbeiten kann. In Japan oder China gibt es vielleicht Sprachprobleme, aber wenn ich in Nairobi, Lima oder Bangkok ein Taxi suche oder ein Hotel buchen möchte, rufe ich einfach die entsprechende App auf.

© Springer-Verlag GmbH Deutschland, ein Teil von Springer Nature 2021
T. Grüter, *Offline!*, https://doi.org/10.1007/978-3-662-63386-1_3

Das ist natürlich nicht alles. Über das Internet steht mir das gesammelte Wissen der Welt (und jede Menge geballter Unsinn) binnen Sekunden zur Verfügung. Während ich diesen Text am Computer schreibe, suche ich bei Google nach „weltweit Anzahl Smartphones". Aus den angebotenen Ergebnissen wähle ich das als seriös bekannte Statistikportal statista.com aus und übernehme die Zahl in den Text. Zur Sicherheit suche ich noch weiter und stelle fest, dass die Zahlen lediglich Schätzungen sind. Andere Nachrichtenportale geben leicht abweichende Werte an. Also korrigiere ich die Angabe auf „rund 5,2 Milliarden".

Ein kleines Gerät in der Hand, das mich mit mehr als der halben Menschheit verbinden kann, und aktuelle Videos, Fotos und Informationen über fast jedes Thema binnen Sekunden sendet und empfängt – dafür gibt es in der gesamten geschriebenen Geschichte kein Vorbild. Das alles ist innerhalb von nur 20 Jahren entstanden. Kann ein weltweites Phänomen, das sich so explosionsartig ausgebreitet hat, überhaupt stabil sein? Oder bricht es wie ein zu schnell gewachsener Baum beim ersten Sturm zusammen? Die Gefahr ist vermutlich größer, als die meisten Menschen annehmen. Jede ernsthafte Krise – oder eine zufällige Häufung davon – kann die digitale globale Gesellschaft unwiderruflich auslöschen.

„Unwiderruflich" ist ein großes Wort. Die Corona-Pandemie hat die Wirtschaft 2020 schwer getroffen, Lieferketten unterbrochen, Firmen zerstört. Aber von einer Gefährdung der digitalen globalen Zivilisation war dabei nie die Rede. Und überhaupt: Wenn das Wissen um die Digitaltechnik einmal da ist, wird es niemand mehr aus Welt schaffen können. Selbst wenn die Menschheit im schlimmsten Fall ganz von vorne anfangen müsste, wäre der Weg zur Wiederherstellung unserer Zivilisation damit vorgezeichnet. Dieser Gedankengang ist zwar logisch, aber er unterschlägt einige wichtige Nebenbedingungen.

Um deutlich zu machen, was ich meine, möchte ich hier ein Gedankenexperiment[43] des amerikanischen Bloggers Tim Urban aus dem Jahr 2015 vorstellen, der das philosophische Blog *Wait But Why?* betreibt. Ich gebe seine Idee hier etwas gekürzt wieder:

Nehmen wir an, eine mächtige und wirklich bösartige Hexe ließe mit einem gewaltigen Fluch alle Straßen, Autos, Flugzeuge und Städte verschwinden. Nichts von dem, was die Menschen je hergestellt haben, angefangen von Feuersteinklingen und Speerschleudern bis hin zu Laptops und Mondraketen, bleibt erhalten. Alle 7,7 Mrd. Menschen stehen nackt und ohne Toilettenpapier in der unberührten Natur. Wo Moore waren, wächst wieder Sumpfgras in mückenverseuchten Tümpeln, Wälder stehen wieder dort, wo Menschen einst die Bäume gerodet haben, und Getreidefelder verwandeln sich in unberührtes Grasland zurück.

Das ist ernsthaft ungemütlich, aber die Hexe weist einen Ausweg. Sobald die Menschen ein einziges aktuelles iPhone produziert haben, hebt sie ihren Fluch auf und lässt unsere Welt wieder erscheinen. Im Jahr 2015 war das ein iPhone 6 s, heute, im Jahre 2021, wäre es ein iPhone 11. Um die Sache etwas zu erschweren, soll das iPhone so perfekt hergestellt sein, dass es in einem beliebigen Apple Store auch nach genauer Prüfung für echt gehalten würde. Die Hexe überlässt den Menschen allerdings kein iPhone als Vorlage. Gehäuse, Display, Motherboard, Firmware und Apps sollen sie bitte schön aus dem Gedächtnis rekonstruieren. Dies teilt sie allen Menschen in ihrer jeweiligen Sprache mit, bevor sie sich zurückzieht und dabei zusieht, wie ihre Opfer mit der Aufgabe zurechtkommen.

Wie lange, fragt Tim Urban in seinem Blog, würden die Menschen wohl brauchen, um die Aufgabe zu lösen? Die Apple-Ingenieure haben die Verwünschung überlebt, das

Wissen um die Konstruktion eines iPhones ist also vorhanden. Aber schon in den ersten Tagen nach der gewaltsamen Renaturierung werden die meisten Menschen umkommen. Sollte die Hexe ihren Fluch im Winter auf die Menschheit loslassen, erfrieren in Europa und Nordamerika die meisten Menschen schon in der ersten Nacht. Vermutlich schrumpft die Kopfzahl der Menschheit sehr schnell auf den Stand der Steinzeit. Die Überlebenden hätten auch erst einmal andere Sorgen als die Herstellung eines iPhones. Sie müssten Unterkünfte bauen, Nahrung und Wasser suchen, Feuer entzünden und Werkzeuge herstellen. Erst wenn sie oder ihre Nachfahren sich in der Wildnis einigermaßen behauptet haben, erübrigen sie genug freie Zeit für die Aufgabe der Hexe. Bis dahin sind aber Jahre oder gar Jahrzehnte ins Land gezogen. Das Wissen um die Konstruktion eines iPhones ist dann vermutlich längst verloren gegangen. Wie hätte man es auch bewahren sollen? Die Bauanleitung für ein iPhone mitsamt dem Quellcode für die Software umfasst hunderttausende Buchseiten. Und natürlich müsste man auch die Anleitung für den Bau des Displays und des Akkus aufschreiben, nicht zu vergessen die Kommunikationsprotokolle für die Mobilfunknetze und das WLAN. Papier und Bleistifte hat die Hexe aber leider auch verschwinden lassen. Die Informationen in Stein zu hauen oder auf weichen Ton zu schreiben, dauert einfach zu lange. Und glaubt wirklich irgendjemand, dass Apples Softwareingenieure die Millionen Zeilen des Quellcodes von iOS 14 fehlerfrei auswendig wissen? Nach wenigen Jahren wird das iPhone vielleicht zu einer Art Heiligem Gral und sein Bau zu einer religiösen Pflicht, die zur Erlösung führt und den Beginn einer neuen, wunderbaren Welt markiert.

Die Menschen erinnern sich noch, dass man für diese große Aufgabe aus aller Welt Materialien zusammensuchen muss. Sie nehmen geheimnisvolle Namen wie

Kobalt, Indium, Magnesium, Kupfer, Aluminium und Silber in ihre Gebiete auf.

Aber noch ist Steinzeit und die Menschen sind noch lange nicht so weit, Erze zu fördern, zu schmelzen und aufzubereiten. Wer in der Wildnis überleben will, muss das richtige Holz für die Anfertigung von Bögen finden und wissen, wie er Feuersteinspitzen an Pfeilen befestigt. Essbare Beeren und Wurzeln sind wichtiger als Schmelzöfen. Auch die Zusammenarbeit von Menschen über Kontinente hinweg ist unmöglich. Selbst eine Nachricht ins nächste Hüttendorf braucht einen ganzen Tag. Vielleicht wäre die Menschheit nach 1000 Jahren wieder in der Lage, Computer und Smartphones zu bauen, aber ganz sicher sähe keines davon wie ein iPhone aus. Es wäre schlicht unmöglich, alle Spezifikationen so lange zu überliefern. Der einzig mögliche Schluss ist also: Die Hexe braucht nicht mehr einzugreifen. Es wird nie wieder ein iPhone geben, und die Menschen stecken erst einmal in der neuen Steinzeit fest.

Tim Urban, der Erfinder des Szenarios, ist trotzdem Optimist: Er glaubt, dass die Menschen zwischen 20 und 1200 Jahren brauchen, um das iPhone zu bauen. In Deutschland hat das Internet-Portal ze.tt, ein Partner von ZEIT online, Urbans Überlegungen vorgestellt. Manche Mitglieder der Redaktion schätzen, dass die Menschen schon nach drei bis fünf Jahrzehnten stolz einen Apple-Klon vorzeigen würden, andere denken eher an 1000 oder mehr Jahre.[44]

Das hat mich durchaus verblüfft, denn die Unmöglichkeit der gestellten Aufgabe ist offensichtlich. Smartphones sind Wunderwerke der modernen Digitaltechnik, aber sie existieren nur innerhalb des komplexen Systems unserer technischen Zivilisation. Anders ausgedrückt: Die Menschen würden der Hexe nur dann ein iPhone überreichen können, wenn sie aus eigener Kraft den technischen Stand von 2015 wieder erreicht haben. Nicht etwa einen ähnlichen oder vergleichbaren Stand, sondern genau den Stand. Alle WLAN-Spezifikationen, alle Handshake-Protokolle, alle Steckergrößen müssten exakt gleich sein. Nicht einmal die Sprache dürfte sich verändern. Das ist aber deutlich unwahrscheinlicher als zehn Hauptgewinne im Lotto hintereinander.

Vermutlich wird nicht einmal eine neue technische Zivilisation entstehen. Niemand weiß, ob sich die explosive Entwicklung von Mathematik, Naturwissenschaft und Technik in den letzten beiden Jahrhunderten zwangsläufig wiederholen muss oder ob die Menschheit vielleicht einen ganz anderen Weg einschlägt.

Der Minimalansatz der Hexe

Vielleicht sollten wir Tim Urbans Idee etwas weiterdenken. Ein so gigantischer Fluch erschöpft selbst die mächtigsten Magier, und sie brauchen Wochen, bevor sie wieder zu Kräften kommen. Also denkt die Hexe bei einer großen Tasse Schierlingstee erst einmal die Alternativen durch. Die Gewaltmethode ist natürlich todsicher. Nimmt man den Menschen alles weg, was sie je gemacht haben, werden sie mit Sicherheit nie wieder ein iPhone herstellen. Aber das ist im Grunde langweilig. Wenn man mit einem Stock in einem Ameisenhaufen rührt, tut man das nicht, weil man den Ameisenhaufen zerstören will, sondern weil man den Ameisen zusehen möchte, wie sie hastig, aber mit erstaunlich zielgerichteten Aktionen ihre Eier in Sicherheit bringen und die Gänge wiederherstellen.

Also verlegt sich die Hexe auf eine andere Idee. Sie möchte herausfinden, mit welchem *minimalen* Eingriff sie die Digitaltechnik, das Internet und die Mobilfunknetze so weit beeinträchtigen kann, dass sie dauerhaft verschwinden.

Die wissenschaftlich gebildete Zauberin weiß natürlich, dass komplexe Systeme verborgene Schwachstellen aufweisen. So holt sie ihren magischen Laptop heraus und beginnt zu recherchieren. Es dauert nicht lange, bis sie fünf verschiedene Bereiche entdeckt hat, die sie sich genauer ansehen möchte:

1. Nur eine Handvoll großer Konzerne beherrscht die Fertigung der komplexen Chips, die das Gehirn der Smartphones, Tablets oder Laptops bilden.
2. Die Einführung neuer Technologien kostet sehr viel Geld. Selbst die größten Firmen müssen dafür Anleihen ausgeben oder Kredite aufnehmen. Gleichzeitig werden die Produktzyklen immer kürzer. Die Hersteller verschulden sich also immer mehr. Nur ein ständiges Wachstum spült ihnen genug Geld in die Kassen, um ihre Schulden abzuzahlen und dabei noch Gewinne zu machen.
3. Nur wenige, über die ganze Welt verstreute Lagerstätten decken den steigenden Bedarf an notwendigen Rohstoffen wie Tantal, Kobalt, Indium, Gallium oder Lithium. Europa ist auf Importe ebenso angewiesen wie die USA oder China.
4. Smartphones, Laptops, PCs, Drucker oder Router leben im Durchschnitt weniger als fünf Jahre. Sollte der Nachschub stocken, ist die digitale Welt schnell zerfallen.
5. Früher oder später kommt es zu einer massiven weltweiten Katastrophe. Das kann ein gigantischer Vulkanausbruch, ein weltweiter Atomkrieg, eine mehrjährige Hungersnot oder eine Pandemie sein.

Sehen wir uns die einzelnen Punkte einmal genauer an:

Die Macht der Drei

Nur ganz wenige Akteure produzieren heute die modernsten Computerchips, die mehr als eine Milliarde Transistoren auf einem Siliziumkristall vereinen. Dazu gehören der amerikanische Konzern Intel, der südkoreanische Konzern Samsung und der taiwanesische Auftragsfertiger Taiwan Semiconductor Manufactoring Company (TSMC). Viele Hersteller von Mikroprozessoren, wie zum Beispiel die Firma Advanced Micro Devices (AMD) oder der Grafikkartenhersteller NVIDIA, entwerfen ihre Chips nur noch und vergeben die eigentliche Produktion an spezialisierte Unternehmen, die sogenannten Foundrys. Die größte davon, die TSMC, beschäftigt mehr als 48.000 Angestellte und setzte 2018 mehr als 30 Mrd. US-$ um. TSMC beherrschte schon 2020 die Fertigung von hochintegrierten Chips mit einer Strukturgröße von nur rund 5 Nanometern (= millionstel Millimeter, abgekürzt nm) und kann damit Schaltkreise realisieren, die kleiner, leistungsfähiger und sparsamer sind als die der Konkurrenz. Weil aber die Investitionen für die Herstellung von Chips mit immer feineren Strukturen inzwischen in den mehrstelligen Milliardenbereich gehen, ist außer den drei Marktführern bislang niemand in Sicht, der dieses Rennen noch mitgehen könnte. Einer der kleineren Konkurrenten, die amerikanische Firma Globalfoundries, kündigte 2018 an, sie werde keine Chips mit Strukturen von 7 Nanometern oder weniger mehr fertigen, weil sich der Aufwand nicht lohne.[45].

Die Marktentwicklung spielt den Giganten in die Hände, denn der Trend zu immer leistungsfähigeren Smartphones, Tablets und Laptops ist ungebrochen. Bis 2025 werden sich möglicherweise nur noch Samsung und TSMC den Markt teilen, denn auch Intel kann kaum mithalten. Im November 2020 wurde bekannt, dass Chinas Versuch, mit 17 Mrd. Euro eine Konkurrenzfirma hochzuziehen, gescheitert ist. Die Hongxin Semiconductor Manufacturing Company (HSMC) stellte ihre Arbeit ein, weil sie offensichtlich insolvent geworden war. Eigentlich sollte sie im Jahr 2020 eine Chipproduktion mit Strukturen von 14 Nanometern aufziehen und ab 2021 einen eigenen 7-Nanometer-Prozess entwickeln. Südkorea und Taiwan sind damit auf absehbare Zeit die einzigen weltweiten Zentren der Produktion von hochintegrierten Chips. Das ist aber durchaus ein Problem. Die Volksrepublik China betrachtet Taiwan als abtrünnige Provinz und droht seit Jahrzehnten damit, sich die Insel eines Tages mit Waffengewalt wiederzuholen. Der nordkoreanische Diktator Kim Jong-un würde gerne als Einiger Koreas in die Geschichte eingehen und nicht als ruhmloser und dicklicher Gewaltherrscher. Nordkorea ist bis an die Zähne bewaffnet und hat sich inzwischen Atomwaffen zugelegt. Ein Angriff auf Südkorea ist durchaus nicht ausgeschlossen. Und dann fehlen auf dem Weltmarkt ganz plötzlich unersetzliche Bestandteile der Digitaltechnik. Es könnte aber noch schlimmer kommen. In Asien gibt es Spannungen zwischen China und Japan, China und Indien, Indien und Pakistan, China und Taiwan, Nordkorea und Japan, Nordkorea und Südkorea, Vietnam und China usw. Jeder bewaffnete Konflikt könnte einen Flächenbrand auslösen. Und das wäre auf jeden Fall fatal, weil dann ein Großteil der Produktion von Computerbauteilen ausfiele.

Das Mooresche Gesetz

Die Komplexität von integrierten Schaltkreisen (also von Computerchips) mit minimalen Komponentenkosten verdoppelt sich seit den 60er-Jahren des 20. Jahrhunderts etwa alle zwei Jahre. Dieses Phänomen wird auch Mooresches Gesetz (Moore's Law) genannt. Gordon Moore, Mitbegründer der Firma Intel, schrieb 1965 in einem Artikel für das Magazin *Electronics:* „Die Komplexität von integrierten Schaltkreisen, die zu einer Minimierung der Kosten pro Komponente führt, ist um den Faktor zwei pro Jahr angestiegen. Dieser Trend wird sich sicherlich kurzfristig fortsetzen, wenn nicht beschleunigen." [46] Was heißt „minimale Komponentenkosten"? Je größer die Komplexität, desto besser die Ausnutzung des Materials. Wenn man aber die Maschinen bis zum Limit ausreizt, provoziert man Fehler. Die wirtschaftlichste Komplexität liegt genau dort, wo die Fehlerrate eben noch gering bleibt. Moores Gesetz (eigentlich eine Faustregel) hat auch heute noch Bestand, wenn man einmal großzügig darüber hinwegsieht, dass sich Komplexität und Rechenleistung nicht jedes Jahr, sondern nur alle zwei Jahre verdoppelt haben.

Der erste Mikroprozessor der Firma Intel aus dem Jahr 1971 trug die Typenbezeichnung 4004 und wurde mit 500 bis 740 Kilohertz (1000 Schwingungen pro Sekunde) getaktet. Sein Chip integrierte die damals erstaunliche Zahl von 2300 Transistoren.[47] Springen wir 50 Jahre weiter: Die Top-Prozessoren des Jahres 2021 vom Typ Core i9 vereinigen schätzungsweise 7 Mrd. Transistoren auf ihren Chips. Ihr Arbeitstakt liegt um den Faktor 5000 höher als beim Intel 4004. NVIDIAs Grafikprozessor A100 soll sogar mehr als 50 Mrd. Transistoren in seinem Gehäuse verbergen.

Natürlich kann niemand mehr so gigantische Chips von Hand entwerfen, testen und bauen. Man braucht deshalb stets die aktuelle Version der Computersysteme, um die nächste Generation zu konstruieren. Mit Rechnern des 20. Jahrhunderts könnte heute niemand mehr die aktuellen Chips für Smartphones, Tablet-PCs oder Laptops entwerfen und bauen. Jede Generation schiebt die nächste an. Stillstand oder Verfall wäre fatal.

Gordon Moore hat neben seinem berühmten Gesetz noch eine weitere, weniger bekannte Faustregel formuliert. Der Preis einer Fabrik für Computerchips verdopple sich alle vier Jahre, erklärte er. Diesen Satz nannte er „Rocks Gesetz" nach Arthur Rock, einem bekannten Finanzier der amerikanischen Computerszene. Die Herstellung immer komplexerer Chips lohnt sich tatsächlich

> nur, wenn sie in immer größeren Stückzahlen produziert werden. Damit werden die Anfangsinvestitionen immer höher und die Fabriken immer gewaltiger.

Könnte man die Produktion von Chips wieder regionalisieren? Im Moment sieht es nicht so aus. Die Anlagen, die heute mit einem Milliardenaufwand entwickelt und gebaut werden, veralten rasend schnell. Die feinsten Strukturen von hochintegrierten Schaltungen messen im Moment etwa 5 Nanometer, aber schon 2030 könnten es weniger als 2 Nanometer sein. Nur die Firmen mit großer Erfahrung und sehr viel Kapital im Rücken werden in der Lage sein, solche Chipfabriken (Kurzname *Fabs*) zu bauen und zu betreiben. In Europa haben wir derzeit keine Kandidaten, die dafür infrage kämen.

Den Ballon immer weiter aufblasen

Moderne Smartphones und Tablets sind Meisterwerke der Miniaturisierung. Entwurf, Konstruktion und Bau verursachen Vorlaufkosten in der Größenordnung von mehreren hundert Mio. US-Dollar. Das lohnt sich nur, wenn sich der Aufwand auf eine sehr große Stückzahl verteilt. Niemand könnte sich mehr leisten, ein Tablet ausschließlich für den deutschen Markt zu entwerfen und herzustellen. Das Produkt wäre schlicht zu teuer. Der Transport wiederum ist kein Problem – für die Verschiffung eines kompletten Frachtcontainers von Ostasien nach Europa zahlt der Auftraggeber lediglich einige Tausend Euro. Die Konzentration auf immer weniger Hersteller hat in der Computerindustrie geradezu Tradition. In der Anfangszeit der Personal Computer teilte

sich eine unüberschaubare Anzahl von Anbietern den neu
entstandenen Markt. Dazu zählten klassische Computer-
firmen wie IBM oder Nixdorf, Büromaschinenhersteller
wie Olivetti oder Triumph Adler, aber auch hoffnungs-
volle Neugründungen wie Compaq oder Apple. Die
rasend schnell zunehmende Nachfrage und die fehlenden
Standards erlaubten auch Gründern mit wenig Kapital
einen erfolgreichen Einstieg. Dann begann die Phase des
verschärften Wettbewerbs. Die Leistung der Computer
stieg ständig, während die Preise rapide sanken. Jetzt ver-
mochte sich nur noch zu behaupten, wer seine Kosten
durch hohe Stückzahlen niedrig halten und jedes Jahr
ein verbessertes Modell vorstellen konnte. Die Markt-
führer begannen Standards zu definieren. Bald boten die
Softwarehersteller ihre wichtigsten Programme nur noch
für diese Systeme an. Auch Peripheriegeräte wie Drucker,
Scanner oder Modems arbeiteten am besten mit den
Standardgeräten zusammen. Wer nicht rechtzeitig auf den
Zug aufgesprungen war, blieb zurück und musste irgendwann aufgeben. Von diesem Moment an konnten neue
Akteure nur noch mit sehr hohem Kapitaleinsatz in den
Markt eintreten – der Erfolg blieb trotzdem meist aus.

Die Software entwickelte sich im Gleichschritt mit
der Hardware. Microsoft beherrschte mit MS-DOS
schon früh den Markt für PC-Betriebssysteme. Windows
3.0 setzte dessen Siegeszug fort. Mitte der 90er-Jahre
scheiterte IBM mit dem Versuch, das Betriebssystem
OS/2 Warp 3 als Alternative zu etablieren, obwohl das
System schnell, zuverlässig und fehlerfrei arbeitete.
Standards waren wichtiger geworden als technische Qualität. Mit dem Produkt MS Office übernahm der Betriebs-
system-Monopolist Microsoft auch die Marktführung bei
Bürosoftware. Die bis dahin dominierenden Hersteller
MicroPro (Textverarbeitung *Wordstar)* und WordPerfect
(Textverarbeitung *WordPerfect*) hatten nicht das Kapital,

um der gewaltigen Werbekampagne für MS Office Paroli
zu bieten.

Aus diesen Beispielen lassen sich einige Gesetzmäßigkeiten
ableiten:

- Wenn ein Markt neu entsteht, steigen sehr viele
  Anbieter ein. Auch Firmengründer mit geringem Kapital
  (Garagenfirmen und Kellerlabors) haben gute Chancen.
- Wenn das Wachstum nachlässt, sinkt die Anzahl der
  Anbieter deutlich, die überlebenden Firmen wachsen
  aber sehr stark. Neueinsteiger müssten enorm viel
  Geld in die Hand nehmen, wenn sie noch mitmischen
  wollen.

Natürlich sind alle Ressourcen begrenzt, ein grenzen-
loses Wachstum ist eine mathematische Fiktion. Leider
ist unser gesamtes Wirtschaftsmodell aber darauf aufgebaut. Nur stetes Wachstum gewährleistet ökonomische
und politische Stabilität. Nationalökonomen fürchten
die Stagnation, den wirtschaftlichen Stillstand, wie der
Teufel das Weihwasser. Stagnation erzeugt Arbeitslosig-
keit und verringert das Steueraufkommen. Die Politik verliert ebenso an Spielraum wie die Wirtschaft. Ein echter
Rückgang der Wirtschaftsleistung, die Rezession, führt
sogar zu einer instabilen Situation mit dem Risiko einer
allgemeinen Panik. Beispielsweise verleihen Banken nicht
gerne Geld an Firmen mit schrumpfenden Umsätzen.
Wenn die Aussichten aber für fast alle Firmen negativ
sind, gerät die Situation leicht außer Kontrolle. Seit der
Antike wissen Feldherrn und Könige, dass ein geordneter
Rückzug vom Schlachtfeld zu den schwierigsten Truppen-
bewegungen überhaupt gehört. Zu leicht schlägt die
kontrollierte Absetzbewegung in eine panische Flucht
um. Während die Heerführer aber nur einige kritische
Minuten zu überstehen haben, kann eine Rezession

Jahre dauern und jederzeit in eine Banken- oder Börsen-
panik münden. Schon die Erwähnung des Wortes
könnte gefährlich sein. Deshalb reden Ökonomen
grundsätzlich immer von Wachstum. Stagnation heißt
also Nullwachstum und eine Schrumpfung der Wirtschaft bezeichnet man als Minuswachstum. Die schnelle
Reaktion fast aller Staaten der Welt auf die durch die
Pandemie 2020 ausgelöste Rezession zeigt, wie sehr sich
die Politik inzwischen dieser Gefahr bewusst ist.

Die Abhängigkeit unserer Wirtschaft vom ständigen
Anstieg aller wichtigen Indizes nennt der einflussreiche
Schweizer Ökonom Peter Binswanger eine „Wachstums-
spirale". Bei einem Vortrag sagte er[48]:

> Bei Licht betrachtet ist die Wachstumsspirale der Wirtschaft
> ein sogenanntes Schneeballsystem, das darauf beruht, dass
> die Gewinnauszahlungen an frühere Investoren aus den Ein-
> zahlungen der neuen Investoren gespeist werden. Man zahlt
> alte Schulden mit neuen Schulden.

Jedes Schneeballsystem bricht irgendwann zusammen.
Eine sanfte Landung mit einem geordneten Übergang in
eine Schrumpfung wäre dabei ein seltener Glücksfall. Die
Computerindustrie ist ein gutes Beispiel für Binswangers
Schneeballsystem. Sie braucht ihre eigenen Erzeugnisse,
um produzieren zu können, und sie muss ständig wachsen.
Gleichzeitig ist sie darauf angewiesen, ihre Produkte weltweit zu verkaufen. Regionale Märkte wären zu klein, um
die gewaltigen Investitionen in die Chipfabriken zu recht-
fertigen. Früher oder später wird es natürlich einen Ein-
bruch geben. Im Januar 2021 wurde beispielsweise bekannt,
dass viele Autohersteller ihre Bänder anhalten mussten, weil
Computerchips nicht geliefert werden konnte. Gründe
waren unter anderem die stark schwankende Nachfrage
wegen der Corona-Pandemie und Lieferschwierigkeiten

einiger Siliziumschmelzen in China. Dadurch verzögerte sich die dringend notwendige wirtschaftliche Erholung der deutschen Automobilindustrie. Keine Katastrophe, aber ein deutlicher Hinweis auf die fragile internationale Verflechtung der Digitalindustrie.[49] Irgendwann könnte eine Belastung so stark sein, dass sie eine selbstverstärkende wirtschaftliche Depression auslöst.

Die endlichen Schätze der Erde

Bisher sind 118 Elemente bekannt, von denen aber nur 94 in der Natur vorkommen. 80 sind stabil, die übrigen zerfallen – manche in Milliarden Jahren, andere binnen weniger Sekunden. Menschen und die meisten Säugetiere bestehen aus mindestens 21 Elementen, zu denen noch einige Spurenelemente kommen, von denen die Wissenschaft nicht ganz sicher weiß, ob sie essenziell, also unbedingt notwendig sind. Sie sind ubiquitär (überall vorhanden), und deshalb müssen Tiere und Pflanzen keine Bergwerke bauen, um an ihre Rohstoffe zu kommen.

In digitalen Komponenten sind andere Elemente enthalten, die in der lebendigen Welt keine Rolle spielen und die teilweise erst seit dem 19. Jahrhundert bekannt sind, wie Gallium oder Indium. Wenn sie dazu noch so extrem selten sind wie Indium, besteht die Gefahr, dass die Vorkommen relativ schnell erschöpft sind. Das wäre nicht das Ende der Digitalindustrie, denn sie würde zunächst auf Recycling setzen. Edelmetalle wie Gold, Platin und Silber werden bereits heute in beträchtlichem Maß recycelt, Gallium, Arsen und Indium jedoch nicht.[50]

Andererseits ist Recycling teuer und führt gerade bei wichtigen, aber nur in winzigen Mengen anfallenden Elementen zu einer Preisexplosion. Wenn dieser Fall eintritt, wäre die Digitaltechnik für den Masseneinsatz nicht mehr geeignet. Nur wenige Menschen könnten sich dann ein Smartphone, ein Tablet oder einen Router leisten. Die Segnungen der Digitaltechnik kämen nur noch einer reichen Minderheit zugute.

Wie viel Zeit haben wir noch, bevor die ersten Elemente knapp werden? Der United States Geological Survey (USCS), eine wissenschaftliche Einrichtung des US-Innenministeriums, gibt in jedem Jahr eine Übersicht für Fördermenge, Verbrauch und Reichweite der wichtigsten Rohstoffe heraus.

Tab. 3.1 zeigt die Ergebnisse für die gefährdeten Elemente in Tonnen (t).

Wenn man dem USCS glaubt, dann werden nur die Gold- und Silbervorkommen in absehbarer Zeit ausgebeutet sein. Auch Zink könnte bald deutlich teurer werden. Doch das ist nicht unbedingt eine sichere Vorhersage. Schon im Jahr 1972 stellte der Club of Rome in seiner Studie *Die Grenzen des Wachstums* eine Liste von Rohstoffreichweiten auf. Danach wären bei gleichbleibendem Verbrauch die Goldreserven bereits vor 1985 erschöpft gewesen, und die Silbervorkommen hätten nur bis etwa 1990 gereicht. Heute, immerhin fast 50 Jahre nach dem Erscheinen der Studie, sollen die Silberminen immer noch rund 20 Jahre produzieren können.

Wie sich in den letzten fünf Jahrzehnten gezeigt hat, fielen die Vorhersagen über die Reichweite fast immer zu pessimistisch aus. Sobald die Preise eines Metalls steigen, lohnt sich die Exploration wieder und es bestehen gute Chancen, neue Lagerstätten zu finden. Eine stetige Preiserhöhung lässt sich für kaum einen Rohstoff nachweisen. Ein Beispiel:

Der Kupferpreis schwankte zwischen 2010 und 2020 um den Faktor zwei. Seit etwa 2005 ist das Metall unabhängig davon allerdings so teuer, dass Diebe in Deutschland kupferne Dachrinnen und Fallrohre von

Tab. 3.1 Elemente, die knapp werden könnten. Als Reserven bezeichnet man die wirtschaftlich abbaubaren Vorkommen. Die Gesamtheit der Vorkommen nennt man Ressourcen.[51]

Element	Förderung 2019	Reichweite	Reserven	Förderländer	Recyclingquote am Verbrauch
Helium	160 Mio. m³	>50 Jahre	>7500 Mio. m³	USA, Katar	0
Silber	27.000 t	ca. 20 Jahre	560.000 t	Mexiko, Peru	USA: ca. 17 %
Gallium	320 t	Unbekannt	Unbekannt	China	0
Indium	760 t	Unbekannt	Unbekannt	China, Südkorea	0
Tellur	470 t	ca. 65 Jahre	31.000 t	China, USA	0
Arsen	33.000 t	>20 Jahre	>650.000 t	China, Marokko	0
Germanium	ca. 130 t	>20 Jahre	Unbekannt	USA	ca. 30 %
Zink	13 Mio. t	<20 Jahre	250 Mio. t	Australien, China	0
Gold	3300 t	ca. 15 Jahre	50.000 t	Australien, Russland	USA: 87 %

Wohnhäusern und Kirchen stehlen, um sie an Schrott-
händler zu verkaufen. Sie schrecken nicht einmal davor
zurück, Oberleitungsdrähte von Bahnstrecken abzu-
montieren, obwohl sie dabei ihr Leben riskieren. Auf
Friedhöfen verschwinden immer mehr Bronzestatuen.
Hier gibt es kein internationales Kartell, das die Preise
manipuliert. Die enormen Schwankungen bei vergleichsweise hohem Niveau zeigen, dass die Kupferminen fast am
Limit arbeiten. Sie können eine stärkere Nachfrage nicht
durch höhere Produktion ausgleichen, und deshalb steigt
der Preis unverhältnismäßig stark an.

Die Niederspannungsleitungen der Stadtwerke für die
Hausanschlüsse bestehen schon lange aus Aluminium.
Kupfer leitet zwar besser, ist aber inzwischen zu teuer.

Eine im Jahr 2020 veröffentlichte Metastudie aus
Japan[52] wertete 88 Studien aus, um für 48 Elemente die
wahrscheinliche Reichweite zu bestimmen. Das erwies
sich aber als nahezu unmöglich. Die Ergebnisse der einzelnen Studien weichen enorm voneinander ab. Sowohl die
Reserven als auch der künftige Verbrauch sind offenbar
nur schwer abzuschätzen. Mögliche Auswirkungen des
Bergbaus auf die Umwelt und die räumliche Entfernung
zwischen Gewinnung und Verarbeitung sind dabei noch
kaum berücksichtigt. Eine weitere Studie aus Australien
kommt zu einem ganz ähnlichen Ergebnis.[53] Das alles
behindert eine realistische Abschätzung von Engpässen,
die möglicherweise zwischen 2030 und 2050 auftreten.
In Tab. 3.1 fällt auf, dass die USCS ausgerechnet für die
in der Digitaltechnik wichtigen Elemente Gallium und
Indium keine Angaben zu den Reserven machen will.
Die Agentur hat dafür aber einen guten Grund: Gallium
wird bei der Aluminiumherstellung aus Bauxit gewonnen,
Indium bei der Produktion von Zink aus Zinksulfid, sie
sind also nur Nebenprodukte. Solange Aluminium und
Zink in großen Mengen gebraucht werden, sollte auch

genügend Gallium und Indium anfallen – wenn die Nachfrage konstant bleibt.

Damit kein Missverständnis aufkommt: Grundsätzlich sind alle Reserven endlich. Mineralische Rohstoffe wachsen nicht nach. Wenn eine Erzlagerstätte ausgebeutet ist, lässt sich mit neuen Methoden aus dem Abraum noch etwas Metall gewinnen, aber irgendwann ist endgültig Schluss.

Das Fazit lautet also: Ja, es könnte sein, dass wichtige Hightech-Rohstoffe zwischen 2030 und 2050 rar und teuer werden. Die Produktion der Digitaltechnik könnte dann so stark einbrechen, dass die Ersatzteilversorgung nicht mehr gesichert ist. Bisher wissen wir aber nicht genug über den zukünftigen Verbrauch, das Recycling und die Ergiebigkeit der aktuellen Lagerstätten. Deshalb können wir zurzeit keine Vorsorge treffen.

In Europa gibt es kaum noch Bodenschätze, deren Abbau sich lohnen würde. Die Bergbaustadt Kiruna in Schweden lebt heute, wie seit mehr als 100 Jahren, von der Eisenerzgewinnung. In Polen werden Kupfer und Silber gefördert. Die deutschen Erzlager sind dagegen weitgehend erschöpft. Im Harz, einem rund 300 Mio. Jahre alten Rumpfgebirge in der Mitte Deutschlands, bauten Bergleute weit über 1000 Jahre lang Silber, Blei, Zinn, Zink, Nickel, Kobalt, Eisen, Kupfer und Kohle ab. Heute, im 21. Jahrhundert, sind die Städte Clausthal-Zellerfeld und Sankt Andreasberg (seit 2011 Stadtteil von Braunlage) nach wie vor stolz auf ihre Bergbautradition. Aber die Gewinnung von Bodenschätzen ist dort lange vorbei. Die Gruben sind verschwunden bis auf ganz wenige, die als Museen erhalten geblieben sind. Auch im sächsischen Erzgebirge sind fast alle Bergwerke geschlossen. Einzige Ausnahme ist die 2013 neu eröffnete Grube Niederschlag, in der die *Erzgebirgische Fluss- und Schwerspatwerke GmbH* Kalziumfluorit (CaF_2 – Flussspat) und Bariumsulfat ($BaSO_4$ – Schwerspat) abbaut.

Es ist also nicht verwunderlich, dass die europäische Industrie Rohstoffe im großen Stil aus anderen Kontinenten einführen muss. Die EU führt eine Liste der sogenannten kritischen Rohstoffe. Im Jahr 2011 umfasste sie 14 Materialien, 2020 schon 30.[54] Das bringt unangenehme Abhängigkeiten mit sich. Einige in der Computerindustrie wichtige Elemente findet man nur in wenigen Ländern der Erde. China liefert beispielsweise der EU 98 Prozent der sogenannten seltenen Erden, einer Gruppe von Metallen, die in der modernen Industrie weitgehend unentbehrlich sind. Das Land hat sich in der Vergangenheit nicht gescheut, sein Monopol auszunutzen, um die Preise hochzutreiben. Mehr als die Hälfte des für Lithium-Ionen-Batterien vorläufig unentbehrlichen Rohstoffs Kobalt wird unter teilweise unmenschlichen Bedingungen im Kongo gefördert.[55].

Europas Industrien und Verbraucher sind darauf angewiesen, dass der Fluss von Rohstoffen, Werkstücken oder Fertigprodukten aus anderen Kontinenten niemals versiegt. Das gilt nicht nur für Hightech-Produkte. Die meisten Kunststoffe werden – heute wie vor 50 Jahren – aus Erdöl gewonnen, und die Baumwolle für T-Shirts wächst ebenfalls nur zum geringen Teil in Europa.[56].

Die Diskussion um eine Regionalisierung der Wirtschaft ist deshalb sinnlos. Unsere oft als postindustriell bezeichnete Gesellschaft ist auf Gedeih und Verderb global.

Das kurze digitale Leben

Wir leben heute im digitalen Zeitalter. Kaum jemand verlässt noch ohne Smartphone das Haus. Falschmeldungen in sozialen Netzen entscheiden Wahlen, wie sich 2016 beim Brexit-Referendum und der amerikanischen Präsidentenwahl gezeigt hat. Unsere Autos sind vielleicht bald klüger als wir. Das Telefonnetz ist weitgehend auf Digitaltechnik umgestellt. Die Abschaltung des analogen UKW-Rundfunks in Deutschland steht allerdings bisher noch nicht an. Die Pläne dafür wurden mehrfach verschoben und sind erst einmal ad acta gelegt.[57].

Wirtschaft und öffentliche Verwaltung arbeiten praktisch nur noch digital. Deshalb können Cyberkriminelle hohe Lösegeldsummen fordern, wenn es ihnen gelingt, die Computernetze von Städten oder Firmen lahmzulegen. Unter den fünf Firmen mit dem größten Aktienwert (Stand 05.08.2020) sind vier Digitalunternehmen, und zwar Apple (1), Amazon (3), der Google-Konzern Alphabet (4) und Facebook (5). Nur der saudi-arabische Erdölkonzern Saudi Aramco hält im Moment noch den zweiten Platz.[58].

Die Herrlichkeit könnte allerdings schnell vorbei sein, denn die Lebensdauer der meisten Digitalprodukte (PCs, Laptops, Tablets, Smartphones) dürfte bei ca. fünf Jahren liegen. Das ist bereits eine großzügige Schätzung. Das Finanzamt in Deutschland nimmt eine wirtschaftliche Nutzungsdauer für PCs, Laptops, Drucker oder Monitore von drei Jahren an.

Natürlich halten einige Geräte auch länger. In meinem Arbeitszimmer steht ein 20 Jahre alter Laserdrucker, der immer noch scharf und fleckenlos druckt. Aber das nutzt der Wirtschaft insgesamt nichts. Nach zwei Jahren ohne Nachschub wäre der digitale Gerätepark schon deutlich geschrumpft, und nach fünf Jahren wäre das Internet weitgehend funktionsunfähig. Würde man dann nicht in Europa hastig neue Chipfabriken der modernsten Generation hochziehen, wenn der Welthandel tatsächlich zusammenbricht? Leider nicht, denn solche Fabs brauchen selbst Teile und Maschinen aus aller Welt.

Nehmen wir einmal an, die Urgroßmutter aller Wirtschaftskrisen ließe den Welthandel auf einen Bruchteil schrumpfen. Die Betreiber der großen Fabs in Südkorea und Taiwan beschließen, ihre wertvollen Anlagen sorgfältig stillzulegen und die Gebäude zu versiegeln, weil die schwache Nachfrage den teuren Betrieb nicht mehr lohnt. Und dann warten sie. Nach, sagen wir, zehn Jahren hat die Weltwirtschaft wieder Tritt gefasst und die Produktion der Chips würde sich wieder lohnen. Nur lassen sich die Fabs nicht so einfach wieder hochfahren.

Wenn ich nach zehn Jahren den Hauptschalter einer stillgelegten Fabrik umlege, dann werden wahrscheinlich die Leuchtstofflampen aufflammen und vielleicht die Klimaanlagen anspringen, aber die Computertechnik ist zum größten Teil tot – wenn sie nicht längst gestohlen wurde. Auch in gut bewachten Fabriken verschwinden immer wieder wertvolle Maschinen oder Bauteile, zumal wenn sie außer Betrieb sind und der Diebstahl nicht sofort auffällt. Nach zehn Jahren sind viele Elektrolytkondensatoren auf den Platinen so ausgetrocknet, dass sie beim Einschalten durchschlagen und damit unbrauchbar werden. Kontaktflächen korrodieren, Halbleiter verändern ihre Kennkurven, Widerstände ihre Werte. Irgendwann verstehen sich die Komponenten nicht mehr und das System stellt seine Arbeit ein. Das Personal hat die zehn Jahre auch nicht im Winterschlaf verbracht. Facharbeiter, IT-Spezialisten und Ingenieure sind in alle Winde verstreut, im Ruhestand oder tot. Die spezialisierten Zulieferbetriebe dürften ebenfalls entweder vom Markt gegangen sein oder andere Produkte herstellen. Vermutlich lässt sich die Fab ebenso wenig wiederbeleben wie ein Mammut aus dem Permafrost.

Katastrophen

Mary Shelley ist eine der berühmtesten Autorinnen des klassischen Schauerromans. *Frankenstein oder der moderne Prometheus* ist ihr bekanntestes, aber keineswegs einziges Werk. In ihrem Buch *Der letzte Mensch* lässt sie die Menschheit an einer Pandemie sterben. Minutiös und glaubwürdig schildert sie die gesellschaftlichen Begleiterscheinungen einer neuartigen, absolut tödlichen Pestepidemie. Am Ende bleibt nur der Engländer Lionel Verney übrig. Er beschließt, seine Tage mit einer endlosen Kreuzfahrt durchs Mittelmeer zu verbringen, nur begleitet von einem großen Stapel klassischer Literatur. Shelley nimmt damit das Genre des apokalyptischen Science-Fiction vorweg, lange bevor der Begriff überhaupt erfunden war.

Bis 2019 waren die meisten Menschen davon überzeugt, dass wir gefährliche Pandemien längst ins Reich der Horrorromane verbannt haben. Die Spanische Grippe (1918–1920) liegt schließlich schon mehr als 100 Jahre zurück. Die SARS-Epidemie von 2002/2003 forderte weltweit weniger als 1000 Menschenleben, die Schweinegrippe-Pandemie von 2009 (amtlich: Neue Grippe oder Influenza A(H1N1) 2009) breitete sich zwar über die ganze Welt aus, erwies sich aber als vergleichsweise harmlos.

Der Erreger SARS-CoV-2 aus der Familie der Coronaviren, der erstmals im Dezember 2019 bei einer Epidemie im chinesischen Wuhan identifiziert wurde, machte den meisten Menschen deshalb zunächst keine Angst – auch dann nicht, als die chinesischen Behörden erst die Stadt, dann die ganze Provinz komplett abriegelten und die Todeszahlen in die Höhe schnellten. Während die Mehrzahl der Fälle leicht verlief, entwickelten manche Menschen, darunter viele ältere, eine schwere Lungenentzündung, die häufig tödlich endete. Die Krankheit erhielt den Namen COVID-19 (Coronavirus Disease 2019) und erwies sich bald als medizinischer Albtraum. Der Erreger reiste binnen weniger Monate um die Welt, nicht zuletzt weil die Erkrankten schon ansteckend sind, bevor sie Symptome entwickeln.

Die wirtschaftlichen Folgen waren dramatisch. Im April 2020 brach der internationale Flugverkehr um mehr als 90 Prozent ein.[59] Der Welthandel verringerte sich im zweiten Quartal um fast 20 Prozent gegenüber dem Vorjahresquartal, erholte sich aber unerwartet schnell.[60]

Die Digitalisierung des Alltags machte nahezu aus dem Stand einen heftigen Sprung vorwärts. Vorher unbekannte Anbieter von Software für Online-Konferenzen vervielfachten ihren Umsatz. Schulen verlagerten hastig einen Teil des Unterrichts in den virtuellen Raum. Universitäten boten Vorlesungen und Seminare im Internet an. Während die Aktien von Fluggesellschaften, Versicherungen und Touristikunternehmen in den Keller stürzten, stiegen die Notierungen der Tech-Aktien. Es gelang mehreren Pharmafirmen, bis Ende 2020 wirksame Impfstoffe zu entwickeln, zu testen und zu produzieren. Einige davon beruhten auf einem völlig neuen Wirkprinzip, das noch nie bei einer Impfung angewendet wurde.

Wir können aus der Pandemie von 2020/21 einiges lernen:

1. Große weltweite Katastrophen haben nicht unbedingt eine lange Vorwarnzeit.
2. Selbst mit den heutigen technischen Mitteln ist es schwierig, eine Pandemie (oder eine andere Katastrophe von weltweitem Ausmaß) einzudämmen.
3. Der Verlauf einer Katastrophe ist unvorhersehbar. Deshalb ist eine Vorsorge sehr schwierig.

Michael Ryan, Chef des Notfallprogramms der World Health Organisation (WHO), wies Ende Dezember 2020 darauf hin, dass die Corona-Pandemie nur ein Warnschuss war: „Diese Bedrohungen bleiben", sagte er. „Es gibt eine Sache, die uns diese Pandemie mit all ihrem Leid und Tod deutlich klargemacht hat: Wir müssen entschlossen handeln. Wir müssen uns auf etwas vorbereiten, das sogar noch schlimmer werden kann."[61].

Eine schlimmere Pandemie ist durchaus denkbar – und auch schon vorgekommen. Die Pestepidemien des Mittelalters und auch die Spanische Grippe Anfang des 20. Jahrhunderts forderten deutlich mehr Opfer. Die Erfahrung, dass auch moderne Technik ein ansteckendes Virus nicht aufhalten kann, hat viele Menschen erschüttert. Das Weltwirtschaftsforum veröffentlicht jedes Jahr den *Global Risks Report*. Dafür fragen die Herausgeber Führungskräfte aus Politik, Wissenschaft und Wirtschaft nach ihrer Einschätzung. Zum ersten Mal steht 2021 die Gefahr durch Infektionskrankheiten ganz vorne – direkt nach dem Klimawandel (climate action failure).[62] Auch den Zusammenhalt der Gesellschaft sehen die Befragten als zerbrechlicher an als in den letzten Jahren. Und es ist sicher kein Zufall, dass der Reclam-Verlag Mary Shelleys Buch *Der letzte Mensch* im Frühjahr 2021 in einer neuen Übersetzung auf den Markt brachte.

Auch auf andere Katastrophen sollten wir vorbereitet sein. Hier eine kleine Auswahl:

1. Klimakatastrophe
   Man sollte sich ein heißeres Klima nicht einfach als linearen Anstieg der Temperaturen vorstellen. Im schlimmsten Fall schwankt das Wetter chaotisch: Dürrejahre folgen auf Regenfluten, kalte Episoden auf heiße. Ganze Landstriche werden unbewohnbar, Missernten immer häufiger.

2. Atomkrieg

Schon ein regionaler Atomkrieg würde entsetzliche Verwüstungen anrichten und mehrere Millionen Menschen töten. Brände tragen genügend Ruß in die Stratosphäre, um die Temperaturen weltweit für mehrere Jahre so deutlich abzusenken, dass die Ernten weltweit massiv zurückgehen (atomarer Winter, siehe Kapitel 1). Auch die Ozonschicht könnte weitgehend zerstört werden.[63]

3. Ausbruch eines Supervulkans

Alle 5000 bis 50.000 Jahre bricht ein Supervulkan aus, der mindestens 1000 Mrd. Tonnen Material ausspeit.[64] Die weltweiten Temperaturen fallen für mehrere Jahre, und wie im atomaren Winter werden Missernten auftreten.

Wohlgemerkt: Wirtschaftskrisen, Rohstoffmangel, Umweltverschmutzung, Temperaturanstieg oder Kriege müssen nicht zur Katastrophe führen. Ein komplexes System kann unerwartet widerstandsfähig sein. Wenn es seinen Zustand aber wirklich dramatisch ändert, ist die digitale Infrastruktur der empfindlichste Teil, weil sie schnell zerfällt und kritisch von einem globalen Warenfluss abhängt.

Die Hexe sieht sich das alles an und beschließt, einfach abzuwarten. Wenn die Menschen ihr Zivilisationsmodell nicht besser absichern, sagt sie sich, fällt es sowieso in sich zusammen. Sie klappt ihren Laptop zu und macht sich auf die Jagd nach dem letzten Einhorn. Dann will sie bei Einhornsteak und Drachenwein mit Nessie und dem Schneemenschen ihren tausendsten Geburtstag feiern.

Technik als Hexerei

Wie leben heute in einer vollständig künstlichen Umwelt, deren Aufrechterhaltung Unmengen von Rohstoffen und Energie verbraucht. Ein beispielloses Netzwerk von regionalen, nationalen und weltweiten Infrastrukturen beschert uns einen nie gekannten Komfort. Darauf könnten wir stolz sein, aber seltsamerweise bemühen wir uns ständig, das alles zu verbergen. Niemand möchte eine Hochspannungsleitung vor der Tür haben, aber jeder erwartet, dass Strom immer verfügbar ist. Niemand möchte neben einer Mobilfunkbasisstation wohnen, aber jeder erwartet ein zuverlässiges Netz. Also versteckt sich die Technik, wo immer das möglich ist. Der Science-Fiction-Autor Arthur C. Clarke hat die These aufgestellt, dass jede hinreichend fortgeschrittene Technologie von Magie nicht zu unterscheiden sei. Diese als „Clarkes drittes Gesetz" bekannte Feststellung hat heutzutage fast den Status eines Glaubenssatzes erreicht, tatsächlich aber beschreibt sie nur den bevorzugten Umgang mit der modernen Technik. Wir könnten sie wahrnehmen, aber wir wollen nicht. Lieber überlassen wir uns der Illusion, dass wir in einem verwunschenen Reich leben, in dem eine Handbewegung oder ein Zauberspruch („Alexa, mach das Licht an!") magische Kräfte freisetzt. Technische Innovationen setzen sich am besten durch, wenn sie diese Illusion fördern. Irgendwann vergessen wir, dass wir dieses System selbst geschaffen haben – und es ständig aufrechterhalten müssen.

4

Der Verlust des Wissens

Zusammenfassung Die meisten Menschen nehmen unsere Zivilisation als einen breiten Strom wahr, der viele vergangene Kulturen als Zuflüsse nutzt. Tatsächlich aber geht beim Untergang einer Kultur ein Großteil ihres Wissens verloren. Über die Antike wissen wir viel weniger, als die meisten Menschen glauben. Auch unser digital gespeichertes Wissen könnte schon in fünfzig Jahren zum großen Teil verschwunden sein.

Die meisten Menschen nehmen unsere Zivilisation als einen breiten Strom wahr, der viele vergangene Kulturen als Zuflüsse nutzt. Die frühesten Quellen verschwimmen im Nebel der Zeit, aber vor rund 2500 Jahren lichtet sich der Dunst. Wir sehen griechische Philosophen, die unter der hellen Sonne des Mittelmeers ihren Schülern die heute noch gültigen Grundlagen der Logik und Ethik beibringen. Teile ihrer Schriften sind bis heute erhalten. Die christlichen Kirchenlehrer entwickelten sie weiter und die

© Springer-Verlag GmbH Deutschland, ein Teil von Springer Nature 2021
T. Grüter, *Offline!*, https://doi.org/10.1007/978-3-662-63386-1_4

Scholastiker des Mittelalters stritten um ihre Auslegung. Die Humanisten der Renaissance belebten die antiken Werte neu und ebneten den Weg für die Philosophie der Aufklärung. Auch die Naturwissenschaften bauen nicht zuletzt auf den Vorarbeiten des Altertums auf. Archimedes lehrte uns die Grundlagen der Mechanik. Die antiken Astronomen beobachteten sorgfältig die Gestirne und Planeten, sie wussten bereits um die Kugelgestalt der Erde.

Dank der fleißigen Arbeit unzähliger Historiker erscheint uns die Geschichte wie ein offenes Buch. Wir wissen, wer Julius Caesar ermordet hat, warum Sokrates den Giftbecher trank, wann London brannte. Wir kennen die Regierungszeit von Ramses I., Sargon II. und der ersten Dynastie des sumerischen Lagaš vor 4500 Jahren. Kluge Altertumsforscher haben die alten Keilschrifttafeln aus dem Zweistromland entziffert und die ältesten Schriftsprachen der Welt wieder lesen und sprechen gelernt. Die menschliche Kulturgeschichte, wie sie in den Schulen präsentiert wird, ist eine ungebrochene Folge von Verbesserungen, vielleicht zwischenzeitlich etwas ausgebremst vom dogmatisch finsteren Mittelalter. Aber davon abgesehen führt ein gerader Weg von der Steinzeit über die Antike bis zur Gegenwart. Dieses gängige Bild eines ungebrochenen historischen Fortschritts hat nur einen Schönheitsfehler: Es ist grundfalsch.

Tatsächlich wissen wir vom Ägypten der Pharaonen oder von Sokrates' Griechenland beschämend wenig. Unser Bild der antiken griechischen Gesellschaft mit ihren tapferen Soldaten und klugen Philosophen ist nichts als ein modernes Klischee. Lange hat man etwa geglaubt, dass damals zwar Redekunst und Weisheit hoch entwickelt waren, nicht aber das Handwerk. Inzwischen wissen wir es besser. Ein unscheinbarer Kasten aus einem versunkenen Schiff hat gezeigt, dass diese lieb gewordene Vorstellung unhaltbar ist.

Im Herbst des Jahres 1900 geriet ein griechisches Schwammtaucherboot unter dem Kommando des Kapitäns Dimitrios Kontos vor der Küste von Kreta in einen Sturm. Es rettete sich in den Hafen der winzigen Insel Antikythera. Die Männer befanden sich auf dem Rückweg von ihren Tauchgründen vor der tunesischen Küste. Naturschwämme brachten viel Geld, und auf den kargen griechischen Inseln war der Beruf des Schwammtauchers ein angesehener Broterwerb mit gutem Einkommen. Seit Einführung der Helmtauchanzüge mit externer Luftversorgung in den 60er-Jahren des 19. Jahrhunderts konnten die Taucher in größere Tiefen absteigen und länger unter Wasser bleiben. Aber diese Arbeitserleichterung erkauften sie mit beträchtlichen Gefahren. Beim zu schnellen Auftauchen wurden sie oft genug ein Opfer der Taucherkrankheit. Dabei bilden sich Gasblasen im Körper, die zu starken Schmerzen, anhaltenden Lähmungen oder gar zum Tode führen. Dennoch: Für mutige und umsichtige Männer blieb die Schwammtaucherei der einträglichste Beruf auf den winzigen Inseln der Ägäis.

Das Boot von Kontos musste drei Tage auf Antikythera bleiben, bis sich der Sturm endlich legte. Der Kapitän schickte den Taucher Elias Stadiatis ins Meer, um zu sehen, ob es Schwämme zu ernten gab. Der tauchte schon nach wenigen Minuten aufgeregt wieder auf und sprudelte heraus, dass er Männer, Frauen und Pferde gesehen habe, alle tot, zerfallen und überkrustet. Kapitän Kontos, ebenfalls ein erfahrener Schwammtaucher, bestand darauf, selbst nachzusehen. Und wirklich: In 50 Meter Tiefe fand er parallel zum Strand auf einer Länge von etwa 50 Metern eine große Anzahl von Figuren, die wie Menschen und Pferde aussahen. Er erkannte schnell, dass sie nie gelebt hatten. Sein Taucher hatte sich von Statuen narren lassen. Einige schienen aus Marmor gefertigt zu sein, andere waren eindeutig aus Bronze gegossen. Kontos brach den Arm einer Bronzestatue ab und brachte ihn als Beweisstück mit an Bord. Was danach geschah, weiß niemand so genau. Gerüchte besagen, dass die Mannschaft zunächst einen Teil des Schatzes für sich selbst sicherte, indem sie so viel hochzog, wie an Bord passte. Davon war aber in den amtlichen Berichten später nie die Rede. Folgt man der offiziellen Version, fuhr Kapitän Kontos sofort seinen Heimathafen auf der Insel Syme an und beriet mit den Notabeln der Insel, was zu tun sei. Danach reiste er mit dem Taucher Elias Stadiatis zum Nationalmuseum in Athen. Den Arm der Bronzestatue nahm er als Beweisstück mit. Für den Kultusminister Spyridon Staïs war die Aussicht auf ein antikes Wrack mit wichtigen Funden ein Geschenk des Himmels. Die griechische Regierung hatte schon Jahre zuvor am Ort der historischen Seeschlacht von Salamis nach Wracks und antiken Objekten suchen lassen, die erwarteten Funde waren aber ausgeblieben. Und jetzt kamen zwei einfache Schwammtaucher und servierten ihm ein antikes Schiff sozusagen auf dem Silbertablett.

Er schickte die beiden in Begleitung eines Archäologen auf einem Kriegsschiff nach Antikythera zurück. Bis zum September 1901 bargen Taucher eine Unzahl von wertvollen Gegenständen aus dem Wrack, darunter weitgehend vollständige Bronzestatuen, zerfressene Marmorfiguren, Keramiken und wundervoll gestaltete Glasgefäße. Die Taucher waren keine Wissenschaftler, sie achteten nicht darauf, wo die Gegenstände lagen, die sie mit Seilen hochhievten. Der Archäologe an Bord wäre seinerseits nie auf Idee gekommen, selbst in einen Taucheranzug zu steigen. So ist die genaue Position der Wrackladung bis heute unklar, denn die Taucher fanden keine Überreste des hölzernen Schiffsrumpfs. Das wunderte sie nicht. Sie wussten, dass Würmer und Muscheln das Holz längst zerfressen haben mussten. Erst viele Jahre später fanden andere Expeditionen Holzstücke, die – tief im Schlick vergraben – die Zeit überstanden hatten. Diese Splitter verhalfen endlich dazu, mehr über die Herkunft des Schiffs zu erfahren.

Das Nationalmuseum in Athen freute sich über die unvergleichlichen Funde, aber die dortigen Archäologen vergaßen vor lauter Begeisterung das Katalogisieren. Ohne besonderen Plan machten sie sich an die Untersuchung der auffälligen Funde und hätten dabei fast das erstaunlichste Stück der Sammlung übersehen, einen unscheinbaren, kalkverkrusteten Klumpen, etwa so groß wie ein dickes Telefonbuch. Mehrere Monate lang trocknete er vor sich hin, bevor er schließlich auseinanderbrach. Ein Museumsmitarbeiter alarmierte den Direktor Valerios Staïs. Die Namensähnlichkeit ist nicht ganz zufällig: Er war ein Neffe des Kultusministers. Zu seinem Erstaunen sah er mehrere bronzene Zahnräder im Inneren des zerbrochenen Klotzes schimmern. Das Kupfer und das Zinn der Bronze waren weitgehend korrodiert und glänzten in allen Farben.

Zahnräder im alten Griechenland? Niemand hatte bisher gewusst oder auch nur vermutet, dass irgendein Volk der Antike Uhrwerke oder Rechenmaschinen konstruiert hätte. Die größte bekannte Leistung wurde Archimedes zugeschrieben. Er sollte angeblich ein Schneckengetriebe gebaut haben. Dabei greifen die Zähne eines großen Zahnrads in eine Spirale, die auf eine Achse gewickelt ist. Jede Drehung der Achse bewegt das Zahnrad um einen Zahn weiter. Das galt in der Antike als bemerkenswerte Leistung, wirkte aber im Vergleich zu dem jetzt aufgefundenen komplexen und filigranen Räderwerk geradezu primitiv. Wer könnte so etwas gebaut haben, und zu welchem Zweck? Beide Fragen blieben für lange Zeit unbeantwortet.

Zwei griechische Gelehrte, Johannes Svoronos und Pericles Rediadis, entzifferten die Fragmente der Inschriften auf dem Mechanismus und schlossen daraus, es müsse sich um ein Astrolabium gehandelt haben. Mit diesem recht einfachen astronomischen Instrument lässt sich anhand von Uhrzeit und Tag die Stellung der Sonne und der wichtigsten Sterne bestimmen. Doch der bei Antikythera gefundene Mechanismus erschien schon auf den ersten Blick viel komplexer als jedes Astrolabium. Im Jahr 1905 hielt der deutsche Gelehrte Albert Rehm den Mechanismus für ein Planetarium, das die Bewegung der Sonne, des Mondes und der Planeten nachbilden sollte. Der griechische Marineoffizier Johannes Theophanidis hingegen veröffentlichte 1934 die These, dass es sich um ein Navigationsinstrument des gesunkenen Schiffs handeln müsse. Danach wurde es eine ganze Weile still um den Mechanismus. Er war so schlecht erhalten, dass ihn niemand zerlegen konnte, ohne ihn zu zerstören. Erst Ende der 50er-Jahre des 20. Jahrhunderts kam wieder Bewegung in die Forschung. Der englische Wissenschaftshistoriker Derek de Solla Price organisierte die erste Durchleuchtung des Gegenstands mit Röntgenstrahlen. Dabei kamen weitere Zahnräder zum Vorschein. Price war auch der Erste, der eine Rekonstruktion des Mechanismus versuchte. Sie war nicht vollständig und teilweise falsch, zeigte aber schon, wie meisterhaft der Mechanismus konstruiert war. Weitere Untersuchungen wären sinnvoll gewesen, aber das Museum in Athen sperrte sich. Die Leitung hatte Angst um ihr empfindliches Fundstück. Nach mehrjährigen hartnäckigen Verhandlungen gelang es dem Mathematiker und Dokumentarfilmer Tony Freeth, den Verantwortlichen die Erlaubnis zu einer computertomografischen Untersuchung abzuringen. Ein Computertomograf ist ein Röntgengerät, das ein präzises dreidimensionales Abbild des durchleuchteten

Körpers erstellt. Damit gelang es endlich, große Teile der ursprünglichen Funktion des Mechanismus zu entschlüsseln. Demnach enthielt das Gerät mehr als 30 Zahnräder und konnte die Bewegungen von Sonne und Mond sowie Sonnen- und Mondfinsternisse exakt vorhersagen. Es berechnete außerdem die Daten der Olympiaden und anderer hellenistischer Spiele. Die Mondbewegung ist kompliziert, weil die Anziehungskräfte von Sonne und Erde gleichzeitig darauf einwirken. Der Mechanismus gab die Mondumläufe trotzdem sehr genau wieder. Die antiken Handwerker und Astronomen hatten also ein wahres Meisterstück der Nachbildung irdischer und himmlischer Mechanik berechnet und gebaut! Das Räderwerk hatten sie in ein Holzgehäuse von 10 Zentimetern Höhe und der Fläche eines DIN-A4-Blattes eingepasst. Vorne und hinten war es mit einer Bronzeplatte abgedeckt, auf die ein unbekannter Schreiber Sternauf- und -untergänge, Mondzyklen, Olympiaden und Monatsnamen eingraviert hatte. Die Zifferblätter waren beidseitig mit Holzdeckeln geschützt, deren Innenseite eine Gebrauchsanleitung enthielt. Man konnte den Mechanismus auf ein Datum voreinstellen und setzte dann mit einer seitlich angebrachten Kurbel das Räderwerk in Gang. Die Zeiger drehten sich und zeigten die Bewegungen der Himmelskörper an. Der Mechanismus verriet die nächsten Finsternisse von Sonne und Mond sowie praktischerweise die Daten der kommenden Hellenischen Spiele. Und er muss tatsächlich benutzt worden sein, denn er wurde mindestens einmal repariert. Faktisch handelte es sich um eine mechanische analoge Rechenmaschine, also um den ersten bekannten Computer! Er kann kein Einzelstück gewesen sein, denn die hohe Fertigungsqualität beweist, dass die Werkstatt mehrere Jahrzehnte Erfahrung mit solchen Rechenwerken besaß. Wer hat dieses Gerät gebaut? Man weiß es nicht, bis heute ist keine antike Werkstatt oder Mechaniker-schule bekannt, die solche Wunderwerke berechnen, entwerfen oder herstellen konnte.

Die zwischenzeitlich geborgenen Holzreste haben auch mehr über das versunkene Schiff verraten. Es stammt nicht aus Griechenland, sondern aus Italien und ging etwa 65 v. Chr. unter. Nicht die Griechen, sondern die Römer hatten also die wertvolle Ladung transportieren lassen. Das Schiff kam vermutlich von der Küste der heutigen Türkei und brachte Kriegsbeute nach Rom. Der außerordentlich hohe Wert der Ladung spricht dafür, dass der Feldherr Pompeius oder einer seiner höchsten Offiziere das Schiff gechartert hatte. Wo der Mechanismus an Bord kam, konnte bis heute nicht rekonstruiert werden. Der schon erwähnte Historiker de Solla Price schrieb bereits 1959 in *Scientific American:* „Es ist ein wenig beängstigend, dass die alten Griechen kurz vor dem Fall ihrer großartigen Zivilisation unserer heutigen Zeit so nahe gekommen waren – nicht nur in ihrem Denken, sondern auch in ihrer wissenschaftlichen Technik."[65]

Müssen wir die Geschichte jetzt umschreiben? Ganz ohne Zweifel fehlen in unserem Bild der griechischen Kultur viele wichtige Facetten. Der Mechanismus kann kein Einzelstück gewesen sein, er sieht eher nach einer Serienproduktion aus. Trotzdem hat kein Dokument überlebt, das ihn erwähnt. Wir wussten nicht einmal, dass es überhaupt Werkstätten gab, die komplexe Räder-werke bauen konnten. Haben sie vielleicht auch andere Mechanismen gebaut? Die Historiker zucken die Achseln. Gab es eine Schule für Astronomen, die das erstaunlich genaue Wissen über die Bewegungen von Sonne und Mond gelehrt hat? Wieder heißt es: Davon ist nichts über-liefert. Bevor der Mechanismus durch einen irrwitzigen Zufall buchstäblich ans Licht kam, wussten wir nicht einmal, dass unser Wissen über die antike griechische Kultur solche gewaltigen Lücken hat.

Haben wir eventuell die falschen antiken Bücher gelesen? Die Schriften heutiger Philosophen würden einem künftigen Historiker schließlich auch wenig über den Stand der modernen Digitaltechnik verraten. Aber in der Antike schrieben nicht nur die Philosophen umfangreiche Bücher.

Zeit für eine Bestandsaufnahme: Wie viele Schriften antiker Autoren haben überhaupt die Zeit überdauert und wie viele sind verschollen? Die Frage ist nicht leicht zu beantworten, denn von vielen Werken wissen wir vielleicht nicht einmal, dass sie je existiert haben. Einige der überlieferten Schriften beziehen sich allerdings ausdrücklich auf verschollene Werke. Einige Beispiele:

Der Universalgelehrte Eratosthenes von Kyrene (etwa 275–194 v. Chr.) galt als einer der wichtigsten Wissenschaftler der Antike. Er bestimmte mit den damals verfügbaren Mitteln den Erdumfang und kam auf einen Wert, der nur etwa 4 Prozent zu hoch liegt. Er entwarf eine Karte der ihm bekannten Welt und schloss aus den Funden versteinerter Muschelschalen, dass die Libysche Wüste einstmals ein Meer war. Mehrere Jahrzehnte lang leitete er die berühmte Bibliothek von Alexandria. Dieses Amt gewährte ihm Zugang zum gesamten Wissen der hellenistischen Welt. Viele spätere Autoren haben Eratosthenes' Werke zitiert. Abschriften seiner Bücher müssen im ganzen Mittelmeerraum in vielen Bibliotheken vorrätig gewesen sein. Trotzdem ging sein Werk in der Spätantike bis auf wenige Fragmente verloren. Der Astronom, Mathematiker und Geograf Hipparchos (etwa 190–120 v. Chr.) war nicht unbedingt ein Freund des Eratosthenes, dessen Weltkarte er für ungenau hielt. Hipparchos ist bis heute ebenso hoch angesehen, er gilt als Begründer der wissenschaftlichen Astronomie. Auch sein Werk hat die Zeit nicht überdauert.

Der römische Gelehrte Gaius Plinius Secundus (23–79 n. Chr.), genannt Plinius der Ältere, war einer der fleißigsten römischen Naturforscher. Sein Werk *Naturalis Historia* fasst die naturwissenschaftlichen Erkenntnisse seiner Zeit in 37 Bänden zusammen. 20.000 Tatsachen aus Tausenden von Werken anderer Autoren hat er nach eigenen Angaben darin aufgelistet. Dieses Werk ist uns erhalten geblieben, ein Großteil seiner Quellen ist dagegen verschollen. Plinius war auch ein exzellenter Historiker. Er schrieb eine Geschichte der Germanienkriege in 20 Bänden und eine ausführliche Geschichte Roms in 31 Bänden. Diese wichtigen, von anderen antiken Autoren immer wieder zitierten Werke hat die Zeit indes verschluckt.

Einige Forscher haben herauszufinden versucht, ob heute der größere Teil antiker Schriften erhalten oder verloren ist. Das Ergebnis ist erschreckend.

Die berühmte Bibliothek von Alexandria bewahrte zu ihrer Blütezeit zwischen 250 v. Chr. und etwa 350 n. Chr. mehrere Hunderttausend Bücher auf. Keine Schriftrolle und kein Kodex dieses gigantischen Bestandes sind erhalten geblieben. Im Römischen Reich stifteten Kaiser und reiche Privatleute gerne öffentliche Bibliotheken. Selbst in einer Provinzstadt konnten die Bürger Werke bekannter Autoren lesen und für ihre Privatbibliotheken kopieren lassen. Als das Reich unterging, plünderten und brandschatzten fremde Heere die wohlhabenden Städte. Was die Barbaren übrig ließen, fiel fanatischen Christen zum Opfer. Sie durchkämmten die privaten und öffentlichen Buchbestände und vernichteten alles, was nach Heidentum oder Ketzerei aussah. Einige Bücher überstanden zwar diese Stürme und Erschütterungen, aber es fand sich niemand mehr, der sie kopieren wollte, sodass sie irgendwann unleserlich wurden.

Im Jahr 473 brannte die große Bibliothek von Konstantinopel nieder. Wieder verschwanden mehr als 100.000 Bücher. Den Bibliothekaren gelang es in den nächsten Jahrhunderten, ihren Bestand an klassischen Werken wieder einigermaßen aufzubauen. Dort und nur dort haben viele Schriften antiker Autoren überlebt. Mit der Einnahme Konstantinopels durch Sultan Mehmed II. im Jahr 1453 endet die Geschichte der Bibliothek. Flüchtlinge konnten nur wenige der wertvollen Bücher retten, der gesamte übrige Bestand ist verloren. Einige antike griechische Werke sind ins Arabische übersetzt worden und haben auf diesem Wege überlebt. Im Westen des Römischen Reichs gab es keinen Zufluchtsort für antikes Wissen. Ab dem 6. Jahrhundert fanden sich in Italien, Frankreich, Spanien oder Nordafrika kaum mehr städtische Bibliotheken. Nur Klöster erstellten, sammelten und kopierten noch alte Schriften. Ein Bestand von mehreren Hundert Kodizes galt schon als bedeutende Sammlung. Das Kloster St. Gallen, eines der Zentren frühmittelalterlicher Gelehrsamkeit, listete in seinem ersten, im Jahr 865 fertiggestellten Katalog 294 Einträge mit 426 Buchtiteln auf.[66]

Davon befassten sich allerdings die meisten mit Aspekten des christlichen Glaubens und gaben nicht die Werke antiker Autoren wieder. Der Rückgang von den 100.000 Büchern der Bibliothek von Alexandria auf die 426 Handschriften der Stiftsbibliothek St. Gallen ist schon bemerkenswert.[67]

Die meisten Historiker nehmen deshalb an, dass allenfalls 1 Prozent der antiken Schriften überlebt hat. Dabei sind Bücher und Schriften noch deutlich besser erhalten geblieben als beispielsweise Musik. Niemand kennt heute mehr die Lieder und Tänze der Antike. Die Welt der alten

Römer und Griechen ist also keineswegs so gut erforscht und bekannt, wie die vielen historischen Romane es suggerieren. Wir kennen nicht einmal die lateinische Alltagssprache der frühen Kaiserzeit. Sie unterschied sich deutlich von der Schriftsprache und ist nur in wenigen Fragmenten überliefert. Werden künftige Historiker von unserer Zeit mehr wissen? Schließlich leben wir in der Informationsgesellschaft. Jede noch so unwichtige Einzelheit wird digital gespeichert und kann später abgerufen werden. Trotzdem könnte unsere Zeit in 2000 Jahren schlechter dokumentiert sein als die Antike heute, denn unser digitales Wissen ist auf Medien gespeichert, die selten mehr als 30 Jahre überstehen.

Die Unbeständigkeit der Erinnerung

Die Bewahrung von aufgezeichnetem Wissen, von Fertigkeiten und sozialen Konventionen ist immer eine aktive Tätigkeit. Sie gehört zu den wichtigsten Aufgaben der Menschheit. Deshalb wäre es ein fataler Fehler, sich darauf zu verlassen, dass im Internet nichts verloren geht.

Alle Aufzeichnungen müssen ständig erneuert werden, sonst verblassen oder zerfallen sie. Das gilt sowohl für die Felszeichnungen der Steinzeit als auch für modernste elektronische Medien. Natürlich hält eine Steintafel mit Hieroglyphen länger als eine Festplatte, aber prinzipiell zerfällt früher oder später alles zu Staub. Tab. 4.1 zeigt die Lebensdauer einiger gängiger Aufzeichnungsmedien der letzten Jahrtausende. Die ältesten Steinzeichnungen und Höhlenbilder stammen aus der Altsteinzeit und sind mehr als 35.000 Jahre alt. Wir verstehen heute nicht mehr, was die Menschen damals dokumentieren oder ausdrücken wollten, aber wir sehen immerhin, welche Tiere in ihrer Lebenswelt vorkamen und auf welche Weise unsere frühen

Tab. 4.1 Lebensdauer von Aufzeichnungsmedien

Medium	Lebensdauer (Jahre)	
	Durchschnittlich	Unter optimalen Bedingungen
Steinzeichnungen (Höhlenmalereien)	1000	>35.000
Steintafeln und Felsbilder, graviert oder geschabt	1000	>20.000
Tontafeln	100	>4000
Pergamentrollen	100	>2000
Papyrusrollen	100	>3000
Bücher, säurefrei	200	>1000
Bücher, säurehaltig	50	>100
Fotos farbig	10–20	>100
Fotos schwarz-weiß	50–100	Unbekannt
Magnetbänder	30	Unbekannt
Disketten	3–10	Unbekannt
Festplatten oder SSD	2–10	Unbekannt
CD-ROM, DVD	20–50	Unbekannt
CD-R, CD-RW, DVD-R	5–10	Unbekannt
USB-Stick mit Flashspeicher	10–30	Unbekannt

Vorfahren sie gejagt haben. Tontafeln mit Keilschrift haben sich 4000 Jahre lang erhalten. Viele davon können wir heute wieder entziffern, weil es im 19. und 20. Jahrhundert gelang, die toten Sprachen der Texte zum Leben zu erwecken.

Papyrus ist unter guten Bedingungen jahrtausendelang haltbar. Im trockenen Klima Ägyptens hat man einige mit Hieroglyphen bedeckte Schriftrollen gefunden, die mehr als 3000 Jahre alt sind. Der *Papyrus Ebers* gibt zum Beispiel einen hervorragenden Einblick in die ägyptische Heilkunst vor etwa 3500 Jahren. Unter schlechten Bedingungen, etwa bei zu feuchter Lagerung, zerfallen Papyri jedoch relativ schnell. Eine gute Bibliothek achtet deshalb auf optimale Lagerbedingungen und fotografiert den Inhalt ab.

In Altertum und Mittelalter mussten Bücher und Schriftrollen regelmäßig kopiert werden, sonst ging ihr Inhalt irgendwann verloren. Gute Kopisten waren selten, das Material teuer und die Arbeit langwierig. Die Aufträge mussten im Allgemeinen schon bei der Bestellung angezahlt werden, was die Verbreitung von Büchern doch sehr begrenzte. Jede Abschrift vermehrte die Fehler im Text, sodass ein Werk allein durch vielfaches Kopieren bereits Teile seines Inhalts einbüßte. Gegen 1450 erfand Johannes Gutenberg den Buchdruck mit beweglichen Lettern und machte die Vervielfältigung von Texten einfacher, schneller und billiger. Bei guter Behandlung halten gedruckte Bücher mehrere Hundert Jahre. Werke, die bis 1500 gedruckt wurden, bezeichnet man als Inkunabeln, zu Deutsch „Wiegendrucke", weil sie in der frühesten Jugend des Buchdrucks entstanden. Rund 550.000 Exemplare von 27.500 verschiedenen Inkunabeln sind bis heute erhalten. 9742 Druckausgaben in mehr als 20.000 Exemplare lagert allein die Bayerische Staatsbibliothek in München.[68] Das älteste Buch in meiner persönlichen Bibliothek stammt aus Frankreich und hat 270 Jahre in gutem Zustand überlebt. Der Rücken ist nicht gebrochen, die Bindung intakt, die Schrift tadellos lesbar. Auf dem Titelblatt trägt es den Vermerk der königlich-französischen Zensurbehörde „Avec Approbation & Privilége du Roi". Als das Buch 1751 in Druck ging, war Ludwig XV. König von Frankreich. Der Siebenjährige Krieg, der den Aufstieg Preußens zur Großmacht einleitete, lag noch in einer ungewissen Zukunft und nichts deutete darauf hin, dass kaum 40 Jahre später die Französische Revolution die Monarchie hinwegfegen würde.

Leider sind nicht alle meine Bücher in einem so guten Zustand. Die Seiten von Joseph Johann von Littrows *Die*

Wunder des Himmels aus dem Jahr 1913 färben sich an den Rändern braun und werden spröde. Das zwischen 1860 und 1990 verwendete säurehaltige Papier zerfällt binnen weniger Jahrzehnte, weil die langsam freigesetzte Säure das Papier brüchig macht.

Heutzutage speichern wir Texte, Fotos, Filme oder Tonaufzeichnungen fast nur noch in digitaler Form auf elektronischen, magnetischen oder optischen Datenträgern. Deren Kapazität hat sich in wenigen Jahrzehnten vervielfacht. Der erste IBM-PC von 1981 hatte als Massenspeicher zwei Diskettenlaufwerke mit einem Fassungsvermögen von 160 Kilobyte.[69] Disketten speichern Daten auf dünnen, runden, magnetisierten Polyethylenscheiben, die von einer rechteckigen Hülle aus Kunststoff umgeben sind. In einem Laufwerk wird die runde Magnetscheibe in schnelle Rotation versetzt. Dünne Lagen aus Vlies verhindern, dass die Magnetscheibe dabei Schaden nimmt oder Kratzer bekommt. Durch ein in die Hülle geschnittenes Fenster setzen im Laufwerk kleine Schreib-/Leseköpfe auf die Magnetscheibe auf. Sie lesen oder verändern die magnetisch gespeicherten Informationen. Disketten sind launisch und empfindlich. Auf schlechte Behandlung reagieren sie gerne mit dem Verlust der ihnen anvertrauten Daten. Aber in den 80er-Jahren des 20. Jahrhunderts gab es kaum bezahlbare Alternativen. Wer seine Texte und Programme erhalten wollte, tat gut daran, Kopien auf mehrere Disketten zu verteilen und einmal im Jahr die Magnetisierung aufzufrischen. Eine Textseite benötigt etwa 2 Kilobyte, Bilder oder Diagramme nehmen deutlich mehr Platz ein. Die Disketten der 1980er-Jahre reichten also nicht aus, um beispielsweise eine Doktorarbeit abzuspeichern. Wer viel schrieb, brauchte viele Datenträger. Heute sind Disketten längst aus der Mode, aktuelle PCs und Laptops können sie nicht mehr bearbeiten. Aber viele Menschen über fünfzig haben noch immer umfangreiche Diskettenarchive. Sie bewahren darin wichtige Texte, Bilder und Briefe aus zwei Jahrzehnten ihres Lebens auf. Und natürlich wissen sie, dass ihre modernen Computer die Datenträger nicht mehr lesen können. Irgendwann werden sie sich ein passendes Laufwerk leihen und alles umkopieren; das haben sie sich jedenfalls fest vorgenommen. Tatsächlich aber dürfte der Großteil der Disketten-Archive schon heute verloren sein, denn die Magnetisierung lässt im Laufe der Zeit nach und schon nach zehn Jahren sind viele Disketten nicht mehr lesbar.

Übrigens sind magnetische Speichermedien noch immer weit verbreitet. Bandspeicher gelten als sehr zuverlässig, sie halten ihre Daten zehn bis 30 Jahre. Eine CD-R oder DVD-R muss dagegen spätestens nach fünf Jahren umkopiert werden, wenn die darauf verwahrten Daten dauerhaft lesbar bleiben sollen. Auch eine Festplatte arbeitet kaum mehr als drei bis fünf Jahre einigermaßen verlässlich. Die Solid State Disks (SSD), die sich immer mehr durchsetzen, arbeiten zwar sehr viel schneller, halten aber nicht länger. Sie speichern die Daten auf einem Chip als winzige Wolke von Ladungsträgern, die hinter eine isolierende Barriere gezwungen werden. Eine SSD hat keine mechanischen Elemente, die versagen könnten. Aber irgendwann fließen die eingesperrten Ladungsträger ab, und dann verliert auch die SSD ihre Daten. Rund zehn Jahre lang bleiben die Medien verlässlich lesbar, dann werden sie langsam vergesslich.

Verglichen mit den Jahrhunderten, die ein Buch übersteht, sind die Erwartungen an die Haltbarkeit moderner Datenträger also sehr bescheiden. Das könnte sich als fatal erweisen, denn das gespeicherte Wissen macht den Reichtum der Informationsgesellschaft aus. Nie wurde so viel Wissen produziert, und keine Gesellschaft hat derart wichtige Werte so unsicheren Speichermedien anvertraut.

Schon in 100 Jahren könnten unsere Archive mehr Dokumente verloren haben als je zuvor in der Geschichte der Menschheit.

Die Informationsexplosion

Wir leben in einer Informationsgesellschaft. Von überall her stürzen Fakten, Daten, Berichte, Bilder und Töne auf uns ein. Im World Wide Web veröffentlichen Millionen Menschen Texte, Bilder, Videos und Tondateien. Die Datenmenge sprengt inzwischen jedes vorstellbare Maß.

Allein die Anzahl wissenschaftlicher Veröffentlichungen verdoppelt sich alle zehn bis 15 Jahre. Diese Abschätzung stammt aus dem 1963 erschienenen Buch *Little Science, Big Science* von Derek de Solla Price, jenem umtriebigen Wissenschaftshistoriker, der auch den Mechanismus von Antikythera erforscht hat. Er gehört zu den Begründern der „Scientometrie", dem Fachgebiet, das sich der zahlenmäßigen Erfassung der Wissenschaft widmet. Eine erschöpfende Zählung von wissenschaftlichen Publikationen ist nicht ganz einfach, aber de Sollas Abschätzung dürfte auch heute noch Bestand haben. Die Datenbank PubMed listete Anfang 2021 mehr als 30 Mio. Veröffentlichungen aus dem Bereich der biomedizinischen Forschung auf. Jede Veröffentlichung verdichtet und bewertet ihrerseits bereits frühere Arbeiten. Und bei jedem neuen wissenschaftlichen Experiment entstehen enorm viele einzelnen Daten und Zahlen. Die Menge dieser sogenannten Rohdaten wächst deshalb vermutlich noch schneller als die Zahl der Publikationen. Betrachten wir ein Beispiel aus der Astronomie:[70] Im Jahre 1994 digitalisierte das Space Telescope Science Institute in Baltimore, USA, eine fotografische Durchmusterung des Nachthimmels. Daraus generierte es eine Datenbank mit einem Umfang von 73 Gigabyte (73.000.000.000 Byte). Das war damals eine unvorstellbare Datenflut. Im Jahr 2022 soll in Chile das 8,4 Meter große Vera C. Rubin Observatory (ursprünglich Large Synoptic Survey Telescope) in Betrieb gehen. Es hat einen außerordentlich großen Blickwinkel und eignet sich deshalb speziell für Durchmusterungen großer Himmelsbereiche. Es wird in einer einzigen klaren Nacht etwa 30 Terabyte (30.000.000.000.000 Byte) Daten generieren.

Die vergessenen Bänder der NASA

Das Sammeln riesiger Datenmengen ist eine Sache, das Auswerten eine andere. Das musste auch die NASA bereits erleben.[71] Sie lagerte in luftdichten Metall-kanistern mehr als 1,2 Mio. Bandspulen mit Computer-daten von ihren Weltraummissionen. Im Jahr 1988 erfuhr Eric Eliason vom United States Geological Survey, dass mehr als 3000 Bandspulen von Viking-Missionen aus den 1970er-Jahren niemals aufgearbeitet worden waren. Die NASA hatte schlicht kein Geld gehabt, um die vielen Tausend Bilder der Marssonden vollständig auswerten zu lassen. Sie überließ Eliason die Spulen, aber damit fingen seine Probleme erst an. Er konnte die Daten zwar einlesen, aber das Format gab ihm Rätsel auf. Die mitgelieferte Dokumentation war wenig hilf-reich. „Es war alles in technischem Jargon geschrieben", sagte er der *New York Times* in einem Gespräch. „Das war vielleicht für diejenigen verständlich, die das vor 20 Jahren geschrieben haben, aber nicht für mich." Eliason fand immerhin heraus, mit welchen Programmen die NASA in den 70er-Jahren die Bilder bearbeitet hatte. Aber diese Programme liefen nur auf alten Computern, die längst durch neue ersetzt waren. Der Quellcode war nicht mehr aufzutreiben. Erst nach einem Jahr gelang es Eliason, aus den Daten Bilder zu gewinnen. Darunter war zu seiner Freude ein sehr scharfes und vorher unbekanntes Bild vom riesigen Vulkan Olympus Mons, dem höchsten Berg des Mars. Dieser Vorfall blieb nicht die einzige Datenpanne der NASA.

Im Jahr 2006 musste die Organisation zugeben, dass sie die Aufzeichnungen der Fernsehübertragung der ersten Mondlandung aus dem Jahr 1969 verlegt hatte. Drei Jahre später wurden sie gefunden – waren aber nicht mehr lesbar. Sie gehörten zu einer Charge von 200.000 aussortierten Bändern, die die NASA, um Geld zu sparen, zur Wiederverwendung entmagnetisiert hatte. Zum Glück fanden sich die Aufzeichnungen dann doch noch im Archiv des amerikanischen Fernsehsenders CBS. Sie waren in erstaunlich gutem Zustand und die NASA ließ sie hastig digitalisieren und nachbearbeiten. Deshalb können wir die Bilder der Mondlandung jetzt in besserer Qualität sehen als je zuvor.[72] Die NASA wird sicherlich noch mehr Daten verlieren, aber dann ist vielleicht niemand zur Stelle, der wichtige Informationen in letzter Sekunde vor dem Nirwana rettet.

Heute nutzt die NASA für die Langzeitarchivierung ihrer Daten ein hochmodernes Magnetband-System. Es speichert maximal ein Exabyte (= 10^{18} Bytes) Daten.[73]

Das ungesicherte Vermögen der Informationsgesellschaft

In beiden beschriebenen Fällen war Geldmangel die Ursache der Beinahe-Katastrophe. Die Archivierung und sichere Aufbewahrung von Daten und Datenträgern kostet Geld und braucht viel Platz. Dabei ist es ganz gleich, ob die Daten in Büchern, auf CDs oder auf Computerbändern festgehalten sind. Weil immer mehr Daten auf immer kurzlebigeren Datenträgern aufbewahrt werden, müssen die Inhalte in immer kürzeren Abständen migriert, d. h. umgeschichtet werden. Archive und Bibliotheken klagen schon heute über Geldmangel. Wenn nur für ein paar Jahre oder gar Jahrzehnte zu wenig Mittel zur Verfügung stehen, zerfallen unsere Archive mit einer nie geahnten Geschwindigkeit. Sollten wir eines Tages eine große weltweite Wirtschaftskrise erleben, werden wir innerhalb von wenigen Jahren mehr Daten und Informationen verlieren, als die gesamte Menschheit bis zum Beginn des 20. Jahrhunderts angesammelt hatte. Dieses immaterielle Vermögen bildet jedoch die Grundlage unserer Gesellschaft. Wenn wir es gedankenlos und fahrlässig verkommen lassen, vernichten wir die Basis der Informationsgesellschaft. Im Moment deutet leider nichts darauf hin, dass öffentliche oder private Institutionen nach dieser Erkenntnis handeln, im Gegenteil: Immer mehr Daten werden in die Cloud ausgelagert. Darunter versteht man Datenzentren, die irgendwo auf der Welt stehen und über Internet erreichbar sind. Die privaten Dienstleistungsunternehmen, die diese Zentren betreiben, müssen Gewinne erwirtschaften. Sie sorgen nur so weit für die Sicherheit der Daten, wie es für ihr Geschäft erforderlich ist. Wenn ein Unternehmen zahlungsunfähig wird, garantiert niemand mehr für die gespeicherten Filme, Bilder, Texte und Tabellen. Ein Beispiel: Im Jahr 2009 schloss Yahoo den Freehoster GeoCities. Seit 1994 hatte dieser Anbieter jedem, der sich anmeldete, kostenlos eine Webpräsenz zur Verfügung gestellt. Thematisch ähnliche Seiten konnten sich zu Nachbarschaften zusammenschließen. Der Dienst umfasste zum Zeitpunkt seiner Schließung einige Millionen Seiten. Verschiedene Gruppen wie Jason Scotts Archive Team („The GeoCities

Project")[74] und Archive.org („Saving a Historical Record of GeoCities")[75] bemühten sich um die Rettung der teilweise längst verwaisten Seiten. Yahoo half ihnen kaum und deshalb weiß niemand, ob sie fast alle oder nur einen Bruchteil der Seiten gerettet haben.

Der Internet-Konzern Google liefert bekanntlich nicht nur Links, sondern digitalisiert auch Bücher, um sie seinen Nutzern ausschnittweise kostenlos zur Verfügung zu stellen. Das Vorhaben führte zu einem langwierigen Gerichtsverfahren mit der amerikanischen Authors Guild, der Interessenvertretung von Autoren und Schriftstellern, die um ihre Einnahmen fürchteten. Der Prozess zog sich über mehr als zehn Jahre hin. Erst im April 2016 trug Google den Sieg davon. Bisher sind mehr als 20 Mio. Bücher digitalisiert. Sind sie dadurch besser vor dem Vergessen geschützt? Ja und nein – wie schon erwähnt, sind elektronische Speicher extrem kurzlebig. Solange Google in seinen Serverfarmen alle Daten bewahrt und umkopiert, sind mehr Bücher als je zuvor auf PCs, Smartphones oder Tablets verfügbar. Sollte die digitale Kultur aber für einige Jahre stillstehen, wären die so gespeicherten Bücher schnell wieder verschwunden.

Zu den bewahrenswerten modernen Kulturleistungen rechnen Experten übrigens auch Computerspiele. *Pacman, Super Mario, Space Invaders* gehören zur Lebenswelt des späten 20. Jahrhunderts und *Minecraft* zur aktuellen Popkultur. Im Jahr 2012 erlöste das Kampfspiel *Call of Duty: Black Ops II* allein am ersten Verkaufstag mehr als 500 Mio. US-Dollar. Und *Grand Theft Auto V* spielte von 2013 bis März 2018 rund 6 Mrd. US-Dollar ein, weit mehr als die erfolgreichsten Kinofilme aller Zeiten.[76] Videospiele halfen vielen Menschen durch den Lockdown während der Corona-Krise im Jahr 2020/21.[77] Wenn ein späterer Historiker die Kultur des frühen 21. Jahrhunderts beurteilen will, sollte er diese Spiele kennen und berücksichtigen. Die meisten davon sind für ganz bestimmte Kombinationen von Computerhardware und Betriebssystemen geschrieben. So galt das Spiel *Flugsimulator* von Microsoft lange Zeit als Nagelprobe für die Frage, ob ein System wirklich zu 100 Prozent mit dem IBM-PC übereinstimmte. Die Software nutzte die Eigenschaften von Rechner und Betriebssystem vollständig aus, sodass viele Computernachbauten nicht mithalten konnten. Deshalb reicht es nicht, bei Spielen nur die Programme und Daten zu erhalten. Auch die Systemumgebung muss entweder eingelagert oder durch spezielle Programme nachgebildet (emuliert) werden.

Das 1997 eröffnete deutsche Computerspielemuseum in Berlin-Friedrichshain hat beispielsweise bis 2018 über 30.000 originale Datenträger mit Computerspielen und Anwendungen sowie 120 verschiedene Konsolen und Computersysteme gesammelt.[78] Die Anlagen altern natürlich und es ist fraglich, ob sie in zehn oder 20 Jahren noch funktionieren. Ist also eine Software-Emulation besser? Das ist schwer zu beurteilen. Sie muss sämtliche Systemeigenschaften peinlich genau nachbilden, wenn alle Spiele tatsächlich funktionieren sollen. Das macht die Entwicklung aber so langwierig und teuer, dass man sich letztlich immer mit einem Kompromiss begnügen muss.

Das Beispiel der NASA-Mars-Bilder zeigt, dass es nichts nutzt, Daten mechanisch umzukopieren, wenn das Format oder die Codierung nicht mehr bekannt ist. Das Gleiche gilt auch für Texte, Filme, Töne, Präsentationen, E-Mails oder Arbeitsblätter. Entweder muss man also das Format vollständig dokumentieren oder die Programme aufbewahren, mit denen sie erzeugt wurden. Auch das hilft nicht viel, wenn die Systemumgebung der Programme nicht mehr existiert. Aus diesem Grund benutzen immer mehr Archive das Format PDF (Portable Document Format). Es ist ausdrücklich dafür ausgelegt, auf möglichst vielen Systemumgebungen zu laufen. Allerdings hat die Herstellerfirma Adobe die Formatspezifikationen lange geheim gehalten. Erst ab der Version 1.7 ist die Beschreibung zugänglich und als ISO-Norm 32.000 international standardisiert.[79]

Handwerk hat schwindenden Boden

Neben dem reinen Buchwissen gibt es Fertigkeiten, die ein Lehrer seinen Schülern unmittelbar weitergibt. Sie werden oft nicht aufgeschrieben und sind unweigerlich verloren, wenn der Weitergabeprozess unterbrochen wird. Beispielsweise weiß heutzutage niemand mehr, wie die Ritter im Mittelalter mit ihren Schwertern gekämpft haben. Im Spätmittelalter hatte sich eine regelrechte Kampfkunst mit diversen, genau unterschiedenen Disziplinen entwickelt. Gefochten wurde mit Kurzschwert und Rundschild, mit dem Langschwert, zu Fuß oder zu Pferd. Aber die vielen Fechtschulen dieser Zeit sind lange ausgestorben und die wenigen überlieferten Handbücher hatten niemals die Aufgabe, einen Lehrer zu ersetzen. Heute versucht man eher schlecht als recht, aus den spärlichen Zeichnungen und Texten die Kampftechniken zu rekonstruieren.

Sogar die grundlegenden Fertigkeiten der Menschen verschwinden nach und nach. Die Beherrschung des Feuers etwa gilt als der erste wichtige Schritt zur Menschwerdung. Doch wer kann heute noch ohne Streichhölzer oder Feuerzeug ein Feuer anzünden? Auch viele der traditionellen Handwerksberufe stehen vor dem Aussterben. Heute bilden in Deutschland nur noch wenige Meister des Schmiedehandwerks ihre Lehrlinge in traditioneller Weise aus. Die uralten Schmiedefeuer, die einst das Ende der Steinzeit markierten, drohen endgültig zu erlöschen.[80] Und selbst in der jungen

Informationstechnologie gehen gerade erworbene Fertigkeiten bereits wieder verloren. Ein Beispiel: In den 90er-Jahren des 20. Jahrhunderts stellten Firmen und Behörden fest, dass viele ihrer Computerprogramme die Jahreszahl nur mit zwei Stellen gespeichert hatten: 1987 wurde einfach als 87 abgekürzt. Bis zum Jahr 2000 war das nicht weiter schlimm, aber danach konnten die Programme nicht mehr zwischen 1910 und 2010 unterscheiden. Firmen und Behörden hatten in den 60er- und 70er-Jahren viele Hundert Millionen Zeilen Programmcode erstellen lassen, die jetzt durchgesehen werden mussten. Zu jener Zeit war Speicherplatz knapp und Prozessorleistung teuer. Die Programmierer mussten sich allerlei Tricks und Umwege einfallen lassen, um große Datenmengen in vertretbarer Zeit zu verarbeiten. Dazu gehörte auch die Idee, für die Jahreszahl nur zwei statt vier Stellen zu verwenden. Durch die rasante Entwicklung der Computertechnik entfielen diese Beschränkungen bereits in den 90er-Jahren, und bald wusste niemand mehr, warum die Programmierer bestimmte Funktionen auf eine seltsam umständliche Art realisiert hatten. Hinzu kam, dass die meisten kaufmännischen Anwendungen der 70er-Jahre in der Programmiersprache COBOL geschrieben waren, die mit der Ablösung der Großrechner durch PCs immer mehr aus der Mode kam. Viele IT-Abteilungen beschäftigten keine Softwareentwickler mehr, die in COBOL geläufig arbeiten konnten oder die gängigen Tricks zum Einsparen von Speicherplatz beherrschten. Jetzt schlug die Stunde der Rentner und Pensionäre: Viele Firmen und Behörden holten ehemalige Angestellte aus dem Ruhestand und zahlten älteren EDV-Spezialisten Spitzenlöhne, damit sie die alten Programme rechtzeitig vor dem entscheidenden Datum 1. Januar 2000 anpassten. Mehr als 300 Mrd. US-Dollar investierten private Firmen und öffentliche Einrichtungen in die Umstellung.[81]

Es wäre allerdings noch teurer gewesen, überall neue Anwendungen einzuführen. Die Anstrengungen waren erfolgreich: Das von einigen Untergangspropheten vorhergesagte Chaos blieb weitgehend aus.

Diese Beispiele belegen, dass die Menschheit mit atemberaubender Geschwindigkeit Wissen und Können einbüßt. Wie sollen wir also unsere Kulturgüter sichern, wenn digitale Kopien das Ende des Jahrhunderts wohl nicht überleben werden? Das Bundesamt für Bevölkerungsschutz und Katastrophenhilfe (BBK), das in Deutschland für die Bewahrung wichtiger Dokumente der deutschen Kulturgeschichte verantwortlich ist, hat das Problem auf eigene Weise gelöst. Im Barbarastollen im Schwarzwald, einem aufgelassenen Silberbergwerk, lagert es 1600 Edelstahlbehälter (Stand 2020).[82] Darin ruhen unzählige Rollen von 35 Millimeter breitem Mikrofilm: Hintereinandergelegt sind sie fast 34.000 Kilometer lang und enthalten mehr als 1 Mio. fotografischer Aufnahmen. Der Film hält bei dieser Art der Lagerung mindestens 500 Jahre.[83] „Der Bund bedient sich dieser Methode nicht nur, weil die archivierten Dokumente extrem lange erhalten bleiben, sondern auch weil man die Daten jederzeit ohne technische Hilfsmittel ansehen kann", sagte Karsten Mälchers vom BBK dem *Berliner Tagesspiegel* im Jahre 2009.[84] „Um die Mikrofilme zu lesen, genügen eine Kerze und eine Lupe."

5

Die Wachstumsgrenzen der Welt

Zusammenfassung Unser Wirtschaftssystem ist nur stabil, wenn es ständig wächst. Kleinere Störungen und Fluktuationen gehen dann in den steigenden Zahlen unter. Aber irgendwann ist Maximum erreicht, und dann geht es bergab.

Unser Wirtschaftssystem ist nur stabil, wenn es ständig wächst. Kleinere Störungen und Fluktuationen gehen dann in den steigenden Zahlen unter. Die Belastungen durch Kredite verlieren ihren Schrecken, wenn alle ständig mehr Geld einnehmen. Für den Spezialfall der Computerindustrie habe ich das schon in Kap. 3 diskutiert. Jetzt möchte ich den Blickwinkel etwas ausweiten.

Wir haben das Klima aus dem Gleichgewicht gestoßen, die Meere mit Plastik zugemüllt, die Böden ausgelaugt und das Grundwasser übernutzt. Das müsste aufhören, aber die Menschheit vermehrt sich weiter und möchte natürlich ihren Lebensstandard anheben.

© Springer-Verlag GmbH Deutschland, ein Teil von Springer Nature 2021
T. Grüter, *Offline!*, https://doi.org/10.1007/978-3-662-63386-1_5

Inzwischen hat sich die Erkenntnis durchgesetzt, dass wir an planetare Grenzen gestoßen sind. Was aber, wenn unsere globale digitale Zivilisation auf Wachstum angewiesen ist? Dann wäre Nachhaltigkeit nur ein leeres Schlagwort, das man gerne im Mund führt, solange man sich um die Konsequenzen herummogeln kann. Wann endet Wachstum und wie verhindert man den ungebremsten Abstieg? Oder ist die Welt zu einem ewigen Zyklus aus guten und schlechten Zeiten verdammt? Darüber haben sich viele kluge Menschen inzwischen Gedanken gemacht.

Der Pfarrer und seine Katastrophe

Einer der Ersten war der Ökonom und anglikanische Pfarrer Thomas Robert Malthus (1766–1834). Kaum jemand hat so viel Einfluss auf die Diskussion um Bevölkerungskontrolle und Sozialgesetze gehabt wie er. Dabei war Malthus kein Politiker, sondern Mathematiker und Theologe.

Im Jahr 1798 veröffentlichte er sein wichtigstes Werk *An Essay on the Principle of Population* (deutscher Titel: *Das Bevölkerungsgesetz*). Es machte ihn schlagartig bekannt und es dauerte nicht lange, da galt er als einer der umstrittensten Gelehrten seiner Zeit. Bis heute wird er immer wieder angefeindet. So viel Gegnerschaft muss man sich redlich verdienen. Was hat er geschrieben? Malthus vertrat die Idee, dass sich die Menschheit schicksalhaft exponentiell vermehrt, während die landwirtschaftliche Produktion nur linear ansteigen kann. Unter exponentiellem Wachstum versteht man eine Zunahme um den gleichen Prozentsatz in einer bestimmten Zeit.

Nehmen wir an, in einem Teich wächst eine Seerose. Wir können beobachten, dass sie ihre Größe jeden Tag verdoppelt. Eigentlich soll man sie gleich ausreißen, weil sie nach 30 Tagen ungezügelten Wachstums den gesamten Teich überwuchert haben wird und alles andere Leben erstickt. Doch nach zehn Tagen begnügt sie sich noch mit einer kleinen Ecke und wäre leicht zu beseitigen, wenn sie wirklich gefährlich wäre. Nach 20 Tagen ist sie zwar sehr viel größer geworden, nimmt aber weniger als ein Tausendstel der Teichfläche ein. Außerdem schmückt sie die eintönige Wasserfläche mit ihren großen runden Blättern und ansehnlichen Blüten. Nach 28 Tagen aber hat sie plötzlich ein Viertel des Teichs erobert und wir überlegen, ob wir nicht doch etwas unternehmen. Aber das wäre jetzt ziemlich aufwendig. Wir beschließen, erstmal drüber zu schlafen. Am nächsten Tag bedeckt die Seerose die Hälfte des Teichs und am 30. Tag ist alles Wasser unter der gewaltigen grünen Masse verschwunden. Menschen können ein exponentielles Wachstum schlecht abschätzen. Deshalb reagieren sie oft erst dann, wenn es bereits zu spät ist.

Ein scheinbar harmloses Wachstum von 7 Prozent pro Jahr führt beispielsweise zu einer Verdoppelung nach jeweils zehn Jahren. Nach 20 Jahren hätte man bereits das Vierfache des Ausgangswerts erreicht. Dann wird es richtig unheimlich: Wenn ein jährliches Wachstum von 7 Prozent 50 Jahre anhält, erreicht man das 32-Fache des Ausgangswerts. Sollte beispielsweise die Bevölkerung Deutschlands um 7 Prozent im Jahr wachsen, dann würden sich in unseren Städten nach 50 Jahren etwa 2,5 Mrd. Menschen drängen! Tab. 5.1 zeigt, wie schnell schon ein vergleichsweise geringes jährliches Wachstum alle Grenzen sprengen kann.

Tab. 5.1 Beispiele für exponentielles Wachstum

Jährliches Wachstum (%)	Jahr 0	Jahr 10	Jahr 20	Jahr 50
2	100	122	149	269
3	100	134	181	438
5	100	163	265	1147
7	100	197	387	2946
10	100	259	673	11.739
15	100	405	1637	108.365
20	100	619	3834	910.044

Malthus hielt es für selbstverständlich, dass die landwirtschaftliche Produktion mit der Bevölkerungsexplosion nicht Schritt halten würde. Früher oder später würde also die Anzahl der Menschen durch Krankheit, Elend oder Tod reduziert werden (Abb. 5.1).

Dieses Szenario bezeichnet man bis heute als Bevölkerungsfalle oder Malthusianische Katastrophe. Malthus sah keinen dauerhaften Ausweg, weil er den Sexualtrieb für unbesiegbar hielt. Sobald eine Seuche, ein Krieg oder eine Hungersnot die Bevölkerung reduziert

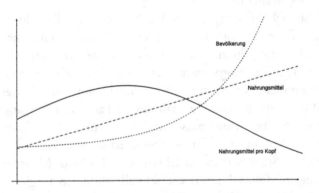

Abb. 5.1 Malthusianische Katastrophe. Die Nahrungsmittelerzeugung steigt linear (gestrichelt), die Bevölkerung exponentiell (gepunktet). Dabei verbessert sich die Ernährungslage zunächst, um dann dramatisch schlechter zu werden (durchgezogen)

habe, werde ein neuer Zyklus beginnen, schrieb er. Das blieb nicht unwidersprochen. Dutzende von Gegenschriften erschienen noch zu seinen Lebzeiten. Malthus war trotz seiner pessimistischen Grundhaltung ein moralischer Mensch: Er wollte die unteren Schichten erziehen, um ihre Vermehrung zu verlangsamen. Die persönlichen Beleidigungen, mit denen manche der Erwiderungen gespickt waren, verletzten ihn tief. Der Dichter Percy Shelley beschimpfte ihn als Priester, Eunuchen und Tyrannen. Karl Marx behauptete, Malthus habe im Zölibat gelebt und sei ein grundsätzlicher Feind des Volkes. Tatsächlich war Malthus zwar Pfarrer der Anglikanischen Kirche, aber kein zölibatär lebender katholischer Priester. Er hatte eine Frau und drei Kinder und war vergleichsweise wohlhabend, denn sein Buch *Das Bevölkerungsgesetz* wurde ein Weltbestseller. Es erlebte in wenigen Jahren sechs Auflagen, die jeweils in kürzester Zeit ausverkauft waren. Die East India Company richtete dem Autor im Jahr 1805 an ihrem College in Haileybury den weltweit ersten Lehrstuhl für politische Ökonomie ein.

Malthus' Theorien galten nach dem Zweiten Weltkrieg als weitgehend widerlegt. Er habe die Wirkung technischer Innovationen grob unterschätzt, schrieben seine Kritiker. Im Jahr 1960 lebten bereits 3 Mrd. Menschen auf der Welt, mehr als dreimal so viele wie zu Malthus' Zeit. Hätte Malthus recht behalten, wäre die Erde mit der Ernährung so vieler Menschen überfordert, aber davon konnte keine Rede sein. Kunstdünger und eine mechanisierte Landwirtschaft sorgten für Erträge, die vorher undenkbar gewesen waren. Allerdings beschränkte sich dieser Fortschritt weitgehend auf die Industrieländer. Asien, Afrika und Amerika südlich der USA waren ständig von Hungersnöten bedroht. Erst die Einführung ertragreicher Getreide- und Reissorten in Verbindung mit

Bewässerung, Pestiziden und Kunstdünger brachte die Wende. Im Jahr 2011 überschritt die Erdbevölkerung die Marke von 7 Milliarden, im Jahr 2023 werden es 8 Milliarden sein. Im Jahr 2100 sollen nach den Prognosen der UNO zwischen 7 und 15 Mrd. Menschen auf der Erde leben[85]. Und aller Voraussicht nach werden sie nicht unbedingt Hunger leiden müssen. Das heißt aber nicht, dass die Erde beliebig viele Menschen ernähren kann. Das muss sie voraussichtlich auch nicht, denn die UNO erwartet, dass die Bevölkerungszunahme bald zum Stillstand kommen wird.

Endliche Ressourcen für wachsende Ansprüche

In ihrer Standardprognose geht die UNO davon aus, dass eine Frau am Ende dieses Jahrhunderts im Durchschnitt weniger als zwei Kinder zur Welt bringen wird. Damit geht die Bevölkerung der Welt langsam zurück. In vielen Industrieländern ist es heute schon so weit. Das Statistische Bundesamt errechnete für 2018 in Deutschland eine durchschnittliche Geburtenzahl von 1,56 pro Frau, für 2019 den etwas geringeren Wert von 1,54. Das reicht nicht, um die Bevölkerungszahl zu halten, dazu müsste eine Frau durchschnittlich etwa 2,1 Kinder gebären. Trotzdem ist die Bevölkerungsentwicklung in Deutschland nur schwer vorherzusagen. Schon seit Jahrzehnten strömen sehr viel mehr Menschen nach Deutschland, als von hier wegziehen. Dieser Zuzug ist aber nicht gleichmäßig stark.

Die *zwölfte koordinierte Bevölkerungsvorausberechnung* des Statistischen Bundesamtes von 2009 erwartete für das Jahr 2060 eine Bevölkerungszahl zwischen 65 und

70 Millionen.[86] Dann kam das Jahr 2015 mit einem Zuwanderungsüberschuss von 1,14 Mio. Menschen. Die 14. Vorausberechnung im Jahr 2018 berücksichtigte die neue Lage und kam auf 75 bis 80 Mio. Einwohner im Jahr 2060.[87] Das wäre immer noch ein deutlicher Rückgang, denn 2020 wohnten etwa 83 Mio. Menschen in unserem Land.

Auch die UNO tut sich mit genauen Prognosen schwer. Die obere und die untere Grenze der Prognose für 2100 liegen um etwa 8 Mrd. Erdenbürger auseinander. Katastrophen, die das Bevölkerungswachstum abrupt zum Stillstand bringen könnten, sind logischerweise nicht eingeplant. Die Prognosen verlängern eigentlich nur die Trends der Gegenwart linear in die Zukunft – und liegen deshalb auf mittlere Sicht fast immer falsch. Im besten Fall käme das Bevölkerungswachstum friedlich und geräuschlos bei etwa 8 Mrd. Menschen zum Stillstand. Dann besteht eine gute Chance, dass die Welt ein ähnlich hohes Ernährungs-, Bildungs- und Versorgungsniveau erreicht wie Mitteleuropa im Jahr 2000. Kriege, Klimawandel und Umweltverschmutzung wären dann Geschichte – und wir gerieten tatsächlich in die beste aller möglichen Welten.[88]

Vielleicht ist die Welt aber auch auf einem wesentlich steinigeren Weg unterwegs. Im Jahr 1972 kam das Buch *Die Grenzen des Wachstums* auf den Markt, das die Diskussion um die Malthusianische Katastrophe auf eine neue und breitere Grundlage stellte. Es löste einen ebenso hitzigen Expertenstreit aus wie 170 Jahre zuvor die Werke von Malthus. Schon die Vorgeschichte des Buchs ist ungewöhnlich. Im Jahre 1970 wollte der vom Fiat-Industriellen Aurelio Peccei gegründete *Club of Rome*[89] ein Projekt anstoßen, bei dem es um nicht weniger als die Zukunft der Menschheit ging. Es sollte insbesondere zwei Themen erforschen:

1. die Grenzen des Weltsystems und die Zwänge, die es dem Menschen auferlegt und die seine Aktivitäten lenken,
2. die herrschenden Kräfte und die zwischen ihnen wirkenden Beziehungen.

Der junge Wirtschaftswissenschaftler Dennis Meadows vom Massachusetts Institute of Technology in Cambridge (USA) schlug ein Computerprogramm vor, das die Entwicklung der Bevölkerung, der Rohstoffvorräte, der Industrieproduktion, der Landwirtschaft und der Umweltverschmutzung von 1900 bis 2100 simulieren sollte. Dabei mussten die Größen und ihre Abhängigkeiten so justiert sein, dass sie die Werte der Vergangenheit (1900 bis 1970) richtig wiedergaben. Das gefiel dem Club, und Meadows bekam grünes Licht für sein Vorhaben. Seine Gruppe entwarf ein System von rund 100 Faktoren, die in unterschiedlicher Weise aufeinander einwirkten, und berechnete dann verschiedene Szenarien. Im Standardmodell nahm sie an, dass alles so weiterging wie bisher (business as usual). Weitere Modelle sahen eine perfekte Bevölkerungskontrolle, unendliche Rohstoffreserven, unbegrenzte Nahrungsreserven oder eine vollständige Beherrschung der Umweltverschmutzung vor.

Die Ergebnisse waren in fast allen Fällen erschreckend. Im Standardmodell wachsen Bevölkerung, Industrieproduktion und Nahrungsmittelerzeugung zunächst exponentiell an, bis der Mangel an Rohstoffen zum Zusammenbruch der Industrieproduktion führt. Als Folge davon werden weniger Nahrungsmittel geerntet, die medizinische Versorgung leidet und die Todeszahlen steigen. Die Weltbevölkerung geht binnen weniger Jahrzehnte auf ein Drittel zurück. Auch eine unbegrenzte Rohstoffversorgung würde das nicht verhindern. Die Industrieproduktion stiege dann so lange, bis die Umweltverschmutzung die Menschen krank macht und die Nahrungsmittelproduktion beschneidet. Der Rückgang der Bevölkerung fällt in diesem Modell sogar noch drastischer aus. Beherrscht man auch die Umweltverschmutzung, steigt die Weltbevölkerung so lange an, bis die Nahrungsmittelproduktion zusammenbricht. Was immer die Arbeitsgruppe auch änderte, das exponentielle Wachstum von wenigstens einem der Parameter bewirkte erst einen steilen Anstieg und dann einen Zusammenbruch. Hinter diesen dürren Zahlen verbirgt sich allerdings eine humanitäre Katastrophe von nie gekanntem Ausmaß.

Nur eine perfekte Geburtenkontrolle in Verbindung mit einer Begrenzung der Industrieproduktion, einem weitgehenden Recycling von Rohstoffen und wirksamen Maßnahmen zur Bodenverbesserung führt zu einem stabilen Zustand. Er zeichnet sich durch ein dauerhaft verbessertes Nahrungsangebot, eine höhere Industrieproduktion pro Kopf und anhaltenden Wohlstand aus. Das funktioniert aber nur, wenn alle Begrenzungen vor dem Jahr 2000 eingeführt werden. Hätte Meadows' Gruppe Recht, wären wir im Moment in seinem Standardmodell unterwegs.

Die Simulation beruht auf stark vereinfachten Annahmen, denn anders hätte man sie mit den schwachbrüstigen Computern der damaligen Zeit nicht berechnen können. Die Ergebnisse der MIT-Arbeitsgruppe wurden im Jahre 1972 in mehreren Sprachen zugleich veröffentlicht. In Deutschland erschienen sie unter dem Titel: *Die Grenzen des Wachstums. Bericht des Club of Rome zur Lage der Menschheit.* Das Buch wurde über Nacht zu einem Weltbestseller. Im Folgejahr erhielt der Club of Rome den Friedenspreis des deutschen Buchhandels. Bis heute sind 30 Mio. Exemplare in mehr als 30 Sprachen verkauft. Im Jahr 1972 glaubten viele Menschen noch an die

Unfehlbarkeit von Computern und fassten die Modelle als Prognosen eines unabwendbaren Schicksals auf. Das hatten die Verfasser aber niemals beabsichtigt. Ihnen ging es darum, die weltweiten Zusammenhänge von Wirtschaft, Rohstoffen und Umwelt in einer vereinfachten Nachbildung zu studieren. Das Ergebnis war eindeutig: Ein Zusammenbruch schien unter allen realistischen Voraussetzungen unvermeidlich. Die Kritiker des Projekts zeigten sich davon weitgehend unbeeindruckt. In einem Interview mit dem Magazin *Wired* im Jahre 1997 erklärte der amerikanische Wirtschaftswissenschaftler Julian L. Simon:

> Die materiellen Lebensbedingungen werden sich für die meisten Menschen weiter verbessern, in den meisten Staaten, die meiste Zeit, ohne Grenzen. Binnen ein bis zwei Jahrhunderten werden alle Nationen und der größte Teil der Menschheit den heutigen westlichen Lebensstandard erreicht oder übertroffen haben.[90]

Die Menschen, so argumentierte Simon, schaffen sich die Ressourcen, die sie benötigen. Sie fördern nicht einfach Rohstoffe oder ernten das, was die Felder hergeben, nein, sie verbessern aktiv ihre Lebensbedingungen. „Die Menschen schaffen mehr als sie nutzen", sagte er. Das werde auch nicht aufhören. Auf dieser Grundlage gab er mehrfach Prognosen ab, die dem allgemeinen Konsens widersprachen, sich aber später als richtig herausstellten.

Nach dem Jom-Kippur-Krieg zwischen Israel und seinen Nachbarstaaten im Jahr 1973 ließ das Rohölkartell OPEC (Organization of the Petroleum Exporting Countries – Organisation erdölexportierender Länder) seine Muskeln spielen und erließ einen Erdölboykott gegen westliche Länder. Die OPEC kontrollierte mehr als die Hälfte der Erdölförderung und der Preis für Rohöl

schoss sofort in die Höhe. Das schien die Warner zu
bestätigen. Die westliche Zivilisation beruhte damals wie
heute auf Öl und den daraus gewonnenen Produkten.
Jetzt war dieser wertvolle Rohstoff plötzlich knapp und
teuer geworden. Die Zeit billiger Energie schien vorbei zu
sein. Simon wiederholte immer wieder, der Ölpreis werde
sinken, und siehe da: Er sank. Die Kartellabsprache hielt
nicht lange und der Preis pendelte sich auf ein niedrigeres
Niveau ein. Im Jahr 1980 ging Simon eine Wette mit Paul
Ehrlich ein, einem Wissenschaftler, der immer wieder
auf die Endlichkeit der Rohstoffe hingewiesen hatte.
Simon hatte Ehrlich herausgefordert: Sein Kontrahent
solle fünf Metalle aussuchen, deren Preis in den nächsten
zehn Jahren steigen würde. Der Gesamtwert wurde
auf 1000 US-Dollar festgelegt. Stieg der Preis, würde
Simon die Differenz an Ehrlich bezahlen, sank der Preis,
hätte Ehrlich einen Scheck für Simon auszustellen. Ehrlich nahm die Wette an und setzte je 200 US-Dollar auf
Chrom, Kupfer, Nickel, Zinn und Wolfram. Nach zehn
Jahren hatte sich der Wert des Depots ungefähr halbiert
und Ehrlich musste 576,07 US-Dollar an Simon zahlen.
War Ehrlich damit widerlegt? Lange Zeit schien es so.
Aber die Preise für Rohstoffe erwiesen sich als buchstäblich unberechenbar. Der Ölpreis beispielsweise stieg am 3.
Juli 2008 auf einen Rekordwert von rund 140 US-Dollar
pro Barrel (historisches Standardmaß = 159 L). Dann
stürzte er ab und stand zum Jahreswechsel 2008/2009 auf
weniger als 40 US-Dollar. In den Jahren 2011 bis 2014
hielt er sich über 100 US-Dollar und schwankte dann
zwischen 30 und 75 US-Dollar. Die Corona-Pandemie
von 2020 brachte die Nachfrage fast zum Stillstand und
der Ölpreis sank für einige Tage im April sogar unter null.

Letztlich ist die Entwicklung auf mittlere Sicht
unvorhersehbar. Sollten Öl, Kupfer, Silber, Zinn und
andere wertvolle Rohstoffe tatsächlich immer teurer

werden, fehlt uns bald das Geld für Investitionen. Dann würde die Industrieproduktion wahrscheinlich abstürzen, wie Meadows' Simulation es nahelegt. Technische Innovationen sollen solche Engpässe vermeiden helfen, aber die Entwicklung von neuen Produkten und Verfahren verschlingt möglicherweise mehr Geld und Zeit, als im Ernstfall zu Verfügung stehen.

Die Kontroverse um die Studie hält bis heute an. Der Journalist Alexander Neubacher schrieb am 31. Oktober 2011 im *Spiegel:* „Die Siebziger-Jahre-Studie des Club of Rome dürfte, gleich nach Johannes-Offenbarung und Maya-Kalender, die populärste Schauergeschichte aller Zeiten sein."[91] Und der Historiker Frank Uekötter spottete in der *Zeit* vom 3. Dezember 2012: „Das Weltmodell der Meadows-Studie verhielt sich zur Realität etwa so wie eine Modelleisenbahnanlage zum Betrieb der Deutschen Bahn."[92]

Sind die auf den langsamen Rechnern der 70er-Jahre erstellten Modelle also inzwischen längst obsolet? Meadows' Arbeitsgruppe verfeinerte und aktualisierte ihr Modell und legte im Jahr 2004 unter dem Titel *The Limits to Growth – The 30-year Update* eine Neuberechnung der Parameter vor. Die Ergebnisse änderten sich dadurch kaum. Der Menschheit droht noch immer ein überschießendes Wachstum mit anschließendem Zusammenbruch der Industrieproduktion. Das Ergebnis sind Missernten, Hungersnöte und eine Schwächung der Gesundheitssysteme mit einem nachfolgenden Massensterben. Eine australische Arbeitsgruppe stellte im Jahr 2008 fest, dass die Entwicklung der wichtigsten Parameter (Bevölkerung, Nahrungsmittel, Industrieproduktion, Umweltverschmutzung und Rohstoffvorräte) zwischen 1972 und 2008 recht genau mit den Vorhersagen von Meadows' Standardmodell übereinstimmt.[93] Kritiker weisen jedoch darauf hin, dass die Umweltverschmutzung in den Industrieländern trotz höherer Produktion zurückgegangen ist. Der Rhein war um 1960 biologisch fast tot, heute leben wieder mehrere Dutzend Fischarten darin. Der Himmel über dem Ruhrgebiet ist wieder blau. Nach der Wende wurde in den neuen Bundesländern die Braunkohle aus den Heizungsanlagen vertrieben, sodass der erstickend dichte Kohlenstaub aus der Luft verschwand.

Neuere globale Rechnungen hat es nicht gegeben, lediglich Ansätze dazu. Die internationale Arbeitsgruppe von Johan Rockström vom Stockholm Resilience Centre hat im Jahr 2009 das Konzept der „planetaren Grenzen" („planetary boundaries") vorgestellt.[94] Eine Überschreitung würde nach Ansicht der Autoren die Stabilität des globalen Ökosystems ernsthaft gefährden. Dabei geben sie einen grünen Bereich an, der nicht zu Problemen führt, einen gelben, in dem die Menschen eventuell unerwünschte Wirkungen anstoßen, und einen roten, der in jedem Fall Probleme schafft. Von neun Grenzen, die sie definiert haben, sind bisher drei im roten Bereich und drei weitere im gelben. Bei einem Update im Jahr 2015 verfeinerten die Autoren das Konzept.[95] Eine Besserung konnten sie nirgendwo feststellen, die Entwicklung verläuft nach wie vor bedenklich (vgl. Abb. 5.2). Sie gaben aber keine Prognose ab, in welcher Weise sich das Überschreiten der Grenzen auswirkt.

Könnte man Wirtschaftswachstum eventuell einfach anhalten? Es gibt eine umfangreiche Literatur über die sogenannte „Post-Wachstums-Ökonomie", in der genau das vorgeschlagen wird. Aber was nutzt das, wenn wir beim gegenwärtigen Stand schon zu viele Ressourcen verbrauchen? Wäre es dann nicht besser, das Geld aus dem Wachstum für den Umbau der Wirtschaft zu verwenden? Aber das sind müßige Überlegungen. Die Befürworter haben noch keinen Staat überzeugt, seine Wirtschaft auf null abzubremsen. Welcher Politiker möchte schon

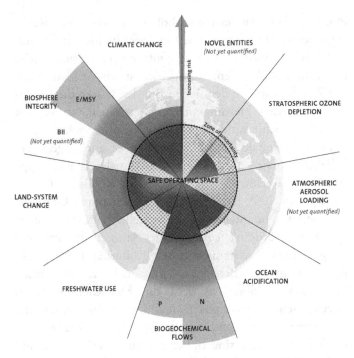

Abb. 5.2 Planetare Grenzen (planetary boundaries). Die gepunktete Zone ist der sichere Bereich, die Größe der Erdkugel ist die absolute Grenze. (Credit: J. Lokrantz/Azote based on Steffen et al. 2015)

verantworten, den Verzicht auf den Zuwachs an Geld, Arbeitsplätzen und steuerfinanzierten Wohltaten durchzusetzen? Außerdem gibt es ein anderes, bisher noch nicht angesprochenes Problem: Banken vergeben nur dann Kredite, wenn sie einigermaßen sicher sind, ihr Geld zurückzuerhalten. Wenn der Staat ausdrücklich ein Wachstum ausschließt, bekommen Firmen und Privatleute sehr viel schwerer Kredite und die Gefahr einer nicht mehr steuerbaren Rezession steigt.

In den meisten Schwellenländern hängt die Legitimation der Staatsführung unmittelbar vom Wirtschaftswachstum ab. Die Regierungen von China, Indien, Indonesien oder Brasilien versprechen den Menschen einen ständig wachsenden Wohlstand – bisher mit Erfolg. Und daraus beziehen sie einen guten Teil ihrer Legitimation. Auch Donald Trump verdankte seinen Erfolg bei der Wahl 2016 nicht zuletzt den Stimmen der Industriearbeiter, denen er Wirtschaftswachstum und Arbeitsplätze versprach. In Kap. 9 werde ich das Thema noch einmal aufgreifen.

Nachhaltigkeit als instrumentalisierte Leerformel

Die Weltkommission für Umwelt und Entwicklung (Brundtland-Kommission), von der UNO im Jahr 1983 eingesetzt, trug maßgeblich dazu bei, den Begriff Nachhaltigkeit bekannt zu machen. In ihrem vier Jahre später veröffentlichten Bericht definierte sie nachhaltige Entwicklung als „Entwicklung, die den Bedarf der Gegenwart deckt, ohne die Fähigkeit zukünftiger Generationen einzuschränken, ihren eigenen Bedarf zu decken".[96]
Das ist kurz und einprägsam und deshalb orientieren sich viele nachfolgende Schriften daran. Aber die Definition lässt sich dehnen wie Kaugummi. Wer kennt schon den Bedarf künftiger Generationen? Und wann ist unser gegenwärtiger Bedarf gedeckt? Der Enquete-Kommission des Deutschen Bundestages unter dem Titel *Globalisierung der Weltwirtschaft – Herausforderungen und Antworten* war selbst die nebelhafte Formulierung der Brundtland-Kommission noch zu konkret. Sie orakelte 2002 in ihrem Abschlussbericht:

Eine nachhaltig zukunftsverträgliche Wirtschaft und Gesellschaft lässt sich nicht anhand exakter Kriterien abschließend definieren und im Sinne eines detaillierten Zielsystems steuern. Grundlage aller Vorgehensweisen muss vielmehr zukunftsbezogenes Lernen, Suchen nach entsprechenden Kriterien und der Wille zum Gestalten sein – ein Prozess also, der sich durch ein gewisses Maß an Offenheit und Unsicherheit auszeichnet.[97]

Lernen, Suchen, Wille, Offenheit, Unsicherheit – der Bericht zerfleddert den Begriff der „Nachhaltigkeit" bis zur Beliebigkeit.

Der Duden definierte im Jahr 2020 kurz und knapp:

a) forstwirtschaftliches Prinzip, nach dem nicht mehr Holz gefällt werden darf, als jeweils nachwachsen kann.

b) Prinzip, nach dem nicht mehr verbraucht werden darf, als jeweils nachwachsen, sich regenerieren, künftig wieder bereitgestellt werden kann.

Während die Brundtland-Kommission Nachhaltigkeit als *Entwicklung* sieht, bezeichnet sie die Enquete-Kommission eher als *Prozess* und der Duden als *Prinzip*. Dennis Meadows hat das Konzept der „nachhaltigen Entwicklung" deutlich kritisiert. Bei einem Symposium der Volkswagenstiftung zum 40. Jahrestag des Erscheinens seiner Studie im November 2012 erklärte er, sie basiere auf fünf Grundannahmen: Erstens müssen die Reichen nichts abgeben, damit zweitens die Armen trotzdem genauso reich werden wie sie. Dazu müssen wir drittens am Wirtschaftssystem nichts ändern. Viertens werden neue Techniken den Energieverbrauch von der Wirtschaftsleistung abkoppeln. Das Ganze setzt fünftens weiteres Wachstum voraus, mit dem wir die Probleme lösen können, die durch das Wachstum erst entstanden sind.[98]

Irgendwann, so kann man seine These zusammenfassen, wird die Schraube überdreht und das System bricht zusammen. Letztlich ist „Nachhaltigkeit" in erster Linie eine Betonung des guten Willens, denn die Wirkung einer als „nachhaltig" beworbenen Maßnahme zeigt sich erst so spät in der Zukunft, dass die heutige Generation für eventuelle Fehler nicht mehr belangt werden kann.

Daran ändert auch das heute viel beschworene „grüne" Wachstum (Entkoppelung von Wirtschaftswachstum und Umwelteinwirkung) nichts.

Salopp gesagt, ist es die Grundidee der Nachhaltigkeit, dass wir hinter uns gründlich aufräumen, ganz so, als hätten wir in einem abgelegenen Wald ein Picknick veranstaltet und wollten keinen Müll hinterlassen. Allerdings: Der relativ gute Zustand der Umwelt in Deutschland ist kein Naturzustand. Nur die ständige Klärung von Abwässern hält die Flüsse sauber. Unsichtbare Arbeiter befreien Städte, Verkehrswege und selbst die Wälder ständig vom Wohlstandsmüll. So schwer es auch manchmal fällt, das zuzugeben: Wir haben auch die scheinbar unberührte Natur in ganz Deutschland (und großen Teile von Europa) zu einem Teil unserer Infrastruktur gemacht.

Unsere Lebensweise hat schon heute dazu geführt, dass echte Nachhaltigkeit nicht mehr zu erreichen ist. Beispiele:

- Mineralische Rohstoffe wie manche Metalle oder sogar Sand[99] werden bald knapp. Sie regenerieren sich aber nicht, wenn man den Abbau einstellt.
- Der Klimawandel ist nicht mehr rückgängig zu machen. Die Welt ist bis 2020 schon um 1,3 °C wärmer geworden (Basis 1880–1909).[100] Selbst wenn alle Staaten der Erde ihre Treibhausgasemissionen so weit reduzieren, wie sie es versprochen haben, werden

noch mindestens 1 °C, eher 1,5 °C hinzukommen. Das ist nicht reversibel, weil CO_2 einige Tausend Jahre in der Atmosphäre verbleibt.

- Der Anstieg des Meeresspiegels bedroht schon jetzt viele Küsten. Überschwemmungen werden häufiger, und in flachen Küstenregionen versalzen die Böden. Die meisten Simulationen erwarten eine Fortsetzung des Trends für mehrere Jahrhunderte, selbst wenn die globale Erwärmung auf 2 °C begrenzt wird.

- Der Eintrag von Plastik in die Ozeane hat bereits ein unerträgliches Ausmaß erreicht und wird voraussichtlich weiter steigen.[101] Mikroplastik findet sich inzwischen überall in unserer Umwelt, auch in Menschen und Tieren. Es könnte erheblichen Schaden anrichten und müsste eigentlich beseitigt werden – aber wie will man eine ganze Planetenoberfläche säubern?

- Die UNO hat das Jahrzehnt von 2021 bis 2030 zur Dekade für die Restaurierung der Ökosysteme ausgerufen. „Es gab nie eine dringendere Notwendigkeit als heute, beschädigte Ökosysteme in Ordnung zu bringen", schreibt die UNO auf der Homepage der Initiative.[102] Sie hat zweifellos recht. 38.000 Quadratkilometer tropischer Regenwald gingen allein 2019 verloren. Viele Arten darin sterben aus, ehe sie überhaupt katalogisiert sind. Nur: Ausgestorbene Arten können nicht restauriert werden. Sie bleiben verschwunden, die Ökosysteme sind dauerhaft verändert.

Nachhaltigkeit kann im kleinen Maßstab funktionieren, aber nicht weltweit. Da müssten wir unser Wirtschaftsmodell schon brutal umstellen. Das hat Dennis Meadows mit seiner Kritik sehr gut auf den Punkt gebracht. Tut mir leid, Sie enttäuschen zu müssen.

Wie man Nachhaltigkeit misst

Wissenschaftler lieben exakte Zahlen – selbst dann, wenn sie sich eigentlich nicht genau bestimmen lassen. Der Schweizer Ingenieur und Stadtplaner Mathis Wackernagel entwickelte im Zuge seiner Dissertation an der University of British Columbia in Vancouver zusammen mit William Rees eine Maßeinheit für den Verbrauch von ökologischen Ressourcen, den sogenannten *ökologischen Fußabdruck*.[103] Der Fußabdruck „bestimmt das natürliche Angebot der Biokapazität, ausgedrückt in produktiver Fläche, und setzt es ins Verhältnis zur Nachfrage durch den Menschen".[104] Anders ausgedrückt: Der Mensch braucht Nahrung, er verbrennt Kohle, Öl und Gas und baut Baumwolle für Kleidung an. Er schlägt Holz und gibt Abwasser in die Umwelt ab. Wackernagel und Rees haben sich gefragt, wie viel Fläche die Natur braucht, um all das zu regenerieren und das CO_2 aus den fossilen Brennstoffen wieder zu absorbieren (wobei nur das CO_2 gezählt wird, das nicht von den Ozeanen aufgenommen wird). Nun ist die Natur nicht überall gleich produktiv. Also nahmen die Wissenschaftler Durchschnittswerte und schufen daraus einen Globalen Hektar mit einer definierten Regenerationsleistung.

Wenn man jetzt den Ressourcenverbrauch der Menschheit dagegen aufrechnet, kommt ein Defizit heraus. Seit etwa 1970 verbraucht die Menschheit mehr als nachwächst, und zwar mit steigender Tendenz. Dabei ist es nicht so, dass die einzelnen Menschen mehr Ressourcen verbrauchen, sondern die Zunahme der Weltbevölkerung führt zu einem immer stärkeren Missverhältnis zwischen Verbrauch und Regeneration (vgl. Abb. 5.3). Dabei ist der Verbrauch von mineralischen Rohstoffen nicht einmal berücksichtigt.

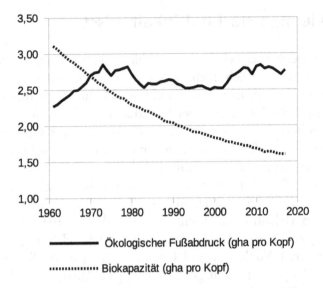

Abb. 5.3 Biokapazität gegen Ressourcenverbrauch. Einheit ist Globaler Hektar (gha), siehe Text. Daten von Global Footprint Network. Lizenz: Creative Commons CC-BY-SA 4.0

Wackernagels Ansatz ist nicht perfekt. Der ökologische Schaden, den die Menschen verursachen, lässt sich kaum mit einer einzigen Zahl einfangen. Die geistige Leistungsfähigkeit eines Menschen wird durch den Intelligenzquotienten ja auch nur sehr grob erfasst. Aber die Konzepte sind einfach und einprägsam. Deshalb haben sie sich durchgesetzt.

Im Jahr 2003 gründete Wackernackel mit Susan Burns das Global Footprint Network (GFN). Es unterhält Partnerschaften mit über 100 Organisationen und berät Regierungen, die UNO und die EU. Am bekanntesten ist das GFN durch die jährliche Festlegung des Earth Overshoot Day.[105] Das ist der Tag, ab dem die Menschen die natürlichen Ressourcen übernutzen.

Im Jahr 2000 lag er am 23. September, 2010 bereits am 7. August. Neun Jahre später war er auf den 29. Juli vorgerückt. Im Jahr 2020 ging die Wirtschaftsleistung der Welt durch die Corona-Pandemie deutlich zurück und die Erde hatte etwas Erholungszeit. Der Earth Overshoot Day verschob sich auf 22. August.

Das ändert aber nichts daran, dass die Menschheit sich benimmt, als hätte sie etwa 1,6 Erden zur Verfügung. Leider merken wir nicht direkt, dass unsere Ressourcen schwinden. Wenn ich aus einem Wald mehr Holz heraushole als nachwächst, dann kann ich das so lange fortsetzen, bis der letzte Baum gefällt ist. Erst dann bricht meine Holzwirtschaft schlagartig zusammen.

Genau diese Gefahr sieht auch Wackernagel und er möchte davor warnen, bevor es zu spät ist. Bisher hat das leider wenig genutzt und wir treiben immer noch auf den Kollaps zu. Vielleicht werden unsere Nachfahren irgendwann ihren ungläubig lauschenden Kindern erzählen, dass viele Menschen einst einen wundersamen Kasten von der Größe ihrer Hand besaßen. Er verband sie auf einen Fingerzeig hin mit jedem ihrer Freunde und zeigte auf seiner Oberfläche die Weisheit aller Bücher der Welt an.

Ökologie und Landwirtschaft

Seit den düsteren Warnungen von Thomas Malthus vor mehr als 200 Jahren ist die Ernährungskatastrophe regelmäßig ausgeblieben. Das heißt aber nicht, dass sich die landwirtschaftlichen Erträge auch weiterhin im bisherigen Tempo steigern lassen. Die weit verbreitete künstliche Bewässerung führt schon heute auf riesigen Flächen zur Versalzung des Bodens. Resistente Schädlinge fressen immer größere Teile der Ernten. Nach jeder Dürre trägt der Wind die staubtrockene Ackerkrume davon und lässt nur unfruchtbaren Boden zurück. Auch der Zugang zu sauberem Wasser wird in vielen Weltgegenden zunehmend schwieriger. Bis 2040 braucht die Welt etwa ein Drittel mehr Wasser und Nahrung, wenn alle Menschen genügend zu essen haben sollen. Die Anbauflächen werden aber eher kleiner werden, während die Bodenqualität abnimmt. Damit könnten wir fertig werden, wenn wir genug Zeit zur Entwicklung neuer Strategien hätten. Das sieht aber bisher nicht so aus.

Wegen des ständigen Anstiegs der Treibhausgase hat das Weltklima keine Zeit, in einen neuen stabilen Zustand überzugehen. Selbst zu Beginn und am Ende der letzten Eiszeiten stiegen oder sanken die weltweiten Temperaturen wesentlich langsamer als heute. Wir sollten uns auf eine krisenhafte Instabilität vorbereiten – nicht irgendwann in der Zukunft, sondern ab sofort. In Mitteleuropa könnte beispielsweise der Regen mehrere Sommer lang ausbleiben oder, im Gegenteil, wochenlang anhalten. Das Frühjahr wird vielleicht übermäßig heiß, aber der eigentliche Sommer bleibt kühl. Die Monsunregen in Asien verlieren ihre Zuverlässigkeit. Sie treten zu ungewohnten Zeiten auf, setzen ganze Landstriche unter Wasser oder bleiben ganz aus. Diese Entwicklung vergrößert die Wahrscheinlichkeit von katastrophalen Missernten, denn die Landwirtschaft ist auf verlässliche Temperaturen und Regenmengen angewiesen.

Die Flucht von Menschen aus Hungergebieten könnte eine neue Völkerwanderung in Gang setzen, ähnlich wie am Ende der Antike. Wir steuern auf interessante Zeiten zu.[106]

Fazit

In der Gesamtschau ist ein übermäßiges Wachstum mit anschließendem Zusammenbruch durchaus wahrscheinlich. Zurzeit pflastern wir den Weg vor uns mit guten Vorsätzen, während es um uns herum immer heißer wird. Man könnte das als Indiz betrachten, dass wir in die falsche Richtung unterwegs sind. Die erratischen Reaktionen der westlichen Gesellschaft auf das Fortschreiten der aktuellen Corona-Pandemie wecken allerdings wenig Hoffnung auf Einsicht. Während die Wissenschaft in Rekordzeit Impfstoffe entwickelte und das medizinische Personal monatelang Übermenschliches leistete, traute sich die Politik nicht, harte Entscheidungen zu treffen. Und ein kleiner, aber lautstarker Teil der Gesellschaft zog es vor, das Problem komplett zu leugnen.

Vielleicht schafft es Elon Musk rechtzeitig, seine Kolonie auf dem Mars zu errichten, die unsere Zivilisation fortführen soll.[107] Wenn nicht, sollten wir schon einmal üben, ohne Smartphones zurechtzukommen. Besser wäre es natürlich, die drängendsten Probleme rechtzeitig zu lösen oder wenigstens einige Vorkehrungen zu treffen.

Wenn Sie das alles etwas erschüttert, dürfen Sie gerne zu Kap. 9 vorblättern, in dem ich Vorschläge zur Abwendung des drohenden Kollapses aufgeschrieben habe. Die Kap. 6 bis 8 behandeln unabhängige Themen und Sie können sie auch später lesen.

6

Die vielen Wege in die Zukunft

Zusammenfassung Von jeher versuchen Menschen, die Zukunft vorherzusagen. Astrologen, Sibyllen und Propheten genossen schon im Altertum hohes Ansehen. Heute verlassen sich Poltiker und Manager nicht mehr auf Orakel und Omen. Modelle, Projektionen, Krisenszenarien und Planspiele sollen Staaten und Konzerne gegen künftige Gefahren wappnen oder lukrative Geschäftsstrategien erkennen. Aber lässt sich die Zukunft überhaupt ausreichend genau berechnen? Und wie lässt sich die Wirkung von disruptiven Ereignissen wie Vulkanausbrüchen, Weltkriegen oder Pandemien erfassen und modellieren?

Ganz einfach kann es nicht sein, die Zukunft der Welt vorherzusagen. Sonst hätte es schließlich schon jemand geschafft. Aber niemand hat beispielsweise im Jahr 1975 für 2015 eine Prophezeiung wie diese abgegeben:

„Die Rechenleistung eines heutigen Großcomputers wird in Telefonen von Form und Größe eines kleinen

© Springer-Verlag GmbH Deutschland, ein Teil von Springer Nature 2021
T. Grüter, *Offline!*, https://doi.org/10.1007/978-3-662-63386-1_6

Notizbuchs eingebaut sein. Auf der Oberseite tragen sie einen flachen Bildschirm, wie ein Fernseher, nur in Farbe. Man kann mit ihnen überall hin telefonieren und dabei seinen Gesprächspartner sogar sehen. Sie ersetzen auch einen Fotoapparat und eine Filmkamera. Das ganze Wissen der Welt lässt sich auf die Anzeige holen. Ach ja, die Geräte können auch auf einen Meter genau angeben, wo man sich befindet."

Und selbst wenn jemand diese Prognose erstellt hätte – wer hätte sie geglaubt? Auch in der Politik hat es unerwartete Umbrüche gegeben. Nehmen wir an, ein Buchautor hätte im Jahr 1987 geschrieben:

„In fünf Jahren wird die Sowjetunion zerfallen sein, ihr Imperium hat sich aufgelöst. Der real existierende Sozialismus ist abgeschafft. Deutschland ist wiedervereint, weil die DDR-Volkskammer den Antrag gestellt hat, in die Bundesrepublik aufgenommen zu werden."

Kritiker hätten diese Vorhersage vermutlich ins Reich der Alternativweltgeschichten verbannt. Tatsächlich hat aber auch kein Politiker oder Wissenschaftler eine solche Vorhersage abgegeben. Kein Astrologe hat sie aus den Bewegungen der Gestirne abgelesen, kein Wahrsager sie in seiner Kristallkugel gesehen.

Trotzdem haben wissenschaftliche, fiktionale und magische Zukunftsprognosen Konjunktur. Und das nicht erst im 21. Jahrhundert. Schon Cicero zerfetzte in seiner Schrift *De divinatione* die damaligen Wahrsagetechniken, die er als unwissenschaftlich betrachtete. Ihre Vorhersagen fand er wertlos.

Aber Wahrsager und Orakeldeuter jeder Couleur hatten damals wie heute ein auskömmliches Leben. Der Astronom Kepler (1571–1630) verdiente sein Geld zeitweilig mit dem Erstellen von Horoskopen. Der berühmte Naturwissenschaftler Isaac Newton (1643–1727) errechnete aus dubiosen Bibelversen einen Termin für das Weltende. Auch heute wüssten wir gerne, was uns erwartet.

Werden uns in 20 Jahren intelligente elektronische Assistenten auf allen Wegen begleiten? Werden unsere Häuser selbsttätig ihren Energieverbrauch optimieren und zugleich perfekten Komfort bieten? Wird unsere Kleidung ständig unseren Gesundheitszustand kontrollieren und uns bei Bedarf warnen?

Oder wird eine globale, allgegenwärtige Diktatur jeden unserer Schritte überwachen, alle Äußerungen und Gesten speichern und auswerten? Wird das Internet uns Sicherheit gewähren oder wird es uns mit tausend klebrigen Fäden einspinnen?

Oder wird die digitale Kommunikation bereits zusammengebrochen sein und die Smartphones zu nutzlosen Spielzeugen mit bunten Bildschirmen degradiert haben? Ein Atomkrieg könnte einen weltweiten Temperatursturz und eine mehrjährige Hungersnot auslösen. Schon in der Vergangenheit ist die Welt mehrfach nur um Haaresbreite einem globalen Atomkrieg entkommen.

Auch Romanautoren befassen sich gerne mit der Zukunft. Manche sehen die Welt auf einem guten Weg und schreiben Utopien – positive Zukunftsvisionen. Das Gegenteil sind Dystopien. Sie greifen Fehlentwicklungen der Gegenwart auf und warnen vor ihren Folgen. Das *Star Trek*-Universum ist eine Utopie. Die Menschen haben sich zu einer weltweiten Demokratie zusammengeschlossen und erobern die Milchstraße.

Klassische Dystopien wie George Orwells *1984* oder Ray Bradburys *Fahrenheit 451* denken gesellschaftliche Entwicklungen konsequent zu Ende und legen damit ihre unmenschliche Dimension bloß.

Die Cyberpunk-Romane befassen sich dagegen mit der dunklen Seite der Digitalisierung. In ihnen beherrschen große Konzerne die Welt, die Computertechnologie überwacht die Menschen überall und ständig. Roboter und Cyborgs schicken sich an, die Weltherrschaft zu übernehmen. Margaret Atwood schuf mit ihrem Endzeitroman *Oryx und Craig* ein Panoptikum der Schattenseite unserer heutigen Gesellschaft. Irgendwann zieht einer der Protagonisten den Schlussstrich und vernichtet die Menschheit.

Das alles sind natürlich Produkte der Fantasie. Aber deshalb sollte man trotzdem darüber nachdenken. Die Autoren gehen von der Gegenwart aus, projizieren heutige Trends in die Zukunft und zeigen, was geschehen könnte, wenn man nicht rechtzeitig gegensteuert.

Wissenschaftler müssen da anders arbeiten. Weil sie aber auch nichts Genaues wissen, verlassen sie sich gerne auf die Erfahrung von Experten. Aber wie bringt man Experten dazu, sich zu einigen?

Wie man die Zukunft vorhersagt

Der Forscher einer Zukunftsstudie fragt in der ersten Runde eine ganze Reihe von Fachleuten nach ihrer Meinung zu einem bestimmten Thema oder einem Trend. Für eine zweite Runde bereitet er die Antworten statistisch auf und schickt sie erneut an die gleichen Fachleute. Er lässt sie beispielsweise wissen, dass 70 Prozent dem angefragten Trend große Chancen einräumen, 20 Prozent nur geringe Chancen und weitere 10 Prozent nicht daran glauben, dass er sich durchsetzt. Er bittet dann erneut um Kommentare und Bewertungen. Nach einigen Runden kristallisiert sich ein Gruppenkonsens heraus. Dieses Verfahren ist als *Delphi-Methode* bekannt, nach dem gleichnamigen Orakel. Leider werden die Ergebnisse beim mehrfachen Rotieren durch die Gruppe rund geschliffen wie Bachkiesel. Als konkrete Leitfäden sind sie dann ebenso unbrauchbar wie Zeitungshoroskope.

In der *Szenariotechnik* erstellt eine Gruppe Szenarien, also plausible Abfolgen von untereinander verbundenen Ereignissen. Sie sollen so gestaltet sein, dass sie Politiker oder Manager, die damit konfrontiert werden, zum Handeln zwingen. Darauf aufbauend entstehen dann Denkmodelle und Handlungsvorschläge. Über das genaue Vorgehen gibt es in der Literatur verschiedene Vorstellungen.

Die *Futures-Wheel-Methode* geht ähnlich vor. Eine Gruppe hat den Auftrag, ein vorgegebenes Ereignis in die Mitte eines Blatts (oder auf ein Tablet, ein Whiteboard, eine Tafel) zu zeichnen und sich die direkten Konsequenzen daraus zu überlegen. Sie werden in einem Kreis um das Zentrum herum notiert. Die indirekten Konsequenzen, die sich aus der ersten Runde der gemeinsamen Überlegungen ergeben, schreibt man in einen äußeren Kreis. Letztlich ist das Ganze aber eher eine Methode für die Vorbereitung auf eine akute Krise in einem kleinen oder mittleren Unternehmen. Für die globale Zukunftsvorhersage oder Krisenvorsorge eignet es sich nicht.

Es gib noch andere, ähnliche Methoden, um einen Konsens zu erreichen. Aber der Abschlussbericht der Sitzungen spiegelt in erster Linie die Hierarchie und Dynamik der Gruppe wider, nicht das logisch sinnvollste Ergebnis der Diskussion. Im Regelfall einigen sich die Gruppenmitglieder auf den kleinsten gemeinsamen Nenner und produzieren ein völlig nichtssagendes Ergebnis.

Die Chronik der kommenden Ereignisse

Science-Fiction-Autoren nutzen gerne die Future History (Geschichte der Zukunft). Sie erstellen eine fiktive Abfolge von Ereignissen, die das Leben der Menschen in der Zukunft bestimmen. Hier siedeln sie dann ihre Geschichten an.

Manche Forscher versuchen sogenannte Megatrends zu identifizieren. Darunter versteht man längerfristig wirkende, besonders einflussreiche Strömungen in der Gesellschaft. Der umtriebige amerikanische Politikwissenschaftler John Naisbitt machte 1982 den Begriff mit seinem Buch *Megatrends* international bekannt.

Leider sind sich die Forschergruppen nicht einig, wie viele Megatrends existieren, welche Eigenschaften sie auszeichnen, wie sie voneinander abgegrenzt sind und wie sie untereinander wechselwirken. Je nach Zielgruppe fallen die Einteilungen sehr verschieden aus. Sehen wir uns zwei Beispiele an:

Das im deutschsprachigen Raum gut bekannte Zukunftsinstitut des selbst ernannten Zukunftsforschers Matthias Horx mit Niederlassungen in Kelkheim und Wien sieht sich als „international führender Ansprechpartner bei Fragen zur Entwicklung von Wirtschaft und Gesellschaft". Es möchte Potenziale aufzeigen, „um Unternehmen und Entscheidern dabei zu helfen, zukunftsweisende Strategien und Innovationen zu entwickeln".[108] Im Jahr 2020 hat es zwölf Megatrends identifiziert, an denen es seine Vorhersagen ausrichtet:[109]

- Wissenskultur,
  also der Umgang mit Wissen. Hängt eng mit Konnektivität zusammen.
- Urbanisierung
  und die damit verbundene Veränderung der Lebensweise.
- Konnektivität,
  wegen der Digitalisierung der wichtigste Trend unserer Zeit.

- Neo-Ökologie
  führt zu einer Neuausrichtung der Werte in Politik und Wirtschaft.
- Individualisierung
  als zentrales Grundprinzip der westlichen Gesellschaft.
- Gesundheit
  wird als eigener Wert immer wichtiger.
- Gender Shift,
  das Geschlecht wird wechselhaft.
- New Work
  bedeutet, dass der Mensch den Sinn seiner Arbeit hinterfragt.
- Mobilität,
  ein neues, multimobiles Zeitalter beginnt.
- Silver Society,
  die Gesellschaft wird trotz Alterung vitaler und stellt neue Ansprüche.
- Sicherheit,
  wir leben in der sichersten Zeit, und das ist uns trotzdem nicht genug.

Die Zusammenstellung wirkt etwas willkürlich. Individualität ließe sich auch unter Gender Shift, Urbanisierung, Konnektivität und New Work abhandeln. Künstliche Intelligenz kommt als Megatrend nicht vor, obwohl sehr viele Experten sie als einen der bedeutendsten – aber zugleich unberechenbarsten – Trends der Gegenwart ansehen. Auch das Thema Kryptowährungen, also digitale Zahlungsmittel wie Bitcoins, sucht man vergeblich. Auch dieser Trend hat aber zweifellos einige Bedeutung. Die Europäische Zentralbank überlegt bereits, ob sie einen digitalen Euro herausgeben soll.[110]

Die Erläuterungen zu den einzelnen Megatrends betonen mehrfach, dass die Gesellschaft und nicht die Politik die Richtung bestimmt. Der Grundton ist optimistisch. Die oft beschworene Verunsicherung in der Bevölkerung sei ein Trugschluss: „Wir leben in der sichersten aller Zeiten."

Die Überalterung in den Industriegesellschaften ist eine Chance: „Ein neues Mindset bereitet den Weg für eine Gesellschaft, die gerade durch die veränderte Altersstruktur vitaler wird denn je. Sie verabschiedet sich vom Jugendwahn, deutet Alter und Altern grundlegend um."

Politische Trends wie Populismus, Nationalismus oder der Aufstieg autoritärer Führungsfiguren in immer mehr Staaten spielen keine Rolle. Auch das veränderte Gesicht internationaler Konflikte mit mehr Stellvertreterkriegen, Söldnern oder schwelenden Konflikten gehört nicht zu den Megatrends. Das Zukunftsinstitut ist mehr auf wirtschaftlich interessante Entwicklungen spezialisiert. Wer Genaueres wissen möchte, kann für 750 Euro die vollständige Megatrends-Dokumentation erwerben.[111]

Günstiger erhält man die Erkenntnisse der US-Geheimdienste:[112] Man kann sie kostenlos im Internet herunterladen. Das National Intelligence Council (NIC) hat die folgenden sieben „Global Trends" ausgemacht (direkt aus dem Englischen übersetzt, der Stil ist etwas bürokratisch):[113]

Die Reichen werden älter, die Armen nicht

Die Anzahl der Menschen im arbeitsfähigen Alter schrumpft in reichen Staaten, China und Russland. Sie wächst in Entwicklungsländern besonders in Afrika und Südasien und erhöht den wirtschaftlichen Druck, verstärkt die Landflucht, verschärft das Arbeitslosenproblem. Die Folge ist verstärkter Migrationsdruck. Schulische und berufliche Ausbildung werden in entwickelten und weniger entwickelten Ländern immer wichtiger.

Die globale Wirtschaft verändert sich. Schwaches Wirtschaftswachstum wird in der nahen Zukunft anhalten
Die großen Wirtschaftsnationen werden mit dem Problem einer schrumpfenden Zahl von Arbeitskräften und geringerem Produktivitätszuwachs zu kämpfen haben. Das erschwert die Erholung von der Finanzkrise 2008/2009, die hohe Schulden, schwache Nachfrage und Zweifel an der Globalisierung hinterlassen hat. China wird versuchen, von einer bisher export- und investitionslastigen Wirtschaft auf eine von der Binnennachfrage getragene Wirtschaft umzustellen. Das geringere Wachstum wird die Verringerung der Armut in den Entwicklungsländern gefährden.

Technologie beschleunigt den Fortschritt, erzeugt aber Brüche
Schneller technischer Fortschritt wird den Wandel beschleunigen und neue Gelegenheiten eröffnen, aber auch die Kluft zwischen Gewinnern und Verlierern vertiefen. Automation und künstliche Intelligenz drohen ganze Industriezweige schneller zu verändern, als die Volkswirtschaften sich anpassen können. Das wird Arbeitsplätze verdrängen und armen Ländern den normalen Weg zur Entwicklung verengen.

Ideen und Identitäten werden eine Welle von Abschottungen erzeugen
Wachsende globale Netzwerke bei gleichzeitig schwachem Wachstum werden Spannungen innerhalb von und zwischen Gesellschaften erhöhen. Populismus wird im rechten und linken Spektrum erstarken und die Mitte (im Original: liberalism) gefährden. Einige Staatsführer werden den Nationalismus anheizen, um ihre Stellung zu sichern. Der Einfluss der Religion wird wichtiger und sie entwickelt mehr Autorität als viele Regierungen. In fast

allen Staaten werden wirtschaftliche Kräfte den Status von Frauen verbessern und sie vermehrt in Führungsrollen bringen. Rückschläge werden aber ebenfalls vorkommen.

Regieren wird schwieriger

Die Öffentlichkeit in vielen Ländern erwartet, dass die Regierungen für Sicherheit und Wohlstand sorgen. Aber stagnierende Einnahmen, Misstrauen, Polarisierung und eine wachsende Liste von neuen Problemen werden das Regieren erschweren. Neue Technologien ermöglichen mehr Akteuren, politisches Handeln zu blockieren oder zu umgehen. Angesichts der wachsenden Zahl von Akteuren, darunter NGOs (Non-Government Organisations), Konzernen und Einzelpersonen wird es schwieriger, globale Themen anzugehen. Das Ergebnis sind mehr Ad-hoc-Aktionen und weniger umfassende Anstrengungen.

Konflikte werden anders ausgetragen

Das Risiko von Konflikten nimmt zu, weil große Mächte gegensätzliche Interessen haben, die Terrorgefahr steigt, schwache Staaten instabil bleiben und sich neue, tödliche Technologien ausbreiten. Angriffe auf die Zivilgesellschaft nehmen zu, weil Infrastrukturen Ziel von verdeckten Attacken mit Präzisionswaffen, Cyberattacken und automatischen Systemen werden. Die technischen Voraussetzungen zur Herstellung von Massenvernichtungswaffen werden leichter zugänglich.

Klimawandel, Umwelt und Gesundheit erfordern Aufmerksamkeit

Eine ganze Reihe von globalen Risiken stellen unmittelbare und längerfristige Bedrohungen dar, die nur gemeinsam bekämpft werden können, während gleichzeitig die Zusammenarbeit schwieriger wird. Die Zunahme von Extremwetter, Wassermangel, Bodenbelastung und unsicherer Nahrungsmittelversorgung zerstören menschliche Gemeinschaften. Der Anstieg des Meeresspiegels, die Versauerung der Ozeane, die Gletscherschmelze und die Umweltverschmutzung werden die Lebensweise vieler Menschen verändern. Der Klimawandel wird mehr und mehr zu Spannungen führen. Fernreisen und schlechte Gesundheitsversorgung machen ansteckende Krankheiten gefährlicher.

Dem NIC geht es eher um politische Trends, während das Zukunftsinstitut vorwiegend Entscheidungshilfen für die Wirtschaft anbietet. Das erklärt auch den zuversichtlichen Grundton: Für Manager sind Trends in erster Linie Chancen. Wer früh aufspringt, verdient das meiste Geld. Um die Niederungen der Politik sollen sich andere kümmern. Liest man die Erläuterungen zu den Megatrends im Webportal des Zukunftsinstituts, fühlt man sich unweigerlich an ein Horoskop erinnert. Zum Beispiel:

„Innovation schlägt Tradition, das Geschlecht verliert das Schicksalhafte, die Zielgruppe an Verbindlichkeit." (Gender Shift).

„Denn Arbeit steht im Dienst des Menschen: Wir arbeiten nicht mehr, um zu leben, und wir leben nicht mehr, um zu arbeiten." (New Work).

„Was wir erleben, ist eine Evolution der Mobilität. Wir stehen am Beginn eines neuen, multimobilen Zeitalters." (Mobilität).

Unverbindlich, freundlich, optimistisch – wir gehen einer erfolgreichen Zukunft entgegen, die Sterne sind uns wohlgesonnen. Die US-Geheimdienste dagegen bereiten ihre Regierung auf künftige Herausforderungen vor. Sie konzentrieren sich deshalb auf Warnungen vor internationalen politischen Krisen und globalen Gefahren. Anders als Konzernchefs müssen Politiker ihre Wähler überzeugen, dass sie im Stande sind, das Land durch eine von Riffen und Untiefen übersäte Zukunft zu lotsen. Je mehr Gefahren sie kennen, desto besser für alle. Deshalb fühlen sich die Vorhersagen des NIC eher wie Kassandrarufe an.

Das NIC will Antworten auf die Frage geben: „Wie sollen wir in einer sich wandelnden Welt erfolgreich regieren?", während das Zukunftsinstitut Ratschläge gibt, wie Firmen Werbung und Angebot verändern müssen, um mehr zu verkaufen. Die Zukunft hat eben viele Aspekte. Beide lassen allerdings einen Bereich vollkommen aus: die seltenen katastrophalen Ereignisse. Damit befassen sich andere Forscher.

Katastrophen

Immer wieder zerreißen Pandemien, Dürren, Vulkanausbrüche, politische Veränderungen oder große Kriege das Wirkungsnetz der Geschichte. Technische Umbrüche verändern die Welt grundlegend. Man spricht auch von disruptiven Ereignissen (lateinisch: disrumpere = zerreißen). Nehmen wir das 20. Jahrhundert als Beispiel (s. Tab. 6.1).

Von weltweiten Dürren und katastrophalen Vulkanausbrüchen blieb das 20. Jahrhundert weitgehend verschont. Hungersnöte betrafen nur einzelne Regionen oder Staaten. Auch wenn die Auswirkungen schlimm waren, wie beispielsweise die der Hungersnot in China 1959 bis 1961 mit ca. 15 bis 50 Mio. Todesfällen, blieb die Wirkung doch begrenzt. Die disruptiven Ereignisse des 20. Jahrhunderts ordneten die menschliche Gesellschaft neu oder leiteten einen Technologiesprung ein. War aber beispielsweise das Ende der Kolonialreiche wirklich eine Disruption? Aus deutscher Sicht mag es nicht so ausgesehen haben. Aber innerhalb von nur 15 Jahren verloren die europäischen Nationen Frankreich, England

Tab. 6.1 Diese disruptiven Ereignisse im 20. Jahrhundert veränderten den Lauf der Welt in eine unvorhergesehene Richtung. Die Liste ist nicht unbedingt vollständig

Jahr	Ereignis
1902	Erste transatlantische Funkverbindung. Beginn des Zeitalters von Radio und Fernsehen
1914–1918	Erster Weltkrieg. Ende der Weltordnung des 19. Jahrhunderts
1918–1920	Spanische Grippe. Weltweit 20–50 Mio. Tote. Aus dem russischen Reich wird die Sowjetunion, der erste sozialistische Staat
1929–1935/36	Weltwirtschaftskrise. Aufstieg des Faschismus in Europa
1939–1945	Zweiter Weltkrieg. Erfindung der Atombombe. Entdeckung des Penicillins. Beginn des Kalten Krieges und der bipolaren Weltordnung
1947–1962	Ende des Zeitalters des Kolonialismus. Entstehung von vielen neuen Staaten in Afrika und Asien. China wird ein sozialistischer Staat
1957/1961/1969	Erster Start eines Satelliten. Erster Raumflug eines Menschen. Erste Mondlandung
1990–1991	Zerfall der Sowjetunion, deutsche Wiedervereinigung, Ende des Warschauer Pakts und der bipolaren Weltordnung
1990–1993	Aufbau des World Wide Web

und die Niederlande dramatisch an Reichtum, Einfluss und militärischer Macht. Ein Beispiel: Im Jahr 1947 erstritt die britische Kolonie Indien ihre Unabhängigkeit. Heute hat Indien mehr als 1,3 Mrd. Einwohner, ist in den exklusiven Club der Atommächte aufgestiegen und erwirtschaftet ein dreimal so großes Bruttoinlandsprodukt[114] wie Großbritannien.

Naturkatastrophen wie Vulkanausbrüche oder Pandemien treten selten und eher zufällig auf. Die Corona-Pandemie hat aber deutlich gezeigt, dass wir jederzeit damit rechnen müssen. Und insgesamt sind diese

Ereignisse so häufig, dass man sie nicht außer Acht lassen darf. Nehmen wir einmal an, ein richtig großer Vulkanausbruch, eine dreijährige Dürre, eine Pandemie oder ein großer solarer Magnetsturm trete etwa alle 250 Jahre auf. Mit welcher Wahrscheinlichkeit müssten wir dann mit mindestens einem dieser Ereignisse in den nächsten 50 Jahren rechnen? Das Diagramm in Abb. 6.1 gibt Antwort:

Tatsächlich liegt die Wahrscheinlichkeit bei rund 54 Prozent. Wenn man acht solcher Ereignisse annimmt, kommt man auf rund 80 Prozent.

Die Universität Oxford hat im Jahr 2005 ein eigenes Institut für die Untersuchung zukünftiger Entwicklungen und Risiken eingerichtet. Es befasst sich mit dem „big picture", also der Gesamtschau der Gefahren, die auf die

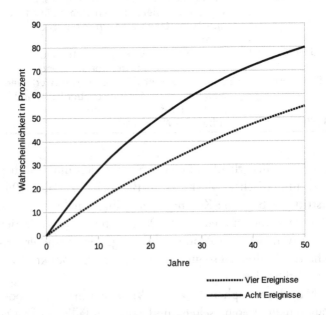

Abb. 6.1 Kumulative Wahrscheinlichkeit, dass von vier oder acht seltenen Ereignissen, die im Durchschnitt alle 250 Jahre zu erwarten sind, wenigstens eines eintritt

Menschheit zukommen. Auf seiner Website beschreibt das Institut den Schwerpunkt seiner Forschung so:[115]

„[Unsere Forschung] konzentriert sich auf langfristige Folgen unseres heutigen Handelns und die komplizierten Veränderungen, die unsere Zukunft bestimmen werden. Ein Schlüsselaspekt davon ist die Untersuchung existenzieller Risiken – Ereignisse, die das Überleben von auf der Erde entstandenem intelligentem Leben gefährden oder unsere Fähigkeit zur Realisierung einer lebenswerten Zukunft (‚valuable future‘) drastisch und dauerhaft bedrohen."

Gründungsdirektor des Instituts ist Nick Bostrom, ein schwedischer Philosoph. Im Jahr 2008 gab er zusammen mit dem Kosmologen Milan Ćircović das Buch *Global Catastrophic Risks* heraus. 25 Autoren aus aller Welt befassen sich darin mit Katastrophen und ihrer Abwendung sowie der Wahrnehmung von weltweiten Gefahren. Die Herausgeber unterscheiden zwischen natürlichen und menschengemachten Risiken. Die zweite Gruppe unterteilen sie weiter in unbeabsichtigte und absichtlich herbeigeführte Risiken. Wenn Menschen beispielsweise das Erbgut von Viren oder Bakterien manipulieren, erzeugen sie – zufällig oder mit Absicht – potenziell gefährliche Krankheiten. Gelegentliche Ausbrüche von Supervulkanen gehören dagegen zum natürlichen Lebenszyklus der Erde.

Die katastrophalen Risiken haben eine hässliche Untergruppe, die „existenziellen Risiken". Ein Asteroideneinschlag vom Kaliber des Dinosaurierkillers wäre ein Beispiel dafür. Die Menschheit würde dieses Ereignis wahrscheinlich nicht überleben. Ein großer Ausbruch des Supervulkans im Yellowstone-Nationalpark in den USA würde vermutlich „nur" die Zivilisation aus den Angeln heben. Binnen weniger Monate würde er so viel Asche in Stratosphäre blasen, dass die globalen Temperaturen für mehrere Jahre deutlich sinken und die Ernteerträge weltweit empfindlich zurückgehen. Eine globale Hungersnot wäre dann kaum zu vermeiden. Ich empfehle das Buch als Grusellektüre für lange Winterabende am Kamin, wenn man gerade keinen Schauerroman zur Hand hat.

Nick Bostrom befasst sich aber auch mit eher philosophischen Themen. So hat er die Frage aufgeworfen, ob wir in der wirklichen Welt oder in einer Computersimulation leben. Seine Antwort: Wenn es eine Zivilisation gibt, die eine äußerst komplexe Simulation entwickeln kann, dann leben wir höchstwahrscheinlich nicht in der Wirklichkeit. Warum? Vereinfacht lautet die Antwort: Es kann nur eine Wirklichkeit geben, aber beliebig viele Simulationen.

Andere seiner Forschungsthemen sind ernsterer Natur. Im Jahr 2019 veröffentlichte Bostrom eine Arbeit unter dem Titel *The Vulnerable World Hypothesis*.[116] Die zentrale These lautet:

Der technische Fortschritt birgt den Keim der Zerstörung der gesamten Zivilisation, falls sie nicht in ausreichender Weise ihren semianarchischen Grundzustand verlässt.

Dieser Grundzustand wiederum ist definiert durch die folgenden drei Defizite:

1. Begrenzte Fähigkeit für die präventive Polizeiarbeit. Kriminelle Personen oder Gruppen lassen sich nicht zuverlässig daran hindern, gefährliche Aktionen vorzubereiten oder durchzuführen.
2. Begrenzte Möglichkeit für weltweite Regierungsmaßnahmen. Koordiniertes Handeln der gesamten Welt wäre im Ernstfall kaum möglich.
3. Uneinheitliche Motive verschiedener Gruppen von Akteuren. Sollten einige davon beispielsweise Vorbereitungen treffen, die Zivilisation zu vernichten, wäre das schwer zu entdecken (siehe Punkt 1).

Bostrom postuliert, dass der technische Fortschritt irgendwann auch kleinen Gruppen einen Hebel in die Hand gibt, mit dem sie die Welt aus den Angeln heben können. Denken wir beispielsweise an eine biologische Waffe, ein schleichendes Gift oder ein universelles Computervirus. Dann wäre die Menschheit nicht verschwunden, fände sich aber wie im Gedankenexperiment mit der bösartigen Hexe in einer früheren Zivilisationsstufe wieder. Behebt man aber die drei Defizite, landet man in einer Welt, wie man sie bisher nur aus dystopischen Filmen kennt.

Präventive Polizeiarbeit zur Unterdrückung aller gefährlichen Aktivitäten funktioniert nur in einem perfekten Überwachungsstaat. Man könnte sich natürlich eine sanfte Variante vorstellen. Sagen wir, künstliche Intelligenzen wie Alexa betreuen und beobachten alle Menschen rund um die Uhr. Sie reden ihnen gut zu, erinnern sie an Pflichten und Termine, organisieren ihren Alltag und erfüllen ihre Wünsche. Das Leben wäre so bequem wie in Köln zur Zeit der Heinzelmännchen. Aber zugleich wären die KI-Systeme verpflichtet, staatsgefährdende Tendenzen schon im Ansatz zu erkennen und zu melden. Und spätestens dann wird es ungemütlich. Ein falsches Wort, ein verdächtiges Treffen, ein unzufriedener Gesichtsausdruck kann einen unbescholtenen Menschen bereits in ein Umerziehungslager bringen.

Eine Weltregierung, wie in Punkt 2 erwähnt, ist nicht einmal am Horizont sichtbar. Und selbst wenn: Möchten wir wirklich in einem perfekten Überwachungsstaat leben, der die ganze Welt umfasst? Sind die ersten beiden Defizite behoben, erledigt sich das dritte von selbst. Ein universeller Überwachungsstaat sorgt natürlich dafür, dass alle Menschen die gleichen Werte, Ziele und Ideale teilen. Ob sie wollen oder nicht.

Wenn wir aber unsere Zivilisation mit Stacheldraht umwickeln müssen, um sie zu schützen, wird die Steinzeit als alternative Lebenswelt durchaus wieder attraktiv.

Anders als Bostrom gehe ich davon aus, dass schon mangelnde Voraussicht für einen Kollaps sorgen kann. Unsere Zivilisation hängt davon ab, dass der Kreislauf von Rohstoffen und Fertigwaren ohne große Störungen um die Welt läuft. Jede Unterbrechung, die mehr als einige Monate anhält, kann alles zum Einsturz bringen.

Was sich jetzt schon abzeichnet

Letztlich kann niemand die Zukunft vorhersagen. Keine der vorgestellten Methoden hat in der Vergangenheit so gute Ergebnisse geliefert, dass sie sich durchgesetzt hätte.

Aber einige globale Entwicklungen haben so viel Schwung, dass sie nicht einfach verschwinden werden. Darauf beruht meine Einschätzung der Gefahren für unsere globale digitale Zivilisation. Nehmen wir einmal an, dass bis 2050 kein Supervulkan ausbricht, kein kilometergroßer Asteroid auf der Erde einschlägt und die Atommächte ihre Nuklearwaffen in den Arsenalen lassen. Welche Entwicklungen dürfen wir erwarten?

2030 bis 2040 – das Goldene Zeitalter des Internets

Smartphones werden zu universellen und unentbehrlichen Begleitern. Sie ersetzen den Haustürschlüssel, Eintrittskarten, Personalausweis und Bargeld. Tickets für Bahn, Bus und Flugzeug existieren nur noch in elektronischer Form. Man zeigt sein Smartphone vor, um sich am Flugsteig und in der Bahn auszuweisen. Das Display fungiert als Straßenkarte, Wegweiser und Restaurantführer. Häuser und Wohnungen werden bis 2030 zunehmend mit Sensoren ausgerüstet, um die Energieversorgung zu optimieren und die Sicherheit zu verbessern. Immer mehr Firmen und Verwaltungen geben die Datenverwaltung und -speicherung an Internet-Dienstleister ab. Damit sparen sie die Kosten für eine eigene Serverinfrastruktur. Wichtige Daten liegen in der Cloud. Der Dienstleister entscheidet darüber, wo er die Daten tatsächlich aufbewahrt. Immer mehr Strom kommt aus Windkraftanlagen und Solarzellen. Die ständig schwankende Leistung dieser Anlagen wird durch ein komplexes Netz von Sensoren und Stellgliedern ausgeglichen (Smart Grid). Stromspeicher sichern die Versorgung bei Dunkelheit und Flaute.

Autos werden mit immer intelligenteren Steuerungen ausgerüstet, die das Fahren weitgehend selbst übernehmen, die optimale Route suchen und Parkplätze reservieren. Sie stimmen sich mit anderen Autos sowie der zentralen Verkehrssteuerung ab. Das erspart den Autofahrern beträchtlichen Stress. Andererseits werden die Daten aller Autofahrten ständig zentral erfasst und gespeichert. Vielleicht wird ein Führerschein ab 2035 bis 2045 nicht mehr nötig sein. Die Autos könnten dann zentral observiert werden. In einem großen Raum sitzen Telefahrer mit 3-D-Brillen, deren einzige Aufgabe es ist, die fahrerlosen und vernetzten autonomen Autos zu überwachen, um im Notfall eingreifen zu können. Wer diesen Dienst bucht, braucht dann selbst keinen Führerschein mehr.

Die Telefon- und Mobilfunknetze stellen auf Satellitenübertragung um. Das Starlink-Netzwerk von SpaceX ist seit November 2020 funktionsfähig, das OneWeb-Satellitennetz soll 2022 in Betrieb gehen. Weitere Netze wie Amazons Kuiper Project oder das russische Sfera-Netz von Rokosmos sind geplant. Die Datenübertragung per Satellit ist deutlich preiswerter als der Ausbau und die Pflege eines flächendeckenden Netzes von Basisstationen und Telefonleitungen. Ab der zweiten Generation werden die ersten Smartphones bereits ohne spezielle Bodenstation direkt mit den Satelliten Verbindung aufnehmen. Smartphones, Tablets und Laptops werden unter freiem Himmel selbst in der Sahara und in Grönland eine schnelle Verbindung zum Internet haben.[117]

Aber auch die Überwachungstechnologie wird weiter perfektioniert. Schon heute lesen der britische und der amerikanische Geheimdienst große Teile der Internet-Kommunikation mit. Der Zerfall in regionale Netze, deren Grenzen überwacht und abgeschottet sind, setzt sich fort. Bis 2030 werden die meisten Staaten in der Lage sein, das digitale Netz zu überwachen, zu blockieren oder zu manipulieren.

Ab 2025 werden sich immer mehr Menschen Chips implantieren lassen, die ihre Vitalfunktionen überwachen. Sollte ein medizinisches Problem auftreten, geben sie Alarm. Implantierbare Sensoren für die Blutzuckermessung gibt es schon heute. In der Medizin und der Altenpflege werden zunehmend intelligente Computersysteme und Roboter eingesetzt. Auch Saug- und Wischroboter im Haushalt arbeiten immer genauer und zuverlässiger. Bis zu künstlichen Heinzelmännchen ist es dann nicht weit.

Das Militär wird zunehmend intelligente Roboter und KI-Systeme einführen. Die heute schon allgegenwärtigen Drohnen werden durch Kampf- und Aufklärungsroboter am Boden ergänzt.

Zum Ende dieser Periode wird sich aber auch ein Rohstoffmangel bemerkbar machen. Silber und Zinn werden deutlich teurer. Die Welt gerät langsam an ihre Grenzen.

Klima und Umwelt bis 2050

Das Übereinkommen von Paris, das 195 Staaten im Jahre 2015 auf der Pariser Klimakonferenz verabschiedet haben, sieht eine Begrenzung der globalen Erwärmung auf 1,5 bis 2,0 °C vor. Fast alle Staaten der Welt haben freiwillige Klimaaktionspläne eingereicht. Falls sie sich tatsächlich daran halten, wird die Temperatur auf der Erde bis 2100 allerdings um ca. 3 °C gegenüber der vorindustriellen Zeit steigen. Die Welt ist damit in der Situation eines gefährlich übergewichtigen Patienten, der in den nächsten sechs Monaten unbedingt 30 Kilo abnehmen muss, wenn er gesund bleiben will. Sein ambitionierter Diät- und Sportplan gibt aber höchstens die Hälfte her – falls er ihn konsequent umsetzt.

Es wird wärmer auf der Erde. Bis 2020 stiegen die Temperaturen bereits um 1,3 °C[118] gegenüber den vorindustriellen Werten, und die CO_2-Werte nähern sich denen eines ungelüfteten Klassenraums. Das hat Folgen. Ab etwa 2030 wird das arktische Meereis im Sommer bis auf geringe Reste nördlich von Grönland vollständig auftauen. In Russland und Kanada rückt die Grenze des Permafrostbodens weiter nach Norden. Dadurch verrottet das bisher gefrorene organische Material aus abgestorbenen Pflanzen und setzt zusätzliche Treibhausgase frei. Der Anstieg des Meeresspiegels beschleunigt sich, weil in Grönland und in der Antarktis die Gletscher immer schneller ins Meer rutschen. Das Klima wird instabil. Die warme Atmosphäre enthält mehr Energie, die sich in häufigeren und heftigeren Stürmen entlädt. Klimazonen, Niederschlagsmuster und Temperaturen verändern sich auf dem Land sehr viel stärker als über dem Meer.

Die Umweltverschmutzung erreicht in den Schwellenländern und den dicht besiedelten Entwicklungsländern gesundheitsschädliche Ausmaße. In einigen chinesischen und indischen Städten hat die Luftverschmutzung bereits 2020 jedes erträgliche Maß überschritten. Bodenerosion und Bodenversalzung vernichten mehr Ackerland, als neu gewonnen werden kann. Die weltweiten Ernteerträge sinken bis 2040 gegenüber dem Referenzzeitraum der Jahre 2000 bis 2020 deutlich ab.

Die Folgen des ständigen Einschwemmens von langlebigen Plastikteilen in die Ozeane werden schlimmer. Es gibt bereits heute Strände, an denen der Sand dicht mit winzigen Plastikkügelchen durchsetzt ist. Immer mehr Seevögel verhungern, weil ihre Mägen mit Plastikresten verstopft sind. Das Ökosystem der Ozeane kippt in einigen Bereichen. Der Fischfang geht zurück.

Die wachsende internationale Mobilität wird für eine ständige Zunahme von Epidemien sorgen, die im Allgemeinen schnell eingedämmt werden. Einige aber, wie COVID-19 im Jahr 2020, wachsen zu gefährlichen Pandemien heran.

Bröckelnde Infrastruktur

Stellen Sie sich vor, Ihr Onkel vererbt Ihnen ein großes Haus inmitten eines riesigen Gartengrundstücks. Sie würden schon gerne einziehen, fragen sich aber, ob Sie sich das leisten können. Ihr Onkel hat sich stets bemüht, alles tadellos in Ordnung zu halten, aber in seinen letzten Lebensjahren haben sich doch einige Reparaturen angestaut. Die Stromleitungen müssten nachgesehen werden und die Wasserrohre singen misstönend, wenn man sich ein Bad einlässt. Die Kanalisation dagegen gurgelt, als hätte sie Schluckbeschwerden, und lässt das Abwasser nur langsam passieren. Unter einigen Heizkörpern breiten sich feuchte braune Flecken aus. Das

Mauerwerk muss geflickt worden, denn durch einige der Löcher könnten selbst gut genährte Mäuse schlüpfen. Die Dachbalken stehen zur Erneuerung an, und einige Dachpfannen zeigen Risse. Ach ja, einiges würde man natürlich auch umbauen wollen. Der Garten und die Außenanlagen sehen naturnäher aus, als Sie es in Erinnerung haben. Brennnesseln und Brombeeren haben große Gebiete erobert und verteidigen sie mit Gift und Stacheln gegen unbedarfte Rodungsversuche.

Sie würden dort schon gerne wohnen, müssten aber ständig Geld und Arbeit in den alten Kasten stecken. Vielleicht müssen Sie das Erbe ablehnen, so schwer Ihnen das auch fällt. In einer ähnlichen Lage ist jetzt die heranwachsende Generation in Deutschland – sie weiß es nur noch nicht. Nach einer Untersuchung des amerikanischen Sachversicherungsunternehmens FM Global gehört unser Land zu den fünf Staaten mit der widerstandsfähigsten Infrastruktur.[119] Dieses Lob hört man gerne, aber in einem Artikel aus dem Jahr 2017 befand *Der Spiegel*:[120]

„Deutschland lebt also von der hervorragenden Substanz, die aber langsam zu bröckeln beginnt."

Die Investitionen von Kommunen, Bund und Ländern reichen einfach nicht aus und die überlangen Planungszeiten sind auch nicht gerade hilfreich. Bei den vielfach maroden Schulgebäuden hat sich immerhin bis 2020 einiges verbessert. Aber das Grundproblem bleibt: Der Zustand der Infrastruktur hängt davon ab, wie viel Geld und Arbeit man der Erhaltung widmet. Alles, was nicht oder nur unzureichend instandgesetzt wird, verfällt. Erst unmerklich, dann ärgerlich und schließlich bis zur Unbenutzbarkeit.

Spätestens ab 2030 müssen die Glasfasernetze flächendeckend ersetzt werden, weil ihre Lebensdauer abläuft. Vielleicht lohnt sich das aber nicht, weil die Satellitennetze einfach günstiger sind. Dann würden die Glasfasernetze langsam an Übertragungskapazität verlieren, und die Abhängigkeit der Welt von den weltraumgestützten Netzen wächst. Wenn die Satelliten, wie im ersten Kapitel beschrieben, plötzlich ausfielen, würde es viele Jahre dauern, die erdgebundenen Leitungen wieder ausreichend auszubauen.

Die Industrieländer haben für ihre Bevölkerungen ein in der Geschichte der Menschheit einmaliges Netz von Versorgungsleitungen, Transportwegen und öffentlichen Dienstleistungen geschaffen. Aber sie müssen es auch erhalten, ausbauen und modernisieren. Das kostet viel Geld, und dieses Geld muss jede Generation neu erwirtschaften. Wenn, wie zurzeit vorhergesagt, ab 2050 immer weniger Menschen in Europa, Japan oder Russland wohnen, werden sie eine schwere Bürde übernehmen. Ich erwarte, dass in Europa, den USA und Japan die bisher exzellente Infrastruktur langsam wegbröckelt.

Politik – die Rückkehr der Populisten

In seinem *Global Risks Report* 2018[121] stellt das Weltwirtschaftsforum (WEF) zehn Szenarien für globale Systemzusammenbrüche vor, die es als „Future Shocks"[122] bezeichnet. Das WEF möchte diese Ideen ausdrücklich nicht als Vorhersagen, sondern nur als Stoff zum Nachdenken und Anregung zum Handeln verstanden wissen. Gleich drei davon bezogen sich auf bedenkliche politische Entwicklungen:

1. Der Populismus bedroht die soziale und politische Ordnung auch in reifen Demokratien. Die Versuche von Populisten, staatliche Institutionen und Kontrollmechanismen auszuhebeln, könnten eine Welle von

Gewalt auslösen, die bis an den Rand von Bürger-
kriegen führt.

2. Zunehmender Nationalismus und Protektionismus
könnten den internationalen Handel behindern oder
gar abwürgen.

3. Der zunehmende aggressive Nationalismus macht
Grenzkriege weltweit wahrscheinlicher.

Eigentlich wirkt es paradox: In einer Gesellschaft, die
mehr als je zuvor in der Geschichte auf dem internationalen Austausch von Waren und Dienstleistungen
beruht, breitet sich Nationalismus aus. Viele Menschen
in Europa fliegen jedes Jahr in fremde Länder, sie arbeiten
im Ausland oder in internationalen Firmen. Gleichzeitig
wehren sich aber immer mehr Europäer gegen Migranten
oder machen Ausländer für alle Übel ihrer Lebenswelt verantwortlich.

Populistische und nationalistische Bewegungen haben
große Schnittmengen. Der populistische amerikanische
Ex-Präsident Donald Trump machte Chinesen, Mexikaner
und Deutsche für alle Probleme der amerikanischen
Wirtschaft verantwortlich. Die Brexiteers in England
schimpfen auf die EU-Bürokraten, und Premierminister
Boris Johnson ließ keine Gelegenheit aus, England eine
großartige Zukunft außerhalb der EU zu versprechen.

Populisten und Nationalisten haben in den ersten
Jahren des 21. Jahrhunderts enorm an Einfluss gewonnen.
Ein kurzsichtiger Nationalismus ist immer noch mehr-
heitsfähig, wie man am Beispiel der USA, Englands, Russlands, Brasiliens, Polens oder Ungarns leicht erkennen
kann. Im Jahr 2018 waren fünfmal so viele Populisten an
der Macht wie noch 1990.[123] Obwohl sie vorgeben, sich
ausschließlich um das Wohl der eigenen Bevölkerung
zu kümmern, und die eigenen Interessen brachial

durchsetzen, weisen sie eine vergleichsweise schlechte Wirtschaftsbilanz auf.

Das Kieler Institut für Weltwirtschaft hat dazu 2020 eine umfangreiche Untersuchung veröffentlicht und kam zu einem vernichtenden Urteil:

„Nach 15 Jahren ist [bei einer populistischen Regierung] das Bruttoinlandsprodukt [im Durchschnitt] 10 Prozent geringer als bei einer plausiblen nichtpopulistischen Alternative. Ein zunehmender wirtschaftlicher Nationalismus und Protektionismus, eine nicht nachhaltige makroökonomische Politik und der Zerfall von Institutionen unter populistischer Herrschaft fügen der Wirtschaft dauerhaften Schaden zu."[124]

Das mag erklären, warum Populisten jede Kontrolle ihrer Politik hassen. Presse, Rechnungshöfe, unabhängige Gerichte – das alles betrachten sie als Teufelswerk. Jeder laut geäußerte Zweifel aus den eigenen Reihen ist Nestbeschmutzung, oder schlimmer: Verrat. Populisten neigen dazu, alle Sachprobleme auf heimliche Aktionen ihrer Gegner zurückzuführen – ein perfekter Nährboden für Verschwörungstheorien. Die Botschaft lautet: Bekämpfen wir die Gegner, dann verschwinden auch die Probleme.

Die Populisten nutzen dabei ein in der Sozialpsychologie gut bekanntes Verhaltensmuster. Menschen sehen sich und ihre Gruppe gerne in einem positiven Licht. Die sogenannte Eigengruppen-Bevorzugung gehört zu den am besten nachgewiesenen Phänomenen der Sozialpsychologie. Sie führt zu Vorurteilen und zur Abwertung von Menschen allein aufgrund ihrer Zugehörigkeit zu einer anderen Gruppe. Das steigert wiederum das Selbstgefühl der Gruppenmitglieder. Im Englischen spricht man kurz von „In-group" gegen „Out-group".

Nach einer zurzeit von vielen Wissenschaftlern akzeptierten Theorie hatten die frühen Menschen einen evolutionären Vorteil, wenn sie innerhalb ihrer Gruppe selbstlos zusammenarbeiteten, während sie andere Gruppen grundsätzlich mit Misstrauen betrachteten.[125]

Populisten und Nationalisten werden deshalb vermutlich bleiben. Und die vom Weltwirtschaftsforum festgestellten Risiken nehmen eher zu. Wenn Populisten und Nationalisten eine Regierung übernehmen, lösen sie eine Art Rausch aus, der irgendwann in einer Ernüchterung und einem schweren Kater endet. Es bleibt nur zu hoffen, dass sie bis dahin nicht allzu viel Schaden angerichtet haben.

Die größten Risiken der nächsten Jahrzehnte

Zum Schluss noch einige der gefährlichen Szenarien, die einzeln oder in einer beliebigen Kombination auftreten können:

1. Blase
   Die Weltwirtschaft ist nur bei ständigem Wachstum stabil, aber nichts kann ewig wachsen. Irgendwann platzt die Blase. Je nachdem, wie stark die Wirtschaft dann schrumpft, könnte die Blase eine selbstverstärkende Rezession mit unvorhersehbaren Folgen auslösen.
2. Mangel
   Erste wichtige Rohstoffe, wie z.B. Silber oder Zinn, werden knapp und teuer. Probleme bei Produktion und Verteilung von Medikamenten führen zu Engpässen bei der medizinischen Versorgung. Bodenerosion, resistente Pflanzenkrankheiten und Klimawandel können auch zu einer Serie von Missernten führen.

3. Hitze
Der Klimawandel führt zu Schwankungen des Klimas und schnell steigendem Meeresspiegel. Überschwemmungen, Dürren, Stürme, Brände und Überflutungen küstennaher Flachländer verursachen massive Schäden und Ernteausfälle. Möglicherweise werden ganze Regionen unbewohnbar. Im besten Fall wächst die Menschheit an diesen Herausforderungen, im schlimmsten Fall erschöpft sie sich daran und die globale digitale Zivilisation stirbt an Auszehrung.

4. Egoismus
Rücksichtsloser Populismus könnte die dringend notwendige internationale Zusammenarbeit so behindern, dass die weltweiten Handelsströme zu dünnen Rinnsalen schrumpfen. Sinnlose Kriege vernichten viel Kapital und kosten Menschenleben. Darüber könnte die digitale Gesellschaft lautlos zerfallen.

5. Pechsträhne
Verschiedene kleinere Ereignisse aus den ersten vier Gruppen können so unglücklich zusammentreffen, dass sie die globale digitale Gesellschaft aushebeln. Ist das realistisch? Jeder von uns kennt Tage, an denen alles, aber auch wirklich alles schiefgeht. Wenn die Abwärtsspirale erst eingesetzt hat, fragt niemand mehr danach, ob die Ursache vollkommen idiotisch war. Wer oder was eine Lawine auslöst, spielt für ihre Wirkung keine Rolle.

Rettung durch Innovation?

Im 19. Jahrhundert waren viele Menschen davon überzeugt, dass der auf Droschken und Pferdebahnen beruhende öffentliche Nahverkehr in den Städten nicht weiter ausbaufähig wäre. Die Straßen würden sonst im

Pferdemist versinken. Heute transportieren S-Bahnen, U-Bahnen, Busse und Taxen in unseren Städten sehr viel mehr Menschen, als man sich damals überhaupt vorstellen konnte. Auch der giftige Smog, der in den kalten Monaten aus Nebel und Kohlenstaub entstand, hat unsere westlichen Städte verlassen (in China und Indien ist das Problem allerdings noch sehr akut). Die Flüsse sind sauberer als jemals zuvor in den letzten 100 Jahren. Wissenschaft und Technik haben enorme Fortschritte gemacht. Noch nie haben Forscher so schnell Impfstoffe entwickelt wie gegen den Pandemievirus SARS-CoV-2. Aber freuen wir uns nicht zu früh. In den nächsten Jahrzehnten werden viele globale Probleme gleichzeitig auftreten. Innovationen verschlingen beträchtliche Mittel, bevor sie wirken. Trotz aller medizinischen Fortschritte kostet die Corona-Pandemie die Menschheit nach einer Schätzung des Weltwirtschaftsforums zwischen 8 und 16 Billionen US-Dollar.[126] Dieses Geld könnte in den nächsten Jahren noch empfindlich fehlen. Und weitere Rückschläge werden sicher nicht ausbleiben. Im schlimmsten Fall überfordert die Summe der Probleme die Weltwirtschaft und den Einfallsreichtum der Menschheit.

Eventuell aber ist das Vertrauen auf Innovationen an sich schon ein Irrweg. Der amerikanische Geograf, Anthropologe und Physiologe Jared Diamond hat in seinem Buch *Collapse* die Gründe für den Verfall und Sturz von Kulturen untersucht. Er glaubt nicht, dass technische Neuerungen unsere Kultur retten werden. „Der rasante Fortschritt der Technik im 20. Jahrhundert hat mehr schwierige neue Probleme geschaffen als alte gelöst", schreibt er. Warum, so fragt Diamond, sollte sich das jetzt ändern?[127]

7

Der globale digitale Krieg

Zusammenfassung Wir müssen uns von der traditionellen Vorstellung verabschieden, dass ein militärischer Konflikt auf ein bestimmtes Territorium begrenzt ist. Künftige Kriege werden sowohl in der wirklichen Welt als auch im Internet toben. Die Kriegsparteien töten ohne Vorankündigung Zivilisten und vernichten kritische Infrastrukturen, wobei die Urheber oft genug im Dunkeln bleiben. Die Unterschiede zwischen Terror und Krieg verwischen immer mehr.

Stell dir vor, es ist Krieg, und keiner geht hin. Warum auch – der Krieg ist längst überall. Wir müssen uns von der traditionellen Vorstellung verabschieden, dass ein militärischer Konflikt auf ein bestimmtes Territorium begrenzt ist. Künftige Kriege werden sowohl in der wirklichen Welt als auch im Internet toben. Die Kriegsparteien töten ohne Vorankündigung Zivilisten und vernichten kritische Infrastrukturen, wobei die Urheber oft genug im

© Springer-Verlag GmbH Deutschland, ein Teil von Springer Nature 2021
T. Grüter, *Offline!*, https://doi.org/10.1007/978-3-662-63386-1_7

Dunkeln bleiben. Die Unterschiede zwischen Terror und Krieg verwischen immer mehr.

In einer Veröffentlichung des vom russischen Präsidenten Dmitri Medwedew 2010 per Dekret gegründeten Think-tanks RIAC (Russian International Affairs Council)[128] liest sich das so:[129]

„Konfrontationen zwischen Nationen und Gesellschaften werden nicht länger ausschließlich militärischer Natur sein, sondern eher ganzheitlich und alle möglichen menschlichen Aktivitäten abdecken …"

Ferner halten es die Autoren für wahrscheinlich, dass hochpräzise konventionelle Fernwaffen die meisten Kämpfe bestreiten werden. Im Laufe der Zeit, so meinen sie, würden diese Waffensysteme Bodentruppen und Atomwaffen komplett ersetzen. Eine massive Attacke auf militärische und wirtschaftliche Ziele mit Präzisionswaffen aus der Ferne werde jeden Staat lähmen. Die gezielte Zerstörung von Zielen, die gefährliche Stoffe verarbeiten, könne eine Umweltkatastrophe auslösen.

Weiter schreiben sie: „Kriege werden meist im Cyberspace geführt werden. … Auf taktischer Ebene werden wir die weit verbreitete Verwendung von autonomen Waffensystemen auf dem Boden, in der Luft und zu Wasser sehen, außerdem von Menschen mit verbesserten psychophysischen Fähigkeiten."

(Aus der Kurzfassung, Original englisch und russisch, Übersetzung durch den Autor).

Der Erstautor Roman Durnev ist Leiter der Abteilung „Wissenschaft und Organisation" an der Russischen Akademie für Raketen- und Artilleriewissenschaften (RARAN), der Zweitautor Kirill Kryukov ist sein Stellvertreter.

Wäre es tatsächlich denkbar, dass eine Gruppe, eine Bande oder ein Staat mit einer massiven Cyberattacke das Internet weltweit in die Knie zwingt? Das ist zwar eher unwahrscheinlich, aber nicht unmöglich. Ein Beispiel:

Ende November 2016 kamen einige Kunden der Deutschen Telekom nicht mehr ins Internet. Auch die Telefonie war gestört. Das kommt vor, und die Deutsche Telekom war zunächst nicht weiter beunruhigt. Aber das Problem weitete sich zu einem Flächenbrand aus, und bald funktionierten 1,25 Mio. Telekom-Router nicht mehr richtig. Wie sich herausstellte, waren die Router für eine sogenannte Denial-of-Service-Attacke anfällig. Dabei schickt ein böswilliger Akteur an ein Gerät bestimmte Signale, die es entweder zum Absturz bringen oder dermaßen beschäftigen, dass es unbrauchbar wird. Offenbar hatte jemand diese Schwachstelle entdeckt und nutzte sie rücksichtslos aus.

Der Hacker wurde gefasst und erzählte eine bizarre Geschichte. Ein Telekommunikationsunternehmen aus Liberia in Westafrika habe ihn angeheuert, um einem Konkurrenten zu schaden. Er habe dann über die Fernwartungsports TR-069 und TR-064 versucht, die Router zu kapern, weil es dort einen bekannten Fehler gab. Die Router der Deutschen Telekom waren dafür nicht anfällig, und so hätte eigentlich nichts passieren dürfen. Aber durch die ständige Wiederholung der Anfragen wurden die Router überfordert und stellten ihre Arbeit ein. Das war zwar nicht beabsichtigt, aber extrem erfolgreich. Der Hacker gab an, sein Auftraggeber habe ihm 10.000 US-Dollar bezahlt. Der angerichtete Schaden ging in die Millionen.[130]

Man kann also darüber spekulieren, ob chinesische, russische oder amerikanische Geheimdienste speziell zugeschnittene Schadsoftware vorhalten, um das Internet stunden- oder tageweise lahmzulegen. Der Gegner mag die Attacke durchaus als Kriegsgrund auffassen – wenn er ausreichend sicher nachvollziehen kann, woher sie kommt. Ein massiver Angriff auf digitale Geräte oder Strukturen trifft das Herz unserer Zivilisation. Attacken und Gegenattacken könnten sich schlimmstenfalls zu einem echten Krieg ausweiten, aber sie richten auch so schon erheblichen Schaden an.

Zuverlässig unsicher – das Internet

Das Internet gilt als unkaputtbar. Allgemein heißt es: Egal wie viele Leitungen und Server zerstört seien, die Daten suchten sich immer noch ihren Weg und kämen zuverlässig an. Wer also die Internet-Kommunikation stören wolle, müsse einen ungeheuren Aufwand treiben. Nur: Das stimmt leider nicht! Wer weiß, wo er ansetzen muss, kann das System mit einfachen Mitteln bis zur Unbrauchbarkeit verlangsamen oder, im Extremfall, weitgehend blockieren.

Werfen wir zunächst einen Blick auf die noch junge Geschichte des Kommunikationssystems. Im Jahr 1995 wurde das Internet offiziell aus der amerikanischen Armee entlassen. Es hatte seine Karriere unter dem Namen ARPANET (in Großbuchstaben geschrieben) in den 70er-Jahren des letzten Jahrhunderts begonnen. Seine Schöpfer wollten die Forschungseinrichtungen des Militärs zuverlässig mit den Universitäten verbinden, die an Verteidigungsprojekten arbeiteten. Das amerikanische Verteidigungsministerium zahlte die Rechnung. Diese Aufgabe war nicht so trivial, wie sie heute vielleicht erscheinen mag. Die lokalen Netze der Universitäten arbeiteten mit ganz unterschiedlichen Rechnern. Betriebssysteme und Programme konnten sich untereinander nicht verständigen, weil es noch keinen gemeinsamen Standard gab. Es musste also ein rechnerunabhängiges Protokoll geschaffen werden, das auf den störanfälligen Telefonleitungen dieser Zeit eine sichere Datenübertragung ermöglichte. Im Dezember 1969 verband die erste

Version des ARPANET vier Universitäten miteinander. In der Folge wuchs es rasch. Am 1. Januar 1983 führten die ARPANET-Betreiber das Transmission Control Protocol/ Internet Protocol – kurz TCP/IP – ein, auf dem das Internet noch heute aufbaut. Es überträgt die Daten in kleinen Paketen, die einzeln durch das Netz geschleust werden. Dabei muss zwischen Sender und Empfänger keine direkte Verbindung bestehen. Der Sender weiß nur, an welchen Rechner er die Daten schicken muss, damit sie weitergeleitet werden. Sollte der erste Adressat nicht antworten, versucht der Sender einen anderen zu erreichen. Jedes Paket eines Datenstroms könnte also einen eigenen Weg durch das Netz nehmen, bis es am Zielrechner ankommt. Auch wenn große Teile des Netzes wegbrechen, haben die Pakete daher immer noch gute Chancen, den Empfänger zu erreichen. Das Internet gleicht also einem verzweigten Straßensystem, in dem man sich durchfragen kann. Wenn ein Paket von A nach Z verschickt werden soll, dann weiß der Absender nur, dass sowohl B als auch C auf dem Weg liegen. Er klopft bei B an, und wenn B sich nicht meldet, bei C. B schickt das Paket weiter nach D oder E, C versucht es bei F oder G. Am Ende landet es bei Z und hat zwischendurch zehn oder mehr Rechner besucht. Der genaue Weg ist nicht vorhersehbar und im Grunde auch nicht wichtig. Das TCP-Protokoll muss nur die Datenpakete auf Vollständigkeit überprüfen und wieder in die richtige Reihenfolge bringen. Wenn ein Paket einen kurzen und ein anderes einen längeren Weg nimmt, dann kommt Paket 7 schon mal vor Paket 6 beim Empfänger an. Manche Pakete gehen auch verloren und müssen nachbestellt werden. Und manche Pakete irren im Internet herum, weil sie einfach keinen Weg zum Empfänger finden. Damit das Netzwerk nicht vollkommen verstopft, werden sie nach einer vorher festgelegten maximalen Zahl von Stationen gelöscht.

Es kursiert das falsche Gerücht, das amerikanische Militär habe seinerzeit ein Kommunikationsnetz aufbauen wollen, das auch nach einem Atombombenangriff noch sicher funktionierte. Die Wirklichkeit ist einfacher: Man wollte angesichts der unsicheren Leitungen und der ständig ausfallenden Rechner eine einigermaßen zuverlässige Kommunikation zwischen verschiedenen Standorten aufbauen. Das gelang so gut, dass sich TCP/IP weltweit als Internet-Standard etabliert hat. Die konkurrierenden Protokolle von so mächtigen Firmen wie Apple, Microsoft oder Novell starben aus. Im Jahr 1990 wurde das ARPANET außer Betrieb genommen. Der Nachfolger, das NSFNET, lebte noch bis 1995, ehe es ebenfalls abgeschaltet wurde. Damit entfielen die letzten militärischen Restriktionen für die kommerzielle Internet-Nutzung.

Heute beherrscht das Internet die gesamte weltweite Kommunikation zwischen lokalen Netzen und sogar zwischen einzelnen Geräten. Wer zu Hause einen Drucker in sein WLAN-Netz einbindet, benutzt das gleiche Datenprotokoll, mit dem er bei Google sucht oder online einkauft. In der frühen Zeit des Internets gingen die Programmierer davon aus, dass die Verbindungen zwar nicht immer funktionierten, aber alle beteiligten Rechner „freundschaftlich" zusammenarbeiteten. Deshalb ist TCP/IP nicht darauf ausgelegt, bösartige Angriffe zu unterbinden. Es gewährleistet die Zuverlässigkeit, nicht aber die Sicherheit einer Verbindung. Dafür müssen aufwendige Zusatzprogramme sorgen. In Zukunft werden die meisten Firmen und staatlichen Stellen ihre Daten in der Cloud halten, also in privat betriebenen Rechenzentren irgendwo in einem „sicheren" Land. Damit wird eine geschützte Übertragung der Daten durch ein Netz, das immer mehr einem gefährlichen Dschungel gleicht, so wichtig wie nie zuvor.

Wie ausfallsicher ist das Internet? Wenn sich alle Daten ihren Weg selbst suchen, müsste es eigentlich auch dann noch funktionieren, wenn die meisten Knoten ausgefallen sind. In der Praxis klappt das aber nicht. Stellen Sie sich vor, das Internet wäre ein Straßensystem, auf dem die Datenpakete wie Autos reisen. Jedes startet an einem bestimmten Ort und möchte zu einem Ziel. Wenn ein Weg verstopft ist, sucht es sich einen anderen. Je mehr Wege aber gesperrt sind, desto mehr Staus treten auf. Die Straßen (und die Datenleitungen) können eben nur eine bestimmte Menge an Verkehr bewältigen. Wenn Sie plötzlich sehr viele Wege sperren, dann irren Autos (oder Datenpakete) umher und sorgen für zusätzliche Verstopfung. Resultat: Nichts geht mehr. Das Ganze wird noch schlimmer, weil das Internet kein ideales Netz ist. Einige wenige Knoten und Leitungen nehmen den größten Teil des Verkehrs auf, andere nur wenig. Wenn jemand die großen Datenautobahnen sabotiert, geht das Internet schlagartig in die Knie und immer mehr Datenpakete wandern so lange ratlos herum, bis sie schließlich gelöscht werden.

Nur wenn das Netz sehr viel mehr Daten verträgt, als tatsächlich normalerweise übertragen werden, ist es robust. Wird es an seine Grenzen gebracht, reagiert es mit einem plötzlichen Verlust an Geschwindigkeit und Daten.

Das Internet als Mittel des Krieges

Programme kommunizieren untereinander über das Internet, ohne dass Menschen eingreifen müssen. Wenn der Nutzer eines Computers jede Verbindung nach außen erst bestätigen müsste, liefe nichts mehr. Und mehr noch: Manche Programme lassen sich von außen so aufrufen, dass sie einem Hacker irgendwo auf der Welt Zugriff auf den Rechner bieten. Das nutzen Schadprogramme weidlich aus.

Im Jahr 2003 schaffte es der Computerwurm SQL Slammer, sich innerhalb von 30 Minuten auf 75.000 Servern einzunisten. Dieser massive Angriff verlangsamte das gesamte Internet dramatisch.

Manche Würmer kriechen nur einmal kurz durch die Computer, die sie befallen haben, und löschen sich dann wieder. Der Benutzer merkt meist nichts davon. Allerdings hat der Wurm bei seinem kurzen Gastspiel im Wirtssystem Hintertüren geöffnet, durch die weitere Schadsoftware (Bots) in den Computer schlüpft. Ab diesem Moment ist der Benutzer nur noch geduldeter Gast in seinem eigenen PC. Ein solches System heißt in der Fachsprache *Zombie*. Den Computer, der das alles aus der Ferne steuert, bezeichnet man als Botnet-Server. Allein in Deutschland dürften mehrere Hunderttausend Computer mit Bots infiziert sein. Der kriminelle Operator (auch Bot-Herder genannt) holt von den Zombie-Computern wertvolle Passwörter, spioniert Kreditkartennummern aus und liest Banküberweisungen mit. Außerdem vermieten die Bot-Herder ihre Netze für Spammails oder für DDOS-Angriffe (DDOS steht für „distributed denial of service"). Dabei fluten die Zombie-Computer (ohne Wissen ihrer Benutzer) das Angriffsziel mit sinnlosen Anfragen. Weil jeder PC nur eine begrenzte Anzahl von Verbindungen bearbeiten kann, ist er irgendwann nicht mehr erreichbar. Nicht nur Kriminelle, sondern auch Staaten nutzen inzwischen solche Attacken, um Druck auszuüben. Im April 2007 ließ Estland das Denkmal für den sowjetischen Sieg über Deutschland im Zweiten Weltkrieg aus dem Stadtzentrum von Tallinn auf einen Soldatenfriedhof umsetzen. Die russische Minderheit im Land demonstrierte dagegen und die Proteste arteten schnell in Gewalttätigkeiten aus.[131] Daraufhin kochte die russische Volksseele und die Staatsführung in Moskau protestierte bei der estnischen Regierung. Das in Estland fast allgegenwärtige Internet wurde ab dem 26. April 2007 aus Russland massiv angegriffen. Die Internet-Seiten von estnischen Banken und Zeitungen waren kaum noch zu erreichen. Selbst die Regierungsserver gingen in die Knie. Zunächst gelang es den Providern, die Attacken einzudämmen, indem sie die Verbindung zu ganzen Internet-Bereichen blockierten. Am 9. und 10. Mai folgen dann massive Attacken über weltweite Bot-Netze. Sie zwangen Estlands größte Bank, die Hansabank, vom Netz. Nach einem weiteren massiven Angriff am 18. Mai herrschte dann erst einmal Ruhe. Der estnische Außenminister vermutete öffentlich, dass die russische Regierung hinter den Attacken stünde.[132] Moskau wies das natürlich weit von sich.

Chinesische Hacker gehören zu den aktivsten Spionen im Internet. Im Jahr 2017 erbeuteten Unbekannte von der Wirtschaftsauskunftei Equifax einen gewaltigen Schatz: Datensätze von 143 Mio. US-Amerikanern mit Namen, Sozialversicherungsnummern, Geburtsdaten, Adressen und teilweise auch Führerscheindaten.[133] Sozialversicherungsnummern sind in den USA wichtig und wertvoll. Sie gelten lebenslang und identifizieren einen US-Bürger absolut eindeutig. Deshalb gelten sie quasi als Ausweis. Man kann damit z. B. Mobilfunkverträge abschließen oder ein Konto eröffnen. Die erbeuteten Daten tauchten nie im Darknet auf, obwohl sie viel Geld gebracht hätten. Deshalb kam bei Experten relativ schnell der Verdacht auf, dass ein Geheimdienst den Megahack ausgeführt hatte. Im Februar 2020 erhob das US-Justizministerium Anklage gegen vier chinesische Hacker, die der Volksbefreiungsarmee angehören sollen.[134]

Die chinesische Regierung hat stets bestritten, von Hackerangriffen auf ausländische Ziele zu wissen oder solche Operationen zuzulassen. Im Gegenteil, sie selbst sei ständig das Ziel von ausländischen Angriffen. Die Glaubwürdigkeit solcher Beteuerungen ist allerdings zweifelhaft.

Im Juni 2013 veröffentlichten *The Washington Post* und die britische Zeitung *The Guardian* Einzelheiten zu den Überwachungsprogrammen der amerikanische National Security Agency (NSA) und des britischen Government Communications Headquarter (GCHQ). Der NSA-Systemadministrator Edward Snowden hatte dem Journalisten Glenn Greenwald eine umfangreiche Sammlung geheimer Dokumente zugespielt, die das Überwachungssystem der Geheimdienste erstmals offenlegten. Demnach analysieren die NSA und das GCHQ fast den gesamten Internet-Verkehr, der durch die USA und England läuft. Sie kooperieren dabei mit den Geheimdiensten von Kanada, Australien und Neuseeland (Stichwort „five eyes"). Dadurch haben sie Zugriff auf große Teile der Nachrichten, Mitteilungen und Gespräche im Internet. Den jeweiligen Diensten ist zwar verboten, Inländer abzuhören, aber diese Aufgabe delegieren sie einfach an befreundete Dienste. Internet-Unternehmen wie Yahoo, Google, Facebook oder Twitter sind in den USA gesetzlich zur Kooperation mit den Geheimdiensten verpflichtet, dürfen über die Ausgestaltung und den Umfang aber keine Auskunft geben. In Deutschland sind den heimlichen Lauschern engere Grenzen gesetzt als in den USA, aber auch deutsche Telekommunikationsunternehmen müssen bei Bedarf den Geheimdiensten Schnittstellen zum Mithören des Telefon- und Datenverkehrs einrichten.

Erklärtes Ziel ist die Identifizierung von Terroristen und die Verhinderung von Terroranschlägen. Aber natürlich treiben die Geheimdienste auch ganz gewöhnliche Spionage. In den Einrichtungen der Europäischen Union in Washington und Brüssel wurden Wanzen gefunden, die vermutlich von amerikanischen Diensten installiert worden waren.

Im April und Mai 2015 infizierten russische Hacker zahlreiche Computer im Deutschen Bundestag mit Spionagesoftware, darunter auch Systeme im Bundestagsbüro von Kanzlerin Angela Merkel. Das gesamte IT-System des Bundestags musste generalüberholt werden. Im Juli und Oktober 2020 verhängte die EU wegen dieses Angriffs und anderer Attacken Sanktionen gegen verschiedene russische Staatsbürger, darunter den Leiter der Hauptdirektion des Generalstabs der russischen Streitkräfte.[135] Aus seiner Abteilung kam nach EU-Erkenntnissen der Angriff auf den Bundestag. Russland hat bislang alles bestritten.

In den letzten Jahren wurden die Angriffe immer komplexer. Verschlüsselungstrojaner gelangen heute als getarnte E-Mail-Anhänge auf fremde Rechner. Die Angriffe sind oft genau auf einzelne Firmen ausgerichtet. Die Cyberkriminellen sehen sich nach der erfolgreichen Attacke oft monatelang in den Firmennetzen um, erweitern ihre Rechte und stehlen Firmengeheimnisse. Dann verschlüsseln sie ganze Netze und fordern Lösegeld, das durchaus mehrere Millionen Euro betragen kann. Zusätzlich drohen sie damit, die gekaperten Firmengeheimnisse zu veröffentlichen. Im Grunde kann heute keine Firma, Regierung oder Verwaltung wirklich sicher sein, dass Kriminelle oder fremde Geheimdienste noch kein Loch in ihre Schutzsysteme gebohrt haben, um es zu gegebener Zeit auszunutzen. Wie wir gleich sehen werden, hat das Vorgehen durchaus Tradition.

Sabotage!

Ein groß angelegter Datendiebstahl bei zahlreichen Gas-pipeline-Betreibern löste in den USA die Sorge aus, dass die Angreifer nach Schwachstellen in den Betriebs-servern suchten, um die Pipelines lahmzulegen oder gar zu zerstören. Die Sabotage von industriellen Steuerungs-rechnern wird seit den 90er-Jahren heiß diskutiert. Die Systeme sind unter dem Stichwort SCADA bekannt. Dieses Akronym steht für „Supervisory Control and Data Acquisition" (Überwachung und Datenerfassung). Die Rechner verwenden oft die gleichen Komponenten wie ein Standard-PC und laufen z. B. unter Windows. Damit kann ein Wurm, der eine Schwachstelle von Windows zur Verbreitung ausnutzt, auch solche Rechner befallen. In einer Studie des Institute for Peace Research and Security Policy der Universität Hamburg von 2005 hieß es dazu: „Trotz der genannten möglichen Verwundbarkeit von SCADA-Systemen und trotz der wichtigen Aufgaben, die die Systeme wahrnehmen, ist ein Angriff auf sie bis jetzt nur theoretischer Natur." Zur Begründung führten die Hamburger Forscher unter anderem aus: „Gegen eine gefährliche Verwundbarkeit von SCADA-Systemen spricht, dass bis heute immer noch Menschen die Kontrollfunktion wahrnehmen. Ein Angreifer müsste also gleichzeitig das System angreifen und die ausgegebenen Kontrolldaten verändern."[136]

Nur wenige Jahre später erwies sich die Aussage als überholt. Am 17. Juni 2010 beschwerte sich ein iranischer Kunde der Sicherheitsfirma VirusBlokAda im weißrussischen Minsk, dass sein System nach dem Hoch-fahren in eine Endlosschleife geriet. Was immer er dagegen unternahm, schlug fehl. Der Computer war nicht mehr zu gebrauchen. Der Verdacht auf ein Virus oder einen

Wurm bestätigte sich schnell. Der Schädling verbreitete sich über eine Schwachstelle im Windows Explorer, von der selbst Microsoft noch nichts wusste. Die Ausnutzung unbekannter Programmfehler (in der Fachsprache „Zero-Day Exploits" genannt) ist für Viren-Programmierer wie ein Sechser im Lotto. Sie verbreiten damit ihren Schadcode rasend schnell, weil sie ausschließlich auf wehrlose Opfer treffen. VirusBlokAda veröffentlichte daraufhin eine Warnung. Microsoft taufte den Wurm auf den Namen Stuxnet und zimmerte hastig einen Patch zusammen.

Sicherheitsexperten fanden schnell heraus, dass die Malware offenbar die Tätigkeit der Software SIMATIC WinCC STEP7 ausspionierte. Das Programm stammt vom deutschen Siemens-Konzern und steuert Motoren. Stuxnet stahl Informationen über Konfiguration und Aufbau, möglicherweise zum Zweck der Industriespionage.

Nur war Stuxnet für eine so simple Aufgabe reichlich groß. Während der Wurm SQL Slammer keine 400 Byte Code hatte, schleppte Stuxnet mehr als 500.000 Bytes mit sich herum. Liam Ó Murchú von der Antivirus-Firma Symantec forschte deshalb weiter nach. Manche Malware-Programmierer sind eitel genug, ein Bild in den Code einzubauen, mit dem sie zu gegebener Zeit die Benutzer der Rechner erschrecken. Das braucht viel Platz, aber Stuxnet trug keine Bilder. Ó Murchú fand schnell heraus, dass der Wurm offenbar aus einer Reihe sorgfältig getrennter Bestandteile zusammengesetzt war. Er schloss daraus, dass hier Profis am Werk waren. Stuxnet war kein schneller Hack, keine schlampige Nachtarbeit, sondern das Ergebnis sorgfältiger Planung. Symantecs Antiviren-Team stellte fest, dass der Wurm viel mehr konnte, als er auf den ersten Blick zeigte. Er war offenbar ein Ordnungsfanatiker, denn er schickte Informationen über jede Neuinfektion an bestimmte Adressen im Internet. Außerdem hatte er eine

Sabotage-Funktion: Er veränderte die Steuerung für einen angeschlossenen Elektromotor. Damit das nicht auffiel, verfälschte er auch gleich die Geräteanzeige: Sie bestätigte wider besseres Wissen, dass alles in Ordnung sei. Irgendwann meldete der gequälte Motor dann einen Fehler. Der sollte eigentlich auf der Anzeige erscheinen, aber Stuxnet fing auch diesen Alarm ab. Er wollte den Motor offenbar unbemerkt zerstören. Zu ihrem allergrößten Erstaunen fanden die Softwarespezialisten von Symantec auch heraus, dass Stuxnet noch drei weitere Zero-Day-Exploits nutzte. Dem Team dämmerte daraufhin der Verdacht, dass hier Geheimdienste am Werk gewesen waren. Dafür sprach auch die Infektionsmethode: Stuxnet verbreitete sich ausschließlich in lokalen Netzen, nicht aber über das Internet. Von einem Netz zum anderen gelangte er über infizierte USB-Sticks. Kriminelle Hacker versuchen im Allgemeinen, ihre Software so weit wie möglich zu verbreiten. Geheimdienste dagegen suchen sich ihre Ziele genau aus. Die meisten Infektionen gab es im Iran, offenbar hatte jemand den Wurm dort absichtlich freigesetzt. Das ist einfacher, als man denkt: Man lässt einfach in der Nähe des angepeilten Ziels einige USB-Sticks liegen. Dann nimmt bestimmt jemand einen der scheinbar herrenlosen Sticks mit und steckt ihn an seinen Rechner. Es bedurfte einiger Detektivarbeit, unter anderem vom deutschen Sicherheitsspezialisten Ralph Langner, um herauszufinden, dass Stuxnet ausschließlich die SIMATIC-Software in den iranischen Anlagen zur Anreicherung von Uran veränderte. Dort steuerte sie die Motordrehzahl der Gaszentrifugen, in denen das spaltbare Uran angereichert wird. Die Motoren müssen in einem bestimmten Drehzahlbereich arbeiten, sonst werden sie schnell überlastet. Die Internationale Atomenergie-Organisation bestätigte, dass iranischer Techniker im Jahr 2009 eine große Zahl defekter Zentrifugen ersetzt hatten. Vermutlich war es dem Stuxnet-Wurm tatsächlich gelungen, deren Motoren unbemerkt zu zerstören. Amerikanische und israelische Regierungsvertreter zeigten sich schadenfroh – natürlich hinter vorgehaltener Hand. Die iranischen Atombombenpläne würden sich wohl bis 2015 verzögern, erklärte die amerikanische Außenministerin Hillary Clinton. Sie führte die amerikanischen Handelssanktionen als Grund an, den Wurm erwähnte sie nicht. Die sorgfältige Planung und Ausführung der Sabotage-Aktion und weitere Hinweise im Wurm-Code lassen auf eine israelische Entwicklung schließen. Einiges spricht allerdings dafür, dass amerikanische Geheimdienste dabei geholfen haben.

Der Stuxnet-Wurm hat also ohne Frage die Weltpolitik beeinflusst. Seine Geschichte zeigt beispielhaft, dass sich auch hoch gesicherte Computersysteme nicht zuverlässig schützen lassen. Angreifer können aus der Ferne die Stromversorgung sabotieren, Pipelines zerstören, Regierungsrechner anhalten, Krankenhäuser lahmlegen oder die Flugsicherung durcheinanderbringen. Auch Telefonnetze und GPS-Systeme sind alles andere als sicher. Im April 2020 verhinderte Israel eine Cyberattacke auf seine Wasserversorgung. Hätte sie Erfolg gehabt, wären Chemikalien in falscher Menge dem Wasser beigemischt worden, erklärte der Chef des nationalen Cyber-Direktorats im Mai. Israel vermutete die Angreifer im Iran.[137]

Weil die abgeschirmten militärischen Netze auf den gleichen Systemen beruhen wie ihre zivilen Gegenstücke, sind sie auf ähnliche Weise verwundbar. Heutzutage kann niemand sicher sein, dass seine vernetzten Kampfsysteme nicht im entscheidenden Augenblick den Dienst quittieren oder gar zum Gegner überlaufen.

Vielleicht werden in Zukunft wirklich die meisten Kriege im Cyberspace geführt, aber entschieden werden sie in der realen Welt. Und die Aufrüstung der großen

Akteure lässt vermuten, dass Cyberkriege nur eine Begleiterscheinung bleiben werden. Womit müssen wir rechnen? Traditionelle Schlachten gehören eher der Vergangenheit an. Vier neue Entwicklungen lassen sich unterscheiden:

1. Atomkriege
2. Kriege im Weltraum
3. Überallkriege
4. Nuklearer elektromagnetischer Puls

Sehen wir uns diese einmal genauer an:

1. Atomkriege

Im Jahr 2020 registrierte das Stockholmer Friedensinstitut SIPRI rund 13.400 Nuklearwaffen in den Arsenalen der neun Atommächte (Tab. 7.1).

Ungefähr 3720 davon sind operativ einsatzbereit, rund 1800 können unmittelbar gestartet werden.[139] Die Atommächte haben offensichtlich nicht die Absicht, sich davon zu trennen, wie SIPRI-Experte Shannon Kile

Tab. 7.1 Anzahl der Atomsprengköpfe aus dem *SIPRI Yearbook 2020* des Stockholm International Peace Research Institute mit einer Maximalschätzung für Nordkorea

Atommächte	Atomsprengköpfe 2020
USA	5800
Russland	6375
Vereinigtes Königreich	215
Frankreich	290
VR China	320
Indien	150
Pakistan	160
Nordkorea	40
Israel	90
Gesamt	13.440

der Deutschen Presse-Agentur sagte.[140] Es steht also zu befürchten, dass sie diese Waffen früher oder später einsetzen werden. Bomben von der Stärke der Hiroshima-Bombe gelten eher als klein, die sogenannten Fusions- oder Wasserstoffbomben erreichten die zwanzig- bis hundertfache Sprengkraft. „Klein" ist hier natürlich ein zweifelhafter Begriff. Die atomaren Explosionen über Hiroshima und Nagasaki töteten mehrere Hunderttausend Menschen und zerstörten die beiden Städte fast vollständig.

Die USA möchten in Zukunft „Mini-Nukes" einsetzen, die etwa ein Drittel der Explosionskraft der Hiroshima-Bombe besitzen. Der dafür entwickelte neue Gefechtskopf vom Typ W76-2 ist eine Weiterentwicklung der Standardtypen W76-0 und W76-1, von denen die USA insgesamt mehr als 3000 Stück produziert haben. Auch Russland besitzt Gefechtsköpfe dieser Stärke. Beide Staaten behalten sich ausdrücklich vor, diese Waffen in einer Kriegssituation gegen feindliche Truppen und militärische Einrichtungen einzusetzen.[141] Viele Forscher fürchten, dass damit die Schwelle zum Einsatz von Nuklearwaffen sinkt.[142] Wie im ersten Kapitel erläutert, reicht vermutlich schon ein Schlagabtausch mit 100 oder 200 Bomben vom Hiroshima-Typ aus, um das Erdklima katastrophal abzukühlen und weltweit jahrelang für Missernten zu sorgen – zusätzlich zu den unmittelbaren Verwüstungen und der Radioaktivität. Das muss noch nicht das Ende unserer Zivilisation bedeuten. Sollten die Atommächte allerdings auf die Idee kommen, mehr als 1000 nukleare Gefechtsköpfe einzusetzen, fänden wir uns vermutlich im Mittelalter wieder.

2. Krieg im Weltraum

Die meisten Menschen denken bei dem Stichwort „Weltraumkrieg" an riesige Sternenzerstörer und den Todesstern, obwohl sie natürlich wissen, dass die Abenteuer von Luke Skywalker und Han Solo mit unserer Wirklichkeit keine Berührungspunkte haben. Weniger bekannt ist, dass es bereits einen völkerrechtlich bindenden Vertrag gibt, der Kriege im Weltraum und auf anderen Himmelskörpern unterbinden soll. Mehr als 110 Staaten der Erde haben den *Weltraumvertrag* von 1967 bereits unterschrieben und ratifiziert. Das Webportal des deutschen Außenministeriums erklärt ihn wie folgt:

„Er legt Grundsätze fest, die die Weltraumaktivitäten von Staaten regeln. Danach ist der Erwerb von Hoheitsrechten an Teilen des Weltraums, am Mond und an anderen Himmelskörpern ausgeschlossen (Art. II WRV). Für den Weltraum wird eine weitgehende Freiheit der Forschung und der wirtschaftlichen Nutzung gewährt, die allerdings nicht schrankenlos gilt, sondern zum Vorteil und im Interesse aller Länder ungeachtet ihres wirtschaftlichen und wissenschaftlichen Entwicklungsstandes wahrzunehmen ist."[144]

Der Weltraum soll friedlich genutzt werden, die Stationierung von Atomwaffen oder anderen Massenvernichtungswaffen ist verboten. Auf dem Mond und auf anderen Himmelskörpern sollen keine militärischen Stützpunkte errichtet werden. Die Stationierung von Waffensystemen ist verboten. Auch militärische Übungen sollen unterbleiben. Schädliche Verunreinigungen (Weltraummüll) sollen vermieden werden. Militärische Aufklärungssatelliten sind allerdings nicht erwähnt. Diese Lücke wird inzwischen ausgiebig ausgenutzt. Im Jahr 2020 kreisten für die USA mehr als 200 solcher Satelliten[145] um die Erde. Russland betrieb 70 und China mehr als 60. Deutschland unterhielt sieben militärische Satelliten.[146]

China, Russland, die USA und Indien verfügen außerdem über Anti-Satelliten-Waffen.[147] Und die Aufrüstung im All geht weiter. Im Dezember 2019 haben die USA die US Space Force gegründet. Mit einer vorläufigen Sollstärke von 15.000 Mann ist sie die kleinste

Teilstreitmacht der USA. Es ist wohl nur eine Frage der Zeit, bis andere Staaten nachziehen.

Aber warum sollte es uns interessieren, ob die Großmächte gegenseitig ihre Satelliten vom Himmel holen? Auch wenn man es nicht sieht: Wir sind alle direkt betroffen. Schon heute verlassen sich die Wirtschaft, die Forschung und das Militär in aller Welt auf die Dienste von Navigations- und Fernmeldesatelliten. Das britische Wirtschaftsberatungsunternehmen London Economics hat 2017 berechnet, dass ein fünftägiger Ausfall aller Navigationssatelliten allein in Großbritannien einen Schaden von 5,2 Mrd. Britischen Pfund verursachen würde.[148] Wie im ersten Kapitel beschrieben, könnten auch wir schon bald auf Internet-Satelliten angewiesen sein. Die 10.000 bis 20.000 Satelliten werden bis 2030 die leitungsgebundenen Netze weitgehend ersetzen.

Leider sitzen wir damit buchstäblich auf einem Pulverfass. Sollte ein böswilliger Akteur einige der Satelliten in die Luft sprengen, können deren Trümmerteile weitere Satelliten zerstören, bis eine gewaltige Trümmerwolke alles zerschlägt, was auf einer niedrigen Erdumlaufbahn fliegt. Wie im ersten Kapitel schon besprochen, ist diese Katastrophe unter dem Stichwort „Kessler-Syndrom" bekannt.

Der Aufwand für einen Anschlag wäre gering. Sie und ich könnten problemlos einen sogenannten Nanosatelliten starten lassen. Die würfelförmigen CubeSats haben ein Standardvolumen von etwa einem Liter. Wer möchte, kann auch zwei, drei oder vier solcher Würfel zu einem Minisatelliten kombinieren.

Für spezielle Dienstleister und für die Anbieter kommerzieller Raketenstarts ist das ein großer Markt geworden. Bis 2018 waren bereits mehr 1100 solcher Systeme ins All gestartet – und die Anzahl wächst weiter.[149] Der Start kostete 2020 rund 100.000 US-Dollar für einen

CubeSat und der Preis sinkt ständig. Sollte irgendjemand auf die bösartige Idee kommen, eine Flotte explosiver CubeSats zu starten und die kreisenden Internet-Satelliten in eine Trümmerwolke zu verwandeln, hätte er gute Chancen auf einen Erfolg. Dieses Szenario ist ein gutes Beispiel für die von Nick Bostrom entwickelte „Vulnerable World Hypothesis".

3. Der Überall-Krieg

Unter dem Titel *Die Zukunft der Kriege: High-Tech-Milizen führen schwelende Stellvertreterkriege* schilderte die renommierte *Financial Times* im Januar 2020 die Befürchtungen von Militärs und Wissenschaftlern zur Zukunft der Kriegsführung.

Die Zeitung zitiert darin unter anderem den amerikanischen Strategieexperten Sean McFate. Er erwartet, dass Kriege in Zukunft weder anfangen noch enden, sondern vor sich hin glimmen und zwischendurch immer wieder auflodern. Kleine Einheiten, von bekannten oder unbekannten Hintermännern bezahlt, kämpfen für Gott und für Geld. Gleichzeitig erodiert die Macht von Staaten oder Militärbündnissen. Schon heute ist die NATO das einzige Militärbündnis von weltweiter Bedeutung. Russland hat keine nennenswerten Bundesgenossen[151] und auch China oder Indien kämpfen weitgehend allein. Möglicherweise werden auch die Megastädte der Zukunft, in denen sich mehr als 20 Mio. Einwohner drängen, größere Autonomie einfordern. Internationale Konzerne könnten ebenfalls als eigene Machtgruppen agieren und Kriege schüren.

Bereits heute haben Staaten begonnen, Milizen zu bezahlen und aufzurüsten, um in fremden Staaten ihre Interessen durchzusetzen. Klassische Kriege, in denen Armeen Schlachten ausfechten, werden immer seltener. Angriffe gegen Infrastrukturen und zivile Ziele werden

zunehmen. Kleinere und mittlere Staaten sowie nichtstaat-
liche Akteure könnten versucht sein, auf diese Weise ihre
Interessen durchzusetzen.

Der Iran finanziert und bewaffnet die Hisbollah-Miliz
in Syrien und im Libanon. Die Türkei hat 2020 arabische
Milizionäre bezahlt, damit sie für Aserbaidschan gegen
Armenien kämpfen. Die Türkei setzte in diesem Krieg
zum ersten Mal auch in großem Maßstab Kampfdrohnen
ein. Der wissenschaftliche Dienst des US-Kongresses
schrieb dazu:

„Weil die Drohnen und Stellvertreterkrieger das
politische und wirtschaftliche Risiko für die Türkei
minimieren, hat die türkische Regierung wenig Zurück-
haltung bei deren Einsatz gezeigt."[152]

Drohnen, die Raketen tragen, sind groß und können
nicht überall starten oder landen. Deshalb geht die Entwicklung zu kleineren Systemen. Die amerikanische Firma
Aero Vironment produziert Miniaturdrohnen unter dem
Namen *Raven*.[153] Sie tragen ein Tag und Nacht nutz-
bares Videosystem sowie einen IR-Laserilluminator zur
Zielmarkierung. Ein Fußsoldat kann das nur 2 Kilogramm wiegende Gesamtsystem problemlos im Gepäck
mitführen. Der Islamische Staat hat ebenfalls kleine,
überall erhältliche Drohnen eingesetzt, um gezielt Spreng-
ladungen abzuwerfen.

Inzwischen arbeiten Wissenschaftler bereits an der Entwicklung von Drohnenschwärmen. Sie sollen in Massen
über gegnerischen Gebieten abgesetzt werden und greifen
dann selbstständig die einprogrammierten Ziele an. Dabei
stimmen sie sich untereinander ab, um die Attacken
möglichst effektiv zu gestalten. Beispielsweise würden
sie bei Angriffen auf gegnerische Panzer festlegen, dass
maximal vier Drohnen das gleiche Fahrzeug angreifen.
Weil diese Waffen der menschlichen Kontrolle entzogen
sind, könnten sie außerordentlich gefährlich werden.

Der amerikanische Wissenschaftler und Autor Zak Kallenborn kam in einer Untersuchung für das United States Air Force Center for Strategic Deterrence Studies zu dem Schluss, dass bewaffnete und autonom agierende Drohnenschwärme durchaus als Massenvernichtungswaffen angesehen werden müssen.[155]

Die Idee ist nicht wirklich neu. Der geniale Science-Fiction-Autor Stanisław Lem hat bereits 1964 in seinem Roman *Der Unbesiegbare* eine Welt entworfen, in der Maschinenwesen einen langen Krieg ausfechten. Massenhaft auftretende insektengroße Roboter gewinnen schließlich den Kampf. Sie finden sich zu riesigen Schwärmen zusammen und machen ihre Gegner mit gewaltigen Magnetfeldern kampfunfähig. Dabei rotten sie quasi nebenbei auch alle höher entwickelten Tiere aus, weil sie deren Nervensysteme zerstören.

Seit mehr als 50 Jahren träumen Ingenieure und Militärs von noch kleineren Systemen, den sogenannten Nanobots oder Naniten. Bisher tauchen sie nur in Science-Fiction-Erzählungen auf, denn noch kann sie niemand herstellen. Auf virtuellen Zeichenbrettern sind aber bereits winzige Roboter entstanden, neben denen sich menschliche Blutzellen wie Blauwale ausnehmen. Sie sollen zukünftig beispielsweise im menschlichen Körper verstopfte Gefäße aufbohren oder Entzündungen behandeln. Wenn Naniten überhaupt je gebaut werden, wären sie wie geschaffen für verdeckte Kriege. Ihre geringe Größe und enorme Flexibilität machen sie zu einem perfekten Zerstörungswerkzeug. Sie könnten sich beispielsweise in den Abzug von Gewehren setzen und dort Säure oder Klebstoff absondern. Binnen weniger Stunden wären die Waffen unbrauchbar. Wenn man fliegende Nanobots darauf programmiert, auf die Quelle eines Radarsignals zuzufliegen, würden sie sich wie ein Mückenschwarm auf die Antenne setzen und das Gerät blind machen. Wärmeliebende Nanobots würden in elektrische Geräte kriechen, um sie kurzzuschließen. Bislang spricht aber glücklicherweise nichts dafür, dass die Nanobots in absehbarer Zeit Realität werden. Derzeit fristen sie ein ausschließlich virtuelles Leben als Objekte von großzügig geförderten Forschungsvorhaben.

Mehrere Staaten experimentieren mit *Hyperschallwaffen,* die binnen weniger Minuten eine konventionelle oder nukleare Sprengladung[156] um die halbe Welt tragen können. Die „Hyperschall-Gleiter" sitzen statt der Sprengköpfe auf der Spitze von Interkontinentalraketen und gleiten ins Ziel, wobei sie Geschwindigkeiten von über 27.000 km/h erreichen. Sie sollen dabei Kurven fliegen und allen Abfangraketen ausweichen können. Es ist allerdings sehr zweifelhaft, ob sie wirklich so gut steuerbar sind. Zum einen sind sie von einem Mantel aus glühender Luft umgeben, die keine Radiosignale passieren lässt. Zum anderen würde eine enge Kurve bei diesem Tempo extreme Zentrifugalkräfte auslösen. Russland gibt an, ein solches System unter dem Namen *Avangard* bereits im Einsatz zu haben. Andere Länder wie die USA, China und Indien experimentieren noch damit. Neben den Gleitern, die aus dem erdnahen Weltraum in die Atmosphäre eindringen, wollen mehrere Staaten eine Art rasende Cruise-Missiles bauen. Sie würden nach den aktuellen Planungen etwa Mach 10 (ca. 12.000 km/h) erreichen. Neben den USA, China, Russland und Indien arbeiten auch Japan und Frankreich daran. Solche Flugkörper würden 5000 Kilometer in weniger als einer halben Stunde zurücklegen. Sie wären mit einem normalen Radar kaum zu erfassen und würden ohne Vorwarnung über Kontinente hinweg massive Zerstörungen anrichten.[157]

Es ist kein gutes Vorzeichen, dass mehr und mehr Staaten ihre Fähigkeit vervollkommnen möchten, unerkannt aus großer Entfernung zuzuschlagen. Krieg und Terror werden vermutlich mehr und mehr ineinander übergehen.

4. Der EMP

Eine kleine Atombombe kann selbst dann gewaltige Schäden anrichten, wenn man sie nicht am Boden, sondern in 100 bis 500 Kilometern Höhe zündet. Ihr Hitzeball verbrennt keine Menschen und löst keinen Feuersturm aus, ihre Druckwelle zerfetzt keine Lungen und wirft keine Häuser um, selbst ihre Strahlung bleibt gering. Dennoch bereitet sie den Militärs arges Kopfzerbrechen, denn die Wechselwirkung mit den oberen Luftschichten macht die Bomben zur idealen Hightech-Waffe.

Die bei der Atomexplosion entstehende intensive Gammastrahlung ionisiert die obere Atmosphäre. Dadurch kommt eine ganze Kaskade von Ereignissen in Gang, die in einem sogenannten Elektromagnetischen Puls (EMP) münden, der im Umkreis von mehreren Hundert Kilometern auf dem Boden eine extrem schnell ansteigende elektrische Spannung erzeugt. Sie induziert in allen ungeschützten elektrischen Geräten einen plötzlichen Stromfluss, der Handys, Fernseher, Laptops, Computer und die Basisstationen der Mobilfunknetze auf der Stelle zerstört. Selbst lebenswichtige Anlagen wie die Steuereinrichtungen von Strom- und Wasserversorgern oder die Leitwarten von Kraftwerken sind gegen einen EMP weitgehend wehrlos. Im Umkreis von einigen Hundert Kilometern um den Explosionsort fällt deshalb augenblicklich der Strom aus. Bei dem Ausmaß der Zerstörung dauert es Tage oder Wochen, bis der Schaden behoben werden kann. Ohne Elektronik lässt sich der Druck in den Wasserrohren kaum noch kontrollieren, vielfach werden deshalb Leitungen platzen oder trockenfallen. Die Elektronik von Autos mit Verbrennungsmotoren ist besser gesichert, weil vom Motor selbst beträchtliche Störungen ausgehen können. Telefone funktionieren nicht mehr, sogar die Notrufe von Polizei und Feuerwehr sind tot.

In den Krankenhäusern werden fast alle Röntgengeräte, Ultraschallgeräte und Intensivüberwachungssysteme mit einem Schlag unbrauchbar. Fünf bis zehn EMPs würden reichen, um in ganz Europa einen Großteil aller elektronischen Anlagen unwiederbringlich zu zerstören. Mit 30 Explosionen könnte man die Welt ins 19. Jahrhundert zurückbefördern. Militärische Anlagen sind gegen EMPs gehärtet und würden sie vermutlich überstehen.

Das ergibt schon ein unheimliches Szenario, aber ist es überhaupt realistisch? Wer immer einen solchen Angriff starten will, muss über Atombomben und Interkontinentalraketen verfügen. Er würde außerdem in Kauf nehmen müssen, dass sein eigener Staat durch den Gegenschlag vollständig ausgelöscht wird, denn das Militär der Gegner wird von dem Angriff am wenigsten gelähmt.

In den Jahren 2012 und 2013 tauchten in der konservativen amerikanischen Presse Spekulationen auf, dass Nordkorea eventuell eine EMP-Attacke gegen die USA plant. Aus militärischer Sicht wäre das Selbstmord, denn die Attacke würde zwar massive zivile Schäden anrichten, aber die Fähigkeit der USA zu einem Vergeltungsschlag nicht beeinträchtigen. Die Machthaber Nordkoreas sind zwar schwer auszurechnen, aber sie würden wohl nicht die Existenz ihres Landes aufs Spiel setzen. 2019 und 2020 kam das Thema erneut auf, diesmal mit China als potenziellem Angreifer.[158] Wieder griff die konservative Presse das Thema auf, aber es fehlt jeder belastbare Beweis, dass China tatsächlich einen EMP-Angriff plant oder auch nur in Erwägung zieht.

Auch die Sonne könnte eine Art EMP-Angriff auf die Erde unternehmen. Bis vor etwa 200 Jahren hätte die Menschheit das nicht einmal bemerkt, aber heute könnte ein solches Ereignis unserer Zivilisation einen tödlichen Schlag versetzen. Bei sogenannten koronalen Massenauswürfen, auch „Sonnensturm" genannt, schießen große

Mengen elektrisch geladenen Plasmas in den Weltraum. Von der Sonne aus betrachtet ist die Erde ein winziges Ziel und die meisten Massenauswürfe fliegen vorbei. Wenn eine Plasmawolke uns aber wirklich frontal erwischt, verformt sie die Magnetosphäre der Erde und erzeugt auf der Erdoberfläche einen Magnetsturm. Die meisten davon zeigen sich als eher laue Lüftchen, aber ab und zu entsteht ein magnetischer Orkan. Im Jahr 1989 unterbrach ein solcher Magnetsturm die Stromversorgung im kanadischen Quebec. Das bisher heftigste registrierte Ereignis dieser Art geschah im Jahr 1859 und ist als „Carrington-Event" bekannt. Eine flächendeckende Stromversorgung existierte damals nicht, die einzige großtechnische Anwendung der Elektrizität waren Telegrafenverbindungen. Vor den Augen entsetzter Telegrafenangestellter stoben Funken aus den Leitungen, einige der Telegrafenpapierstreifen gerieten in Brand. Die Ausrüstung war damals glücklicherweise robust und die Schäden waren schnell repariert. Heute würden im schlimmsten Fall die Transformatoren der Hochspannungsleitungen durchschlagen. Solche tonnenschweren Systeme lassen sich nicht in einigen Stunden ersetzen. Die Stromausfälle würden deshalb mehrere Wochen dauern. Das wäre nicht so gut. Wie das Büro für Technikfolgen-Abschätzung des Bundestages so treffend dazu schrieb: „Ein Kollaps der gesamten Gesellschaft wäre kaum zu verhindern".

Das Carrington-Event von 1859 muss übrigens nicht den schlimmsten Sonnensturm der menschlichen Geschichte repräsentieren. Untersuchungen an Baumringen ergaben für die Jahre 774 bis 775 eine seltsame Anomalie. Die Menge des radioaktiven Kohlenstoff-Isotops C-14 stieg plötzlich auf das Doppelte an, um dann langsam wieder auf den Normalwert zurückzufallen. Als eine der möglichen Ursachen wird ein Sonnensturm diskutiert, dessen Energie das Carrington-Event mindestens um den Faktor 15 übertroffen hätte. Weitere Ereignisse dieser Art ließen sich für 600 und 993/994 v. Chr. nachweisen. Sollte ein solcher Orkan heute über uns hereinbrechen, wären Stromnetze und Internet nach wenigen Minuten nur noch eine schöne Erinnerung. Natürlich ist ein solches Ereignis außerordentlich selten, aber wir sollten uns nicht zu sicher fühlen. Bevor der Vesuv die Stadt Pompeji mit mehr als 20 Metern Asche zuschüttete, war er jahrhundertelang ruhig geblieben und galt als erloschen.

Seit 2015 ist ein Satellit zwischen Erde und Sonne platziert, der unter anderem vor geomagnetischen Stürmen warnt. Das Deep Space Climate Observatory (deutsch: Klimaobservatorium im tiefen Weltraum), abgekürzt DSCOVR, beobachtet die Erde und misst das Sonnenmagnetfeld. Es würde einen Sonnensturm etwa 15 bis 60 Minuten vor dem Auftreffen auf die Erde erkennen. Das ist etwas knapp, könnte aber ausreichen, um die größten Schäden zu vermeiden.

Si vis pacem ...

„Wenn du Frieden willst, sei zum Krieg bereit" (Si vis pacem para bellum), lautet ein lateinisches Sprichwort. Ganz gleich, ob es stimmt – fast alle Akteure handeln danach. Von wenigen Ausnahmen abgesehen, betonen die Staaten der Welt ständig ihren Friedenswillen – und rüsten gegeneinander auf. Die Frage ist nur, ob dieses Verhalten einen großen Krieg dauerhaft vermeidet. Der Erste Weltkrieg gilt bei vielen (nicht allen!) Historikern als Beispiel eines verheerenden Kriegs, den eigentlich niemand wollte, den alle Seiten auch nach seinem Ausbruch noch für beherrschbar hielten und der schließlich vier Jahre lang in beispiellosem Maße Menschen und Material verschlang. Vor dem Krieg standen die Staaten Europas in einem regen Austausch. Die politische und wissenschaftliche Elite kannte sich gut und der Handel über die Grenzen hinweg florierte. Ein alles vernichtender Krieg schien unmöglich. Vorsichtshalber rüstete man auf, damit niemand auf die Idee kam, man sei wehrlos. Aber gleichzeitig blühte, von vielen unterschätzt, der Nationalismus.

Wäre ein großer Krieg auch heute noch möglich? Ein mögliches Szenario habe ich im ersten Kapitel schon entworfen. Es beschreibt eine Eskalation entlang bestehender Konfliktlinien. Ob wirklich jemand absichtlich die Welt in den Abgrund gestürzt hat, ist dabei unwichtig. Schon in der Zeit des Kalten Krieges schlitterte die Welt gleich mehrfach knapp an einem großen atomaren Schlagabtausch zwischen den USA und der Sowjetunion vorbei.[159] Auf so viel Glück darf sich die Welt nicht dauerhaft verlassen. Denn auch heute wären Kriege jederzeit möglich, nicht zuletzt, weil sich die Machtverhältnisse zwischen China und den USA deutlich verschieben. Die Gefahr eines militärischen Zusammenstoßes ist schon heute groß – und wächst ständig, auch weil China zielstrebig eine weltweit operierende Marine aufbaut.[160] Während das in Europa kaum jemand wahrgenommen hat, beobachten die USA und Japan diese beispiellose Aufrüstung mit großer Sorge. Chinas Kriegsflotte gilt laut dem *2020 China Military Power Report* bereits als die größte der Welt.[161] Und die Kriegsschiffe sind sehr viel moderner bewaffnet und ausgestattet als die der USA.[162]

Auch Japan fühlt sich davon bedroht. Das Land hat für einen Inselstaat eine sehr kleine Marine. Das ist noch immer eine Folge des Zweiten Weltkriegs, als die USA die damals gewaltige japanische Flotte vollständig vernichtete. China und Japan erheben beide Anspruch auf eine Gruppe winziger unbewohnter Inseln. In Japan heißen sie Senkaku, China nennt sie Diaoyu. Japan verwaltet die Inseln seit Jahrzehnten, aber sowohl China also auch Taiwan betrachten sie als ihr jeweiliges Staatsgebiet. Um die Inseln herum werden große Gas- und Ölvorkommen vermutet. China schickt immer wieder Kriegsschiffe in das umstrittene Gebiet. Japan rüstet seine Seestreitkräfte deshalb in den letzten Jahren hastig auf.[163]

China selbst wiederum ist alles andere als stabil und könnte auf einen Krieg setzen, um von inneren Problemen abzulenken. Ein mögliches Szenario könnte so aussehen: Irgendwann wird in China das Wirtschaftswachstum nachlassen. Die Zahl der Arbeitslosen in den Städten wird ansteigen und damit auch die Unzufriedenheit der Menschen. Dann wird die Lage kritisch, denn das Regime bezieht einen großen Teil seiner Popularität aus dem Versprechen einer besseren Zukunft. Und das ist nicht alles: Auch die Versorgung mit Lebensmitteln ist nicht gesichert. Der ländliche Raum blutet aus, weil viele Bauern lieber in die boomenden Städte ziehen. Der Wind verweht dann die Krume der brachliegenden Äcker. Bis 2025 erwartet die regierungsnahe China Academy of Social Sciences eine Versorgungslücke von 130 Mio. Tonnen Getreide.[164]

In einem Essay von 13. März 2013 zitiert *Der Spiegel online* einen chinesischen Diplomaten mit den Worten: „China ist weit instabiler, als es im Ausland wahrgenommen wird."[165]

Die chinesische Regierung wird möglicherweise den Konflikt mit Japan, Indien oder den USA benutzen, um die Unzufriedenheit nach außen abzuleiten. Oder sie könnte auf die Idee kommen, Taiwan anzugreifen. Offiziell betrachtet China die Insel als abtrünnige Provinz und behält sich das Recht vor, sie wieder in das Reich zurückzuholen – friedlich oder mit Gewalt.[166] Im schlimmsten Fall würde sich Nordkorea ermutigt fühlen, im Windschatten eines chinesischen Kriegs gegen Taiwan Südkorea anzugreifen. Ausgerechnet in Taiwan und

Südkorea liegen aber die wichtigsten Produktionsanlagen für hochintegrierte Chips. Aber auch andere Konflikte könnten gefährlich werden.

Indien und China sind in einen seit Jahrzehnten schwelenden Grenzstreit verwickelt. Die Grenze zwischen den beiden Staaten ist 3500 Kilometer lang. Beide beanspruchen große Gebiete, die der jeweils andere Staat derzeit kontrolliert. Indien beschuldigt China immer wieder, an verschiedenen Stellen der im Hochgebirge verlaufenden Grenze auf indisches Gebiet vorzudringen. Allein 2020 starben bei Zusammenstößen 20 indische Soldaten.

Ebenfalls seit Jahrzehnten streiten Indien, China und Pakistan um die Region Kaschmir. Alle drei Länder erheben Gebietsansprüche, die sich so weit ausschließen, dass ein Kompromiss beinahe unmöglich ist, ohne dass eine Seite ihr Gesicht verliert. Indien hat gegen China und Pakistan bereits mehrere Kriege in der Region geführt. Wir sollten uns deshalb keiner Illusion hingeben: Die Völker Asiens und ihre Regierungen sehen sich nicht in einer friedlichen Welt, im Gegenteil, sie leben in einem latenten Kriegszustand. Pakistan, Indien, China und Japan rüsten seit Jahren massiv auf. Alle diese Staaten kultivieren außerdem sorgfältig ein äußeres Feindbild, auf das sie bei Bedarf innere Konflikte projizieren. Dieser ständige Tanz am Abgrund wird irgendwann im 21. Jahrhundert zum Krieg führen – wenn die Welt nicht eine Möglichkeit findet, die Konflikte zu entschärfen.

Die Stabilität der Atommächte

Wenn ein Staat genügend Atomwaffen besitzt, um die Erde in einen nuklearen Winter zu stürzen, sollte er damit einigermaßen verantwortungsvoll umgehen. Darauf ist aber kein Verlass. Russland durchlebte nach dem Zerfall der Sowjetunion eine Phase des politischen Chaos und wirtschaftlichen Niedergangs. Wladimir Putin hat das Land wieder aufgerichtet, regiert aber zunehmend autoritär und hat offenbar fabelhafte Reichtümer für seine Familie zusammengerafft. Er bestreitet das vehement, aber in jedem Fall grassiert in Russland auf allen Ebenen eine lähmende Korruption. Wenn Putin abtritt, freiwillig oder unfreiwillig, muss die Welt mit Diadochenkämpfen rechnen. Selbst in den USA zeigt die Demokratie Risse. Ex-Präsident Donald Trump hat 2020 all seine Machtmittel eingesetzt, um trotz seiner Wahlniederlage weiterregieren zu können. Viele Amerikaner haben erschüttert miterlebt, dass es einem wütenden Mob gelang, das Kapitol, den Sitz des amerikanischen Parlaments, zu stürmen und zu plündern.

Die Tab. 7.2 zeigt verschiedene Daten zu den Atommächten, aus denen sich Schlüsse zur Stabilität und Bewertung von Menschenrechten ziehen lassen. Die

Tab. 7.2 Indikatoren für Pressefreiheit (PFI), Instabilität (FSI), wahrgenommene Korruption (CPI) und Einkommensungleichheit (Gini-Index)

	Pressefreiheit PFI 2020	Fragilität FSI 2020	Korruption CPI 2020	Gini-Index 2018/2019
USA	23,9	38,3	67	41,1*
Russland	48,9	72,6	30	37,5
UK	22,9	38,3	77	33,5
Frankreich	22,9	30,5	69	29,2
VR China	78,5	69,9	42	38,5*
Indien	45,3	75,3	40	35,7**
Pakistan	45,5	92,1	31	33,5*
Nordkorea	85,8	90,2	18	?
Israel	30,8	75,1	60	39,0*
Deutschland	12,2	23,2	80	29,7
Japan	28,9	32,3	74	32,9**

* Zahlen von 2015/2016, ** Zahlen von 2011 (Indien) oder 2013 (Japan)

Daten für Japan und Deutschland dienen nur zum Vergleich. Folgende Parameter habe ich herangezogen:

- die Rangliste der Pressefreiheit (Press Freedom Index – PFI), die eine Bewertung der Pressefreiheit aufstellt und jährlich auf der Grundlage von Fragebögen von der Nichtregierungsorganisation *Reporter ohne Grenzen* erstellt wird. Norwegen hat die beste Bewertung (7,8) und Nordkorea die schlechteste (85,8).[167]
- den Korruptionswahrnehmungsindex (Corruption Perception Index – CPI) von Transparency International für das Jahr 2020.[168] Je höher der Wert steigt, desto geringer ist die wahrgenommene Korruption. Den besten Wert hat Dänemark (88), den schlechtesten Somalia und Südsudan (12). Von 180 Staaten haben 85 einen Wert über 40. China liegt auf Platz 78, Russland auf Platz 129.
- den Fragile States Index (FSI), zusammengestellt von der amerikanischen Nichtregierungsorganisation „The Fund for Peace" für 2020[169]. Er beurteilt anhand von zwölf Kriterien, wie stabil ein Staat ist. Je höher der Wert, desto fragiler der Staat. Finnland ist der stabilste Staat (14,6), während der Jemen am anderen Ende der Liste (112,4) als „failed state" gelten darf. Ab einem Wert von 60 gilt die Stabilität als gefährdet (Status: „warning").
- den Gini-Index, der die Einkommensungleichheit wiedergibt. Je höher die Zahl, desto ungleicher sind die Einkommen verteilt. Die meisten Angaben stammen von der Weltbank, die Zahlen für Deutschland, Frankreich und das Vereinigte Königreich von Eurostat.[171]

Drei der vier Kriterien (PFI, CPI und FSI) beruhen auf Bewertungen, nur der Gini-Index ergibt sich aus statistischen Erhebungen zur Einkommensverteilung. Die

Korruption eines Landes lässt sich dagegen nicht genau erheben, weil Bestechung überall verboten ist, selbst dort, wo man ohne heimliche Geldzahlungen nicht weiterkommt. Deswegen geben PFI, CPI und FSI die Situation in einem Land nur ungefähr wieder, und man könnte darüber streiten, ob man wirklich noch Stellen hinter dem Komma angeben soll. Ein modernes Digitalthermometer zeigt die Temperatur auch auf eine Stelle hinter dem Komma genau an, obwohl es nicht annähernd so genau geeicht ist. Aber der Wert liefert uns trotzdem einen guten Hinweis darauf, ob es zu warm oder zu kalt ist. So sollte man auch die Tab. 7.2. lesen.

Die Ergebnisse stimmen bedenklich. Russland legt wenig Wert auf Pressfreiheit (PFI 48,9), ist reichlich instabil (FSI 72,6) und ziemlich korrupt (CPI 30). Die Einkommen sind deutlich ungleicher verteilt als in Frankreich, Deutschland oder Japan. Pakistan ist extrem korrupt und hat mit inneren Unruhen zu kämpfen. Eine Mehrheit der Menschen in Schottland würde gerne das Vereinigte Königreich verlassen, was auch nicht gerade zur Stabilität beiträgt. Immerhin darf die britische Presse einigermaßen ungehindert arbeiten und die Korruption ist gering. In den USA hat der Präsident die alleinige Entscheidung über den Einsatz von Atomwaffen. Deshalb bereitete Donald Trumps erratisches Benehmen nach seiner Wahlniederlage im November 2020 einigen Politikern in Washington gewaltige Sorgen. Was, wenn er lieber die Welt in die Luft sprengt, als sich ruhmlos davonzuschleichen? Anfang Januar 2021 informierte Nancy Pelosi, die Sprecherin des US-Repräsentantenhauses, die Abgeordneten, sie habe mit dem Chef der Streitkräfte gesprochen, um zu klären, wie man einen instabilen Präsidenten daran hindern kann, einen Atomangriff zu befehlen.

Insgesamt würde ich der Mehrzahl der Atommächte nicht einmal mein Taschenmesser ohne Bedenken anvertrauen, von Atomsprengköpfen, Hyperschallbomben und Weltraumwaffen ganz zu schweigen.

8

Die Logik des Zusammenbruchs

[Der Zusammenbruch von Kulturen lehrt], „dass der schnelle Verfall einer Gesellschaft früh einsetzen kann – schon ein oder zwei Jahrzehnte, nachdem ihre Bevölkerungszahl, ihr Reichtum und ihre Macht den Höhepunkt erreicht haben."

Jared Diamond, Collapse[172]

Zusammenfassung In den letzten 4000 Jahren hat es, je nach Zählung, mehr als 50 Hochkulturen auf allen Kontinenten gegeben. Die wenigsten davon haben Spuren in unserer Erinnerung hinterlassen. Warum sind sie alle verschwunden, und was können wir daraus für unsere globale digitale Zivilisation lernen?

© Springer-Verlag GmbH Deutschland, ein Teil von Springer Nature 2021
T. Grüter, *Offline!*, https://doi.org/10.1007/978-3-662-63386-1_8

In den letzten 4000 Jahren hat es, je nach Zählung, 50 oder mehr Hochkulturen auf allen Kontinenten gegeben.[173] Manche hinterließen Scherben, andere bauten Pyramiden und wieder andere drückten Keile in Schrifttafeln aus weichem Ton. Die wenigsten aber haben Spuren in unserer Erinnerung hinterlassen. Keine Überlieferung erzählt von den eindrucksvollen keltischen Oppida in Österreich, Deutschland und Frankreich, den reichen ummauerten Städten der europäischen Eisenzeit. Wir kennen nicht einmal ihre Namen. Erstaunlich viele alte Hochkulturen lassen einen typischen Entwicklungszyklus erkennen: Sie stiegen langsam auf und zerfielen binnen weniger Jahrzehnte nach ihrer höchsten Blüte. Man könnte das als böses Vorzeichen ansehen. Als moderne Menschen glauben wir natürlich nicht an solche Omen. Suchen wir also nach rationalen Ursachen und überlegen dann, ob sich ähnliche Entwicklungen auch in der Gegenwart finden lassen. Fangen wir mit dem Römischen Reich an. Sein Aufstieg und sein Ende sind vergleichsweise gut dokumentiert.

Das Ende des Imperiums

Zu der Frage, warum das Imperium Romanum auseinandergefallen ist, gibt es annähernd so viele Theorien wie Historiker. Das antike Rom stand nicht nur im Zentrum eines riesigen Reichs, sondern begründete auch eine modern anmutende Zivilisation mit geschriebenen Gesetzen, technischen Standards, einer durchdachten Verwaltung und einer einheitlichen Währung. Viele Städte verfügten über eine vorbildliche Wasserversorgung und Kanalisation. Mehr als 80.000 Kilometer gepflasterte Straßen durchzogen das Reich. Viele davon existieren heute noch.

Der englische Historiker und Archäologe Bryan
Ward-Perkins hat sich mit der Frage befasst, warum mit
dem Imperium Romanum gleich die gesamte römische
Zivilisation verschwand, ohne dem Mittelalter ihre
Errungenschaften zu vererben.[174] Auch die Zeitgenossen
von Karl dem Großen oder von Kaiser Friedrich II. hätten
sicherlich gerne Häuser mit Fußbodenheizung, Toiletten
mit Wasserspülung und feste Landstraßen gehabt. Die
römische Zivilisation kannte all diese Annehmlichkeiten.
Die Städte des christlichen Mittelalters wirkten dagegen
geradezu vorsintflutlich. Selbst im glanzvollen Schloss von
Versailles fehlten die Toiletten. Ging Rom eventuell an
seiner eigenen Dekadenz zugrunde, an der Übersättigung,
die mit der Verfeinerung einer materiell ausgerichteten
Lebensart einhergeht? Dann sollten wir gewarnt sein.
Oder haben germanische Invasoren in ihrer Ignoranz alles
zerschlagen? Versuchen wir eine Bestandsaufnahme.

Der Anfang vom Ende

Im 3. und 4. Jahrhundert n. Chr. ließ es sich im
Römischen Reich bequem leben, auch wenn die
Macht des Kaisers bereits bröckelte. Die Verwaltung
funktionierte, die Fernhandelswege waren sicher, große
Manufakturen versorgten das gesamte Reich mit hoch-
wertigen Waren zu günstigen Preisen. Wer ein Haus
bauen wollte, konnte die notwendigen Rohre, Ziegel und
Balken überall beziehen, die Maße waren standardisiert.
Die Baumeister des Reichs hüteten das Rezept für den
betonharten römischen Mörtel. Dank der Beimischung
von vulkanischem Tuffgestein überdauerte er Jahrhunderte
und hält manchmal heute noch. Nur an zwei Stellen im
Reich konnte der wertvolle Rohstoff abgebaut werden:
bei Pozzuoli in Italien und in der deutschen Vulkaneifel.

Wer ein römisches Ziegelhaus bauen ließ, brauchte also Materialien aus den verschiedensten Ecken des Reichs und einen gut ausgebildeten Baumeister. Trotz aller Unruhen war das bis ungefähr 400 n. Chr. nie ein Problem.

Zu Beginn des 5. Jahrhunderts aber kam es für die Bewohner des römischen Britanniens zur ultimativen Katastrophe. Im Jahr 406 überquerten Zehntausende Germanen zwischen Mainz und Worms von Osten her den Rhein. Die Stämme der Alanen, Sueben und Vandalen flohen vor den Hunnen oder suchten einfach ein besseres Leben im sicheren Reichsgebiet, so genau weiß das heute niemand mehr. Sie überrannten die römische Grenzverteidigung und plünderten ungehindert in Gallien (Frankreich) und Iberien (Spanien). Das Reich konnte nicht genügend Truppen aufbieten, um sie zu schlagen oder auch nur abzudrängen. Zum ersten Mal seit Jahrhunderten war die Ordnung im nördlichen Reichsgebiet dauerhaft gestört, Britannien war abgeschnitten. Bis zur Mitte des Jahrhunderts zog ein Großteil der dort stationierten römischen Legionen ab. De facto hatte das Reich die Provinz Britannien aufgegeben. In Südostengland landeten immer mehr Angeln und Sachsen. Sie drängten die Reste der römischen Zivilisation weiter nach Westen zurück. Handel mit dem Reich war kaum noch möglich, selbst Produkte des täglichen Lebens kamen in Britannien nicht mehr an. Viele romanisierte Briten flüchteten in dieser Zeit über den Kanal nach Süden in die Bretagne.

Nach sorgfältiger Untersuchung der archäologischen Funde kam Ward-Perkins zu dem Schluss, dass die wirtschaftliche Komplexität des römischen Lebens in England nach der Invasion der Germanen schlagartig auf ein vorzivilisatorisches Niveau zurückging. Ab dem 5. Jahrhundert baute in England niemand mehr Häuser nach römischem Standard. Die komfortablen Steinhäuser mit

Fußbodenheizung wichen primitiven Holzhäusern. Auch das qualitativ hochwertige römische Tafelgeschirr machte grob gefertigter und schlecht gebrannter Ware Platz. Das überrascht eigentlich niemanden und ist Archäologen und Historikern lange bekannt.

Ward-Perkins fand diesen Verfall aber auch in den von Germanen *nicht* eroberten Bereichen von Wales und Cornwall. Dort hielten sich Reste der römisch-britannischen Gesellschaft noch mehrere Jahrzehnte lang, bevor auch sie den Angeln und Sachsen unterlagen. Woran kann das gelegen haben? Im Römischen Reich herrschte eine weitgehende Arbeitsteilung: Einige wenige große Fabriken stellten hochwertige Waren für das ganze Reichsgebiet her. Die Pax Romana gewährleistete eine ungestörte Verteilung. Diese Waren fehlten nach der Invasion. Das römische Geschirr beispielsweise wurde industriell in exzellenter Qualität gefertigt und in einem riesigen Umkreis verkauft. Ein beträchtlicher Teil der in Britannien verkauften Ware stammte aus einer Fabrik bei La Graufeseneque in Südfrankreich. Auch die Steine, der Mörtel, die Rohre, die Fliesen oder die Bauhölzer waren vorgefertigt und standardisiert. Die reisenden Bautrupps waren aufeinander eingespielt und errichteten die komplexen Konstruktionen zu tragbaren Preisen – das dürfen wir jedenfalls annehmen, denn komfortable Steinhäuser waren im römischen Britannien weit verbreitet. Aber nachdem die Verbindung zum Festland abgerissen war, kamen die Waren nicht mehr an und an eine lokale Produktion war nicht zu denken. Erstklassigen Ton für gutes Geschirr gibt nicht überall. Und den Mörtel für römische Steinbauten schon gar nicht. Die reisenden Bautrupps waren vermutlich auch längst geflohen.

Die komplexe Wirtschaft des Imperiums setzte sichere Transportwege und eine funktionierende zentrale Verwaltung voraus. Beides verfiel ab dem 5. Jahrhundert immer mehr. In der Peripherie wirkte sich das sofort aus. In Italien, Frankreich und dem linksrheinischen Deutschland, den Zentren des späten Weströmischen Reichs, dauerte der Verfall der Zivilisation noch bis zum 7. Jahrhundert.

Ward-Perkins schließt sein Buch mit der Feststellung: „Vor dem Fall [des Imperiums] waren die Römer so sicher, wie wir es heute sind, dass ihre Welt im Wesentlichen unverändert endlos weitergehen werde. Sie hatten unrecht. Wir wären gut beraten, nicht so selbstgefällig zu sein, wie sie es waren."[175]

Wir sollten uns also nicht darauf verlassen, dass Strom, Wasser, Gas und Internet selbstverständlich zur Verfügung stehen. Während die Versorgung mit Wasser und Energie die Entstehung der Industriegesellschaft des 20. Jahrhunderts beflügelt hat, entwickelt sich das Internet immer mehr zum zentralen Nervensystem der modernen Wissensgesellschaft. Wir sollten uns rechtzeitig Gedanken darüber machen, wie unsere digitale Gesellschaft eine länger dauernde Unterbrechung der internationalen Arbeitsteilung abfangen kann. Sonst finden wir uns irgendwann in der Position der römischen Bevölkerung von Wales und Cornwall wieder, die ohne Verbindung zum Rest des Imperiums binnen weniger Jahrzehnte auf eine sehr viel primitivere Kulturstufe zurückfiel.

Die Deutung von Ward-Perkins ist durchaus umstritten. Der Historiker Robert Steinacher sagte dem Deutschlandfunk, dass Geldmangel der entscheidende Faktor für den Niedergang des Imperiums war – der Kaiser konnte die Legionen nicht mehr besolden und die Grenzen nicht mehr sichern. Im Westen habe sich aber eine kontinuierliche antike Struktur erhalten. Die katholische Kirche sieht er als Beispiel dafür.[176] Das passt aber nicht so recht zum schon erwähnten Bücherverlust am Ende der Spätantike sowie zum Niedergang der Infrastrukturen, der Handwerksleistungen und der medizinischen Kunst. Der Untergang der römischen Zivilisation ist zwar gut dokumentiert, aber jede Zeit hat ihre eigene Lesart, die oft von aktuellen Vorgängen stark beeinflusst ist.

Die Spuren untergegangener Städte

Auf der Halbinsel Yukatan in Mittelamerika schuf das indianische Volk der Mayas ab etwa 1000 v. Chr. eine Stadtkultur, die den antiken Städten Europas nicht nachstand. Sie erfanden eine eigene, heute weitgehend entzifferte Schrift und ein Zahlensystem, auf dem ihr hoch entwickelter Kalender beruhte. In ihren Städten errichteten die Mayas gewaltige Paläste für die Herrscher und bis zu 75 Meter hohe Pyramiden für ihre Götter. Ein ausgefeiltes Bewässerungssystem stabilisierte die Landwirtschaft. Bis zu 10 Mio. Menschen lebten zur Hochblüte der Zivilisation in den Städten und Dörfern.[177] Im 9. und 10. Jahrhundert n. Chr. verfielen die Städte. Die Gründe sind bis heute unklar. Eine Invasion fremder Völker lässt sich nicht nachweisen, und es spricht auch nichts für einen verheerenden Bürgerkrieg. Die wahrscheinlichste Erklärung für den heutigen Zustand der Ruinen ist zugleich die verblüffendste: Die Menschen verließen die Städte und sahen gleichgültig zu, wie der Dschungel die Häuser, Straßen und Paläste unter sich begrub. Eine große Dürre könnte die Ursache sein – die Bauern der Umgebung ernteten zu wenig, um die Städte zu ernähren. In der Tat lassen sich aus Sedimenten vor der Küste von Venezuela passende Trockenzeiten nachweisen. Aber der Zusammenbruch begann eindeutig vorher. Vielleicht wurden die Ressourcen einfach immer knapper. Die ausgelaugten Böden brachten kaum noch Erträge, der Dschungel war weitgehend gerodet, sodass auch das Bauholz fehlte. Streitigkeiten und

Kriege unter den weitgehend unabhängigen Stadtstaaten könnten so weit ausgeartet sein, dass sich die Hochkultur quasi von innen heraus zerstört hat. Die Religion verlor ihre Bindungskraft, sodass die Städte nicht mehr zu halten waren.[178] Wohlgemerkt: Das Volk der Mayas ist nicht verschwunden, es blieb an Ort und Stelle und lebt dort bis heute. Auch die Sprache und die Schrift haben sich gehalten. Warum fragen die Archäologen dann nicht einfach bei den heutigen Mayas nach? Das haben sie getan, aber die Dorfbewohner haben keinerlei Erinnerungen an die Stadtkultur bewahrt, und ihre Mythen geben auch keine eindeutigen Hinweise. Schriftliche Zeugnisse über die Zeit des Zusammenbruchs fehlen. Das ganze Ausmaß der untergegangenen Zivilisation kam erst ab 2015 bei LIDAR-Untersuchungen (ALS – Airborne Laser Scanning, zu Deutsch lasergestützte Bodenvermessung aus der Luft) zum Vorschein. Rund 60.000 bisher unbekannte Bauten und Strukturen konnten die Forscher aus Guatemala und den USA in rund 2000 Quadratkilometern Dschungel ermitteln – viel mehr, als sie erwartet hatten.[179]

Noch geheimnisvoller ist das Schicksal der Stadt Cahokia in der Nähe von St. Louis im US-amerikanischen Bundesstaat Illinois. Die Stadt wuchs explosionsartig im 11. Jahrhundert und verfiel bereits im 14. Jahrhundert. Zu ihrer Blütezeit muss sie mehr als 10.000 Einwohner gehabt haben. Die Aristokratie lebte in einer Art Penthäusern auf künstlich aufgeschütteten Erdpyramiden, den sogenannten Mounds.[180] Der größte davon ragte rund 30 Meter hoch auf. Einige der insgesamt etwa 120 Mounds dienten als Begräbnisstätten und vielleicht auch als Tempel. Obwohl die Siedlung nach ihrer Gründung sehr schnell wuchs, waren Straßen und Gebäude offenbar planmäßig angelegt. Zu ihrer Blütezeit bedeckte die Stadt mehr als 15 Quadratkilometer. Nur zum Vergleich:

Die mittelalterliche Stadt Köln umfasste nach der dritten Stadterweiterung im Jahr 1180 gerade mal 4 Quadratkilometer.

Die einwandernden Europäer benannten die verlassene Stadt nach einem in der Nähe wohnenden Indianerstamm „Cahokia". Inzwischen nimmt man aber an, dass die Cahokia nicht die direkten Nachfahren der Erbauer sind. Eine Analyse der Zähne von mehreren in der Stadt gefunden Skeletten ergab, dass die meisten Toten ihre Jugend in anderen Gegenden verbracht hatten. Möglicherweise zog die Stadt Einwanderer aus einem großen Umkreis an oder beschäftigte Kriegsgefangene als Sklaven.[181] Bis heute ist unklar, wer die Stadt erbaute und warum sie wieder aufgegeben wurde. Wie fast immer in solchen Fällen forschten die Archäologen nach Klimaanomalien – und fanden sie auch. Das beweist aber keinen Zusammenhang. In jedem Jahrhundert findet man Dürren oder Überschwemmungen, wenn man nur sorgfältig genug sucht.

Vielleicht ging den Cahokiern auch schlicht das Bauholz aus, nachdem sie alle Wälder der Umgebung gerodet hatten. Die Maisfelder könnten den Boden so ausgelaugt haben, dass die Einwohner zu hungern begannen. Andererseits bestand die Stadt immerhin fast drei Jahrhunderte. In dieser Zeit müssen die Einwohner mit vielen solcher Widrigkeiten fertig geworden sein.

Die Kultur war vermutlich schriftlos, jedenfalls haben die Archäologen bisher keinerlei schriftliche Aufzeichnungen gefunden. Deshalb weiß man nichts über ihren Aufbau, den Glauben ihrer Bewohner oder die Herrschaftsstrukturen. Sicher ist, dass Stadt wie eine Spinne im Zentrum eines Fernhandelsnetzes saß. Was auch immer die Ursache war: Häuser und Straßen zerfielen, nur die Mounds erinnern noch an die einstige Größe.

Das gute Leben in der Bronzezeit

Eine sehr viel ältere Hochkultur hat dagegen umfangreiche Dokumente hinterlassen, die wir heute noch gut lesen können. Und sie lag im östlichen Mittelmeer, quasi vor unserer Haustür. Die Rede ist von den Reichen der späten Bronzezeit, die mitten in ihrer Hochblüte einer Gewaltorgie zum Opfer fielen. Hier eine kurze Übersicht:

- Die mykenische Kultur (ab ca. 1680 v. Chr.) in Griechenland war die erste gut dokumentierte Hochkultur in Europa. Ihre Spätphase zeichnet sich durch befestigte Städte mit gewaltigen Palästen aus. Doch ihre zyklopischen Mauern nutzten nichts: In Südgriechenland zerstörten unbekannte Angreifer kurz nach 1200 v. Chr. jeden einzelnen Palast. Auch die Burg von Mykene, nach der die Kultur benannt ist, brannte ab. Die Bewohner der Städte blieben und siedelten sich in der Umgebung an, aber der Glanz war dahin.
- Blühende Städte in Syrien und an der israelischen Mittelmeerküste organisierten ab 1800 v. Chr. den Handel zwischen Mittelmeer und Zweistromland. Zwischen etwa 1200 und 1150 v. Chr. fielen die meisten von ihnen Eroberern zum Opfer und verloren ihren Reichtum und ihre Bedeutung.
- Die Stadt Troja brannte wieder einmal (Troja VIIA, ca. 1190–1180 v. Chr.). Ob diese oder eine andere Zerstörung die Grundlage der *Ilias* von Homer war, ist nicht sicher zu sagen. Die mykenischen Griechen waren aber wohl nicht für die Zerstörung verantwortlich, sie litten gerade selbst unter heftigen Angriffen.[182]
- Das ägyptische Neue Reich wehrte mit knapper Not die Angriffe von „Seevölkern" ab, die vom Mittelmeer aus angriffen.

- Das hethitische Großreich (ab 1600 v. Chr.) in der heutigen Türkei verschwand von der Landkarte. Die Hauptstadt Hattusa wurde gegen 1200 v. Chr. aufgegeben und der rund 400 Jahre bestehende Staat zerfiel endgültig.

Noch gegen 1250 v. Chr. deutete nichts auf die bevorstehende Katastrophe hin. Die Staaten des Zweistromlands und des östlichen Mittelmeerraums trieben regen Handel miteinander. Ihre Kultur stand in voller Blüte, gelegentliche Kriege zur Klärung von Streitigkeiten änderten daran nichts. Aus dem 13. Jahrhundert v. Chr. sind umfangreiche diplomatische Schriftstücke in der akkadischen Sprache erhalten, die als Verkehrssprache der Herrscher galt. Alle Staaten waren auf einen ungestörten Warenfluss angewiesen, denn sonst hätten sie keine Bronze verarbeiten und keine goldenen Schmuckstücke herstellen können. Bronze ist eine Legierung von Kupfer und Zinn. Anders als Eisen oder Kupfer lässt sie sich nicht als Erz aus der Erde holen und in Rennöfen[183] zu Metall verhütten. Die beiden Metalle kommen auch kaum zusammen vor. Irgendwie fanden die frühen Metallhandwerker heraus, dass Kupfer und Zinn gemeinsam bessere Eigenschaften hatten als das vorher verwendete reine Kupfer. Deshalb setzte sich Bronze im Laufe des 2. Jahrtausends v. Chr. in Europa, im Mittelmeerraum und im Vorderen Orient immer mehr durch. Man sollte das nicht als plötzlichen Umbruch verstehen. Die ersten Bronzegegenstände datieren von ca. 3300 v. Chr. Es dauerte aber noch einmal 1000 Jahre, bis Schmiede und Metallurgen die Feinheiten der Bronzeherstellung wirklich beherrschten. Schwertklingen und Schilde aus Bronze halfen damaligen Kriegern, ihre Gegner zu besiegen. Reiche Haushalte schmückten sich mit bronzenen Töpfen, Vasen und Skulpturen.

In dieser Zeit entwickelte sich die erste Globalisierungs-
welle, denn fast alle Zinnminen lagen am damaligen
Rand der Welt: im Taurusgebirge, in Afghanistan, auf der
Iberischen Halbinsel, in der Bretagne, im Erzgebirge oder
in Cornwall.[184] Ein gut funktionierender Fernhandel war
deshalb die unerlässliche Voraussetzung für die Bronzeherstellung. Das begehrte Gold legte ebenso weite Wege
zurück. Das Material für die Goldapplikationen in der
berühmten Himmelsscheibe von Nebra stammt vermutlich aus Cornwall.[185] Und so entwickelte sich am östlichen
Mittelmeer ab etwa 2000 v. Chr. eine komplexe und
reiche urbane Kultur mit vielfacher Arbeitsteilung, hervorragenden Handwerkern, gerissenen Händlern und einer
herausgehobenen Aristokratie. Und obwohl diese Hochkultur mehr als 3000 Jahre in der Vergangenheit liegt,
finden Archäologen immer noch eindrucksvolle Belege für
ihren Reichtum und ihre Kunstfertigkeit.

Im Jahr 1982 entdeckte ein Schwammtaucher in der
Nähe von Kap Uluburun im Süden der Türkei, 8,5 Kilometer südöstlich von Kaş, in rund 50 bis 60 Meter Wasser-
tiefe diverse überkrustete Metallgegenstände. Er gab den
Behörden Bescheid und die veranlassten eine archäo-
logische Untersuchung. Unter Leitung des US-Amerikaners
George Bass, einem Pionier der Unterwasserarchäologie,
dokumentierten Wissenschaftler von 1984 bis 1994 die
Funde.[186] Ihnen wurde schnell klar, dass sie auf einen ein-
zigartigen Schatz gestoßen waren. Was sie da in müh-
samer Arbeit ans Tageslicht holten, erwies sich als die
Ladung eines vor ca. 3300 Jahren gesunkenen Frachtschiffs.
Das Zedernholz des Rumpfs war weitgehend zerfallen,
aber die reichhaltige Fracht ließ sich gut rekonstruieren.
Die erstaunten Wissenschaftler fanden 1 Tonne Zinn
und 10 Tonnen Kupfer, zum größten Teil in Form von
sogenannten Ochsenhautbarren (rechteckige Platten
mit ausgezogenen Ecken) mit je rund 24 Kilogramm.

Eine Isotopenanalyse konnte das Kupfer eindeutig den zypriotischen Kupferminen zuordnen. Das Zinn konnte nicht sicher lokalisiert werden, stammt aber am ehesten aus Afghanistan.

Zur Fracht gehörten auch 175 scheibenförmige Glasbarren aus Ägypten in Blau, Türkis und Lila – zur damaligen Zeit ein unerhörter Luxus. Mehr als 100 Amphoren enthielten Terebinthen-Harz. Es war vermutlich für die Herstellung von Parfüm oder für die Haltbarmachung von Wein vorgesehen. Möglicherweise transportierten die Amphoren auch Wein, der mit dem Harz konserviert war, aber die Jahrtausende nicht überstanden hat. Die Archäologen registrierten außerdem Elfenbein, wertvolles afrikanisches Schwarzholz (Grenadill), Waffen, Keramik und Juwelen. Mehrere Sätze von Handelsgewichten ließen darauf schließen, dass Kaufleute an Bord gewesen waren.

Die meisten Waren stammten aus dem Vorderen Orient. Deshalb wäre es plausibel, dass das Schiff auf dem Weg von der Levante nach Griechenland war, als es sank. Das blaue Glas könnte dazu gedient haben, das wesentlich teurere Lapislazuli zu imitieren. Auch wenn die verschiedenen Reiche immer wieder Krieg gegeneinander führten, ihre Grenzen ständig verschoben und in verschiedene Sprachen und Schriften kommunizierten – sie trieben in jedem Fall einen lebhaften Handel.

Das alles hatte sich in Jahrhunderten langsam aufgebaut, und die damaligen Völker werden keinen Grund gesehen haben, warum sich ihre Zivilisation nicht ebenso stetig weiterentwickeln sollte. Aber als das Schiff sank, näherte sich die Geschichte der bronzezeitlichen Hochkulturen im östlichen Mittelmeer bereits ihrem Ende. Um 1250 v. Chr. sehen wir hoch entwickelte Staatswesen mit großen und gut befestigten Städten, einer durchorganisierten Verwaltung samt Steuerwesen, einer fortgeschrittenen Schriftkultur, einer ausgefeilten Architektur und einem lebhaften Fernhandel. Nur 100 Jahre später ist alles verschwunden. Die mykenischen Burgen liegen in Trümmern, Ägypten ist nur noch ein Schatten seiner selbst. Die reichen Handelsstädte in der Levante sind verarmt oder zerstört. Was war geschehen? Die in ägyptischen Chroniken erwähnten aggressiven Seevölker könnten alles geplündert haben. Woher diese Wikinger der Bronzezeit so plötzlich gekommen sein sollen, ist aber völlig unklar. Und wie konnten sie reiche und gut befestigte Städte gleich serienweise besiegen? Oder waren die Seeräuber ein Phänomen des Zusammenbruchs, entwurzelte Menschen aus ehemaligen Hochkulturen, die jetzt als Piraten das Mittelmeer unsicher machten? Dann wäre das Auftreten der Seevölker nicht eine Ursache, sondern eine Folge des allgemeinen Chaos. Die hethitische Hauptstadt Hattusa liegt mehrere Hundert Kilometer vom Mittelmeer entfernt. Warum profitierte das hethitische Reich nicht von der Schwäche seiner Nachbarn, sondern zerfiel ebenso wie sie? Die Seevölker haben es sicher nicht zerstört. Heute suchen Forscher deshalb eher nach anderen Ursachen.

Vielleicht spielte auch das Klima verrückt oder große Vulkanausbrüche erschütterten die Gegend. Aber schon in den Jahrhunderten zuvor muss es Dürren oder Überschwemmungen gegeben haben. Die Frage wäre dann eher, warum die Widerstandskraft der bronzezeitlichen Zivilisation so stark nachgelassen hatte, dass sie einer Missernte nicht mehr gewachsen war.

Der amerikanische Archäologe und Historiker Eric H. Cline vermutet eine andere Ursache. In seinem Bestseller *1177 B.C.: The Year Civilization Collapsed*[187] analysiert er die möglichen Ursachen für das plötzliche Ende. Er betrachtet die verflochtenen Staaten der späten Bronzezeit als komplexes System, das ohne Vorwarnung zusammenbrach, als die Belastung zu groß wurde. Eine Serie von Missernten, gehäufte Piratenangriffe, soziale Konflikte – alles das summierte sich zu einer explosiven Mischung. Die damalige Kultur basierte auf einem ungestörten Warenfluss. Die universell verwendete Bronze entstand aus zwei Metallen, die in völlig verschiedenen Weltgegenden abgebaut wurden. Städtebünde und Großreiche organisierten den Handel. Die Herrscher der damaligen Zeit pflegten regen Schriftverkehr und machten sich großzügige Geschenke. Man kannte sich gut, auch wenn man gelegentlich Krieg führte. Bei Missernten half man sich aus. Aber dann setzte aus irgendeinem Grund der Fernhandel aus. Vielleicht kaperten Piraten so viele Schiffe, dass sich niemand mehr auf das Mittelmeer wagte. Oder eine der marodierenden Kriegergruppen ersann eine geniale Methode zum Überwinden von Stadtmauern. Man weiß es nicht. Aber ohne Handel gab es keine Bronze, kein Glas, keine feine Keramik, keine reisenden Baumeister. Die Städte zerfielen, wenn sie nicht vorher geplündert wurden. Erst einige Hundert Jahre später begann in Griechenland der Aufstieg zur klassischen Antike. Jetzt war Eisen das führende Metall, nicht mehr Bronze.

Aus der Vergangenheit lernen

Auch unsere globale digitale Gesellschaft beruht auf dem ungestörten weltweiten Fluss von Waren aller Art. Sollte dieses System für mehr als zwei Jahre stocken, müssten wir mit einem Kollaps rechnen. Die meisten Computer, Smartphones, Server oder Router halten nicht länger als fünf Jahre. Auf dieses Argument habe ich regelmäßig die Antwort gehört: „Ich habe aber einen Drucker/Laptop/Router, der seit acht Jahren problemlos arbeitet. Also kann das so nicht stimmen."[188] Deshalb möchte ich etwas genauer formulieren: Von 100 Rechnern, Druckern, Laptops oder Smartphones werden spätestens nach fünf Jahren rund die Hälfte ausgefallen sein. In der Sprache der Statistik würde man sagen: Ihre *mediane* Lebensdauer beträgt fünf Jahre.[189] Die wirtschaftliche Lebensdauer, also der Zeitpunkt, ab dem es günstiger ist, ein neues Gerät zu kaufen, ist meist deutlich kürzer. Wir ersetzen deshalb – ganz grob gerechnet – mindestens 20 Prozent des Bestandes im Jahr. Wenn der Nachschub ausbleibt, müssten wir uns bald einschränken.

Aber nicht nur bei Digitalprodukten sind wir auf Importe angewiesen. Kunststoffe werden zum beträchtlichen Teil aus Erdöl hergestellt, das in Europa kaum gefördert wird. Phosphatdünger und mineralische Rohstoffe müssen ebenfalls eingeführt werden. Baumwolle stammt hauptsächlich aus Indien, China, den USA, Brasilien und Pakistan (in dieser Reihenfolge).[190] In Europa besitzt nur Griechenland nennenswerte Anbaugebiete. Die meisten Solarzellen stammen aus China oder anderen ostasiatischen Ländern.

Auch bei Nahrungsmitteln ist Deutschland auf Importe angewiesen: Zwischen 2005 und 2018 lag der Versorgungsgrad bei 87 bis 90 Prozent.[191] Das Bundeszentrum für Ernährung beruhigt allerdings: Die Lebensmittelversorgung in Deutschland sei gesichert, verkündete es am 25. März 2020 auf seiner Webseite.[192]

Wenn es wirklich irgendwann einmal einen Mangel an Importgütern geben sollte, würde auch die Produktivität der Landwirtschaft leiden. Ohne Dünger, Pestizide, Fungizide, speziell vorbehandeltes Saatgut und Dieselöl für Traktoren wird es schwierig, die Felder zu bestellen und die Ernten einzubringen – mal ganz abgesehen davon, dass ohne digitale Steuergeräte auch kein moderner Mähdrescher mehr läuft.

Die Schweiz produziert übrigens weniger als 60 Prozent ihres Nahrungsmittelverbrauchs selbst. Da gibt es nichts zu deuten: Sie kommt ohne Importe nicht zurecht.

Zeichen an der Wand

Wir sehen: Ohne funktionierenden internationalen Handel geht es nicht. Aber gibt es noch andere Kriterien? Vor etwas mehr als 100 Jahren veröffentlichte der Philosoph und Gymnasiallehrer Oswald Spengler sein Werk *Der Untergang des Abendlandes*. Darin beschrieb er den Aufstieg und Fall von Kulturen als quasi organisches Werden und Vergehen. Kulturen wachsen, blühen und sterben wie Bäume. Die abendländische Kultur sah er als alt und schwach an, weshalb sie notwendig untergehen werde. Die junge und kräftige russische Kultur werde sie ablösen, meinte er. Blindes Anrennen gegen das Schicksal sei sinnlos, schrieb Spengler und empfahl einen würdigen Abgang. Obwohl seine Thesen bei Lichte betrachtet ziemlich unsinnig waren, wurde sein Buch sofort ein Bestseller. Der Titel ist bis heute ein geflügeltes Wort. Der englische Historiker Arnold J. Toynbee veröffentlichte 1934–1954 eine zwölfbändige Universalgeschichte, in der er jeder Kultur einen ganz eigenen Verlauf zuwies, je nach ihren Herausforderungen und ihrer Stärke. Für die Zukunft (also ungefähr jetzt) erwartete er einen Weltstaat.

Trotz aller Versuche: Ein universelles Gesetz für den Aufstieg und Fall von Reichen oder Kulturen hat niemand schlüssig begründen können. Ob unsere gegenwärtige Zivilisation irgendwann zu allgemeinem Reichtum in paradiesischer Natur führt oder plötzlich in Trümmer fällt, lässt sich nicht sicher vorhersagen.

In einem Artikel für das Online-Portal *BBC Future* aus dem Jahr 2019 sieht der Ökonom Luke Kemp vom Centre for the Study of Existential Risk an der Universität Cambridge dennoch einige warnende Zeichen an der Wand.[193] Alle Hochkulturen der Vergangenheit, so schreibt er, sind irgendwann verschwunden. Als durchschnittliche

Lebensspanne hat er 336 Jahre ermittelt. Das ist natürlich nur ein ungefährer Wert, weil sich für die meisten Hochkulturen oder Zivilisationen kein genauer Anfangs- und Endpunkt ermitteln lässt. Kemp geht davon aus, dass eine Zivilisation gefährdet ist, wenn folgende Faktoren zunehmen:

- Klimawandel. Je schneller und stärker sich das Klima ändert, desto höher wird der Aufwand für die Anpassung. Ein höherer Aufwand zur Vermeidung der Klimafolgen frisst das Geld auf, das zur Erhaltung der Zivilisation benötigt würde.
- Umweltschäden. Dazu gehört beispielsweise die Bodendegradation, aber auch die Vermüllung der Ozeane. Auch diese Bereiche führen zu einem höheren Aufwand bei schwindenden Erträgen.
- Soziale Ungleichheit und Ausbildung einer kleinen Herrscherclique. Es ist bisher unklar, ob dieser Risikofaktor zunimmt. Die Politologen und Wirtschaftswissenschaftler sind sich nicht einig (was ohnehin eher die Regel ist).
- Komplexität. Damit ist zum einen die Bürokratie gemeint, die bekanntlich im Westen immer mehr zunimmt, zum anderen der sogenannte Erntefaktor. Darunter versteht man das Verhältnis der eingesetzten zur erzeugten Energie. Je schlechter der Erntefaktor, desto höher der Aufwand für ein bestimmtes Ergebnis.
- Disruptive Ereignisse wie Kriege, Naturkatastrophen, Pandemien oder Hungersnöte. Wenn Klimawandel, Umweltschäden und soziale Ungleichheit die Zivilisation schwächen, werden Kriege wahrscheinlicher und Naturkatastrophen sind schwerer zu bekämpfen.
- Pechsträhnen. Je länger ein komplexes System besteht, desto größer wird die Wahrscheinlichkeit, dass ungünstige Ereignisse zufällig zusammentreffen und ihre Schäden sich potenzieren.

Kemp vergleicht seine Kriterienliste mit der aktuellen Situation und kommt zu dem Schluss, dass wir gerade auf die gleiche Klippe zusteuern, über die schon frühere Zivilisationen in die Tiefe gestürzt sind. Eine Rückfallbremse sieht er nicht und vergleicht eine Zivilisation mit einer schlecht konstruierten Leiter. Wenn man hochklettert, fallen die Sprossen ab, die man hinter sich gelassen hat. Wer abrutscht, landet wieder ganz unten. Und je höher er gekommen ist, desto härter wird sein Aufprall.

In Kap. 6 habe ich für die Gefährdung der digitalen Gesellschaft eine etwas andere Einteilung vorgeschlagen, aber Kemp definiert auch eher allgemeine Richtlinien für das Ende jeder Zivilisation. Beispielsweise ist die Komplexität für das Ende der digitalen Gesellschaft von geringerer Bedeutung, weil der Einsatz von Computern die Komplexität teilweise verbirgt oder sogar aufhebt. Die Steuergesetze sind in Deutschland so umfangreich wie nie zuvor, aber mit einem guten Einkommensteuerprogramm kann jeder seine Erklärung auf einem PC selbst ausfüllen. Disruptive Naturereignisse wie Vulkanausbrüche sind zufällig verteilt. Das gilt nicht für hausgemachte Katastrophen wie Bodendegradation, Umweltverschmutzung, Klimawandel oder Pandemien. Sie häufen sich durch unsere fehlende Voraussicht. Und wenn die Zivilisation einmal geschwächt ist, wirken sich disruptive Ereignisse vielleicht schlimmer aus. Sehen wir uns einmal an, wie gut oder schlecht die Welt mit der ersten weltumspannenden Katastrophe des 21. Jahrhunderts zurechtgekommen ist, der Corona-Pandemie.

2020: Die erste globale Krise der Digitalgesellschaft

Am 31. Dezember 2019 meldete die Volksrepublik China der Weltgesundheitsorganisation WHO eine bis dahin unbekannte Lungenkrankheit, die in der Stadt Wuhan (Provinz Hubei) ausgebrochen war. Der Auslöser war bald identifiziert: ein neues Virus aus der Gruppe der Coronaviren. Es erhielt den Namen SARS-CoV-2 für *Severe Acute Respiratory Syndrome Coronavirus Type 2,* die Krankheit bezeichnete die WHO ganz prosaisch als Coronavirus Disease 2019 (COVID-19). Bald sollte man nur noch vom Coronavirus sprechen, oder noch kürzer von Corona. Das ist etwas missverständlich, denn die Coronaviren bilden in Wahrheit eine riesige, fast mafiös verzweigte Familie. Die chinesischen Ärzte hatten zunächst den Verdacht auf eine Infektion mit demjenigen SARS-Virus, das bereits 2002/2003 eine kleinere Pandemie ausgelöst hatte. Das führte anfangs dazu, dass sie die Ansteckungsgefahr unterschätzten. Aber bis Mitte Januar waren in der Provinz Hubei schon Tausende Menschen erkrankt. Während die Mehrzahl der Fälle leicht verlief, entwickelten manche Menschen, darunter viele ältere, eine schwere Lungenentzündung, die häufig tödlich endete. Nachdem die chinesischen Behörden in den ersten Wochen versucht hatten, die Epidemie herunterzuspielen, riegelten sie am 23. Januar 2020 die Stadt Wuhan und am 24. Januar dann die gesamte Provinz Hubei vollständig ab. In Peking wurden am 23. Januar die Feierlichkeiten zum chinesischen Neujahrsfest vollständig abgesagt. Von da an bekämpften die chinesischen Behörden jeden Ausbruch mit rigorosen Quarantänemaßnahmen. Es war aber bereits zu spät, das Virus war nicht mehr aufzuhalten.

Wer sich angesteckt hat, kann das Virus bereits weitergeben, noch bevor Symptome sichtbar werden. Und schlimmer noch: Auch Menschen mit geringen Symptomen, die normalerweise nicht krank zu Hause bleiben, geben das Virus weiter. Die Tröpfchen, die beim Husten, Sprechen oder Singen entstehen, erwiesen sich als außerordentlich infektiös. Selbst die sehr viel kleineren Aerosole (Schwebeteilchen), die Menschen beim normalen Atmen in die Luft blasen, reichen für eine Ansteckung. Wie sich bald herausstellte, steckt ein Kranker im Durchschnitt mehr als drei Gesunde an, wenn man keine Schutzmaßnahmen ergreift.

So verbreitete sich COVID-19 explosionsartig um die Welt, und im April war kaum noch ein Land verschont. Am 30. Januar 2020 erklärte die WHO eine „gesundheitliche Notlage von internationaler Tragweite". Die Krankheit ist für ältere Menschen sehr viel gefährlicher als für junge. Patienten, die schwere Symptome entwickeln, haben schlechte Überlebenschancen. Sie sterben teilweise bei vollem Bewusstsein an einem Versagen der Lungen. In vielen Ländern wie Italien, Frankreich und England waren die Krankenhäuser in kürzester Zeit überlastet, Deutschland traf hastig Vorbereitungen für einen Gesundheitsnotstand. Überall wurde Schutzausrüstung knapp, selbst Gesichtsmasken und Handschuhe waren kaum zu bekommen. China produziert diese Waren normalerweise für die gesamte Welt, kam aber nicht mehr nach. Jetzt rächte sich, dass kaum ein Land einen Vorrat für Notfälle angelegt hatte.

Am 22. März 2020 einigten sich Bund und Länder auf strenge Ausgangs- und Kontaktbeschränkungen. In anderen europäischen Ländern wie Italien oder Frankreich herrschte ein vollständiges Ausgehverbot. Am 24. März wurden auch die Olympischen Spiele um ein Jahr verschoben. Weltweit brach die Wirtschaft ein. Viele

Regierungen schlossen die Grenzen. Der internationale Reiseverkehr kam fast vollständig zum Erliegen. Am 23. März verkündete die Bundesregierung ein Hilfspaket für die deutsche Wirtschaft in Höhe von 156 Mrd. Euro. Die US-Regierung stützte ihre Wirtschaft mit mehr als 2 Billionen US-Dollar. Dutzende von pharmazeutischen Unternehmen machten sich hastig daran, Heilmittel oder Impfstoffe zu entwickeln. Im Mai gingen die Infektionszahlen in Europa deutlich zurück und die meisten Länder fuhren die Restriktionen vorsichtig zurück. Am Ende der sommerlichen Urlaubssaison baute sich in vielen Staaten eine zweite und dritte Infektionswelle auf, noch höher als die erste. Im Oktober mussten viele Staaten wieder scharfe Ausgangsbeschränkungen erlassen. Deutschland beschloss, die Schulen offenzuhalten und ein Lüftungsregime einzuführen. Im November teilten die Firmen BionTech und Moderna mit, die klinischen Studien für ihre Impfstoffe seien erfolgreich verlaufen. Bis Januar 2021 begannen in Europa, den USA und England die Impfkampagnen. Dennoch schnellten Krankheits- und Todeszahlen noch einmal in die Höhe.

COVID-19: Die Konsequenzen

Die Pandemie war die erste harte Bewährungsprobe der vernetzten globalisierten Gesellschaft. Sie hat sie nicht wirklich gut bestanden.

Der internationale Handel brach ein. Zum Glück erwies sich der Rückgang am Ende als nicht ganz so schlimm wie noch zur Jahresmitte befürchtet. Die UNCTAD, die Konferenz der Vereinten Nationen für Handel und Entwicklung, prophezeite Ende Oktober 2020, dass die globale Wirtschaft im laufenden Jahr um 5 Prozent schrumpfen werde, mehr als in jedem anderen Jahr des

21. Jahrhunderts.[194] Einige Länder waren stärker betroffen, andere weniger stark. Die Welthandelsorganisation WTO schätzte im Oktober 2020, dass der internationale Warenhandel aufs Jahr gerechnet um 9,2 Prozent einbrechen werde, aber 2021 um 7,2 Prozent aufholen kann.[195]

In Großbritannien schrumpfte die Wirtschaft 2020 um mehr als 10 Prozent, so stark wie seit 1709 nicht mehr. Zur Coronakrise kam auch noch die Belastung durch den Brexit, beides verschlimmert durch die chaotische Regierungsführung von Boris Johnson. Für Deutschland erwartete die Regierung Ende Oktober 2020 einen Rückgang um ca. 5,5 Prozent. Erstmals stiegen die Staatsschulden weltweit über die Grenze von 100 Prozent der Bruttoinlandsprodukte und beschneiden so die Fähigkeit der Staaten, zukünftige Krisen zu meistern.[196]

Machen wir uns aber bitte auch klar, dass nur die globale Zusammenarbeit die schnelle Entwicklung, Testung, Zulassung und Produktion der Impfstoffe möglich machte. Wäre die Welt nicht in den letzten Jahrzehnten so stark zusammengewachsen, hätte die Pandemie vermutlich deutlich schlimmere Auswirkungen gehabt. Die Krise hat das komplexe System der globalen digitalen Gesellschaft nicht zerreißen können. Es muss sich aber erst zeigen, ob es gestärkt daraus hervorgeht. Wie schon in Kap. 3 angesprochen, bemerkten viele Menschen erschüttert, dass weltweite Katastrophen selbst mit modernsten technischen Mitteln nur schwer eingedämmt werden können und einen unvorhersehbaren Verlauf nehmen.

Asiatische und afrikanische Länder wurden mit der Pandemie weit besser fertig als Europa, Russland, die USA, Kanada und die lateinamerikanischen Staaten. Auch die finanziellen Auswirkungen waren dort (Stand Februar 2021) deutlich geringer.

Das beschleunigt den ohnehin beobachteten Machtzuwachs der asiatischen Staaten. Europa und die USA verlieren an wirtschaftlicher und politischer Bedeutung. Die Sowjetunion, der große Gegenspieler der USA in der Zeit des Kalten Krieges, ist bereits 1990 zerfallen. Russland hat zwar die Atombomben geerbt, ist aber auf der politischen Weltbühne isoliert und wirtschaftlich schwach.

Das dritte Jahrzehnt des 21. Jahrhunderts fängt also mit einer deutlichen Verschiebung der weltweiten Machtverhältnisse an. Auffällig ist auch die zunehmende Zersplitterung des Internets. An den Grenzen der Machtblöcke fließen Daten und Informationen nicht mehr ungehindert, sondern werden gefiltert, verändert, aufgehalten oder gelöscht. Russland will sein Internet komplett abschotten, China hat das bereits weitgehend getan. Indien lässt chinesische Dienste wie TikTok nicht mehr ins Land, der amerikanische Ex-Präsident Donald Trump hat dieses Videoportal zu einem nationalen Sicherheitsrisiko erklärt.[197] Viele autoritäre Regime, allen voran die Volksrepublik China, haben die Berichterstattung über die Pandemie zensiert und verzerrt.

Man sollte diese Entwicklung nicht unterschätzen. Die Menschen nehmen die Welt mehr und mehr aus einer nationalen Perspektive wahr, weil andere Sichtweisen sie nicht mehr erreichen. Damit steigt die Gefahr unbeherrschbar eskalierender Konflikte. Man sollte sich nicht unbedingt auf die Macht der Diplomatie verlassen. Bereits vor gut 100 Jahren endete der Versuch, eine Krise kontrolliert zu eskalieren, in einem grauenhaften Blutvergießen.

Der Erste Weltkrieg brach nicht aus, weil ein Fanatiker den österreichischen Thronfolger erschossen hatte. In Wahrheit dauerte es einen ganzen Monat, bis die Kriegserklärung Österreich-Ungarns an Serbien den Krieg auslöste. In der als Julikrise bekannten Zwischenzeit setzten alle Seiten auf eine Politik der gezielten Kriegsdrohungen. Aber der überall aufflammende Nationalismus ließ sich nicht wieder einfangen, sodass ein Krieg irgendwann unvermeidlich wurde. Selbst bei Beginn des Krieges gingen viele Politiker – und Generäle – davon aus, dass der Waffengang in wenigen Monaten vorbei sein und die Macht in Europa am Verhandlungstisch neu austariert würde. Vier Jahre und Millionen Tote später standen sie stattdessen vor den Trümmern der alten Ordnung.

Auch die aktuellen schnellen Machtverschiebungen setzten das komplexe System internationaler Beziehungen unter eine Spannung, die sich an unerwarteten Stellen entladen kann.

Segen und Fluch des technischen Fortschritts

Die ständig beschleunigte technische Entwicklung trägt nicht unbedingt dazu bei, die Stabilität zu erhöhen. Der Politikwissenschaftler David Manheim von der Universität Haifa in Israel postuliert, dass bei kontinuierlichem technischem Fortschritt die Anfälligkeit eines komplexen Systems so weit ansteigt, dass ein vollständiger Zusammenbruch unabwendbar wird.[198] In Anspielung auf Nick Bostroms „Vulnerable World Hypothesis" nennt er seine Idee die „Fragile World"-Hypothese und identifiziert drei Risikofaktoren:

1. Die meisten Neuerungen bewirken eine Verringerung der Kosten zulasten der Ausfallsicherheit. Wenn sich diese Entwicklung auf auch kritische Bereiche wie Transport, Landwirtschaft und Datenübertragung ausdehnt, gerät das System in Gefahr.
2. Wirtschaftswachstum führt nicht zu einem Aufbau von Reserven und Vorräten. Der scharfe Wettbewerb zwingt die Akteure eher dazu, alles eng zu vernetzen und keine teure Vorratshaltung zu betreiben.

3. Die möglichen Bruchstellen in komplexen Systemen sind schwer zu finden. Deshalb können sich kleine Probleme unerwartet zu Katastrophen aufschaukeln.

Wenn Manheim recht hat, fällt unsere technische Zivilisation irgendwann ohne Warnung auseinander, wobei „irgendwann" ein denkbar unspezifischer Begriff ist. Manheims Argumentation weist aber zwei gravierende Schwachstellen auf:

Sie kritisiert eher das marktbasierte Wirtschaftssystem als den technischen Fortschritt. Wenn Innovationen in ein marktregulierendes System eingebunden werden, verringert sich das Problem.

Und selbst beim Ausbleiben von Innovationen bewirkt allein der Verfall von Infrastrukturen eine Verringerung von Reserven. Scharfer Wettbewerb führt die Akteure in Versuchung, an der Erhaltung der Infrastrukturen zu sparen. Das Problem ist also nicht die Innovation, sondern die fehlenden Mittel für Gemeinschaftsaufgaben.

Und schließlich sind komplexe Systeme immer schwer einzuschätzen. Manheims dritter Punkt ist also lediglich die Beschreibung einer bekannten Eigenschaft von komplexen Systemen. Für die Beurteilung der Stabilität unserer gegenwärtigen globalen digitalen Zivilisation hilft Manheims These deshalb wenig.

Schwachstellen der digitalen globalen Gesellschaft

Die konkreten Schwachstellen unserer gegenwärtigen Zivilisation liegen anderswo. Hier eine Liste:

Gefahreneinschätzung von 1 bis 5:

sehr gering (▬),
gering (▬ ▬),
mittel (▬ ▬ ▬),
hoch (▬ ▬ ▬ ▬),
sehr hoch (▬ ▬ ▬ ▬ ▬).

1. Konzentration der Fabrikationsstätten für unentbehrliche hochintegrierte Schaltungen in Südkorea und Taiwan. Beide Staaten sind kriegsgefährdet. Jede Unterbrechung der Herstellung und Verteilung für mehr als zwei Jahre könnte zu einer unkontrollierbaren Rezession führen, die das digitale Zeitalter beendet.
   Gefahr: ▬ ▬ ▬ ▬
   Tendenz: Auf Sicht von zehn Jahren kaum Änderungen.
2. Kritisches Wissen wird zunehmend digital gespeichert. Das gilt sowohl für wissenschaftliche Erkenntnisse als auch für Verwaltungsdaten. Bei Betriebsstörungen oder Cyberangriffen droht Datenverlust.
   Gefahr: ▬ ▬ ▬ ▬
   Tendenz: Auf Sicht von 20 bis 40 Jahren zunehmende Verwundbarkeit.
3. Das Internet hat Engpässe. Dazu gehören die Unterseekabel und die nationalen Knoten. Wenn das Satelliten-Internet weiter ausgebaut wird, wächst die Gefahr, dass die Kommunikations- und Navigationssatelliten durch eine Kettenreaktion zerstört werden (Kessler-Syndrom).[199] Die entstehende Trümmerwolke verhindert für einige Jahre, dass neue Satelliten gestartet werden können.
   Gefahr: ▬ ▬ ▬ ▬
   Tendenz: Auf Sicht von 20 bis 40 Jahren zunehmende Verwundbarkeit.
4. Die Wirtschaft ist von der Digitaltechnik abhängig. Handys ersetzen immer mehr die traditionellen

Zahlungsmethoden und dienen auch als Ausweis. Der Euro und andere Währungen werden in den digitalen Raum verlegt. Bargeld wird langsam aus dem Verkehr gezogen. Sollten die Ersatzteile für die digitale Infrastruktur ausbleiben, treten Störungen auf, die sich gegenseitig aufschaukeln und eine immer schneller werdende Talfahrt der Wirtschaft verursachen.

Gefahr: ▬ ▬ ▬ ▬ ▬

Tendenz: Auf Sicht von 20 bis 40 Jahren zunehmende Verwundbarkeit.

5. Künstliche Intelligenzen nehmen der Menschheit das Zepter aus der Hand und kontrollieren die Ressourcen der Erde. Sollten KI-Systeme erst einmal intelligenter sein als Menschen, wären sie schwer zu kontrollieren.[200] Prominente wie Elon Musk oder Stephen Hawking haben bereits nachdrücklich davor gewarnt. Andererseits ist es bis dahin noch ein weiter Weg.

Gefahr: ▬

Tendenz: Bisher sieht es nicht so aus, als ob KI-Systeme in den nächsten 20 Jahren intelligenter werden als Mäuse.

6. Gigantische Naturkatastrophen beenden die globale digitale Zivilisation. Das könnte der Ausbruch eines Supervulkans, der Einschlag eines großen Asteroiden, eine verheerende Pandemie oder ein superstarker Magnetsturm sein.

Gefahr: ▬ ▬

Tendenz: Auch seltene Ereignisse treten irgendwann ein. Auf Sicht von zehn bis 20 Jahren ist das aber eher unwahrscheinlich. Und wenn sie eintreten, muss der Effekt nicht fatal sein.

7. Klimawandel, Bodendegradation und Rohstoffmangel lösen Hungersnöte aus, zwingen Menschen zur Migration und verursachen wirtschaftliche Schäden. Das bindet immer mehr Mittel, die dann für den Erhalt

der Infrastrukturen oder den Umbau der Wirtschaft fehlen.

Gefahr: ■■ ■■ ■■ ■■ ■■

Tendenz: Auf Sicht von 20 Jahren zunehmende Verwundbarkeit.

8. Kriege vernichten so viele Ressourcen, dass die globale digitale Gesellschaft daran zugrunde geht. Die Wahrscheinlichkeit für einen Atomkrieg steigt. Ein langer Abnutzungskrieg, der sowohl die reale als auch die digitale Welt betrifft, wäre genauso fatal.

Gefahr: ■■ ■■ ■■ ■■

Tendenz: Auf Sicht von 20 Jahren zunehmende Wahrscheinlichkeit.

Fazit:

Die jetzt heranwachsende Generation sollte sich nicht nur um das Klima, sondern auch um die Bewahrung der digitalen globalen Gesellschaft sorgen.

Für viele Menschen wäre das Ende der gegenwärtigen Zivilisation zugleich das Ende ihrer Zukunftshoffnungen. Aber auch nach dem Ende des allgegenwärtigen Internets und dem Ausfall des letzten Smartphones geht das Leben natürlich weiter.

Was kommt danach?

Damit wir uns nicht missverstehen: Unsere gegenwärtige digitale Lebensweise muss nicht mit einem Knall untergehen. Aber jedes komplexe System reagiert auf starke Belastungen unvorhersehbar. Im Extremfall stünden wir ganz plötzlich vor den Trümmern unserer Zivilisation. Folgt man der Argumentation von Diamond und Kemp, wäre das noch nicht einmal eine Überraschung. Viele Hochkulturen und Zivilisationen sind in ihrer Blüte plötzlich zusammengebrochen. Die Menschen, die darin gelebt haben, überlebten den Kollaps zum großen Teil. Die Bevölkerung von Hattusa hat sich offenbar in kleinen Dörfern der Umgebung angesiedelt, nachdem sie die Stadt verlassen musste. Die Mayas leben heute in Dörfern und kleinen Städten ohne Paläste oder Stufenpyramiden. Auf heutige Verhältnisse übersetzt heißt das: Auch ohne Smartphone und Internet geht das Leben weiter.

Nehmen wir also an, eines der Szenarien aus dem ersten oder sechsten Kapitel führt zum Ende der globalen digitalen Gesellschaft. Worauf müssten wir uns einstellen?

Die Veränderungen im Einzelnen

Wir schreiben das Jahr 2048, 2056 oder 2065: Die Produktion der hochintegrierten Chips ist eingestellt, der internationale Handel stark reduziert. Das Satelliten-Internet hat seit 2030 den meisten Traffic übernommen aber ein Kessler-Syndrom hat binnen Wochen praktisch alle Satelliten zerstört. Das Internet ist Geschichte, Smartphones bekommen keine Verbindung, die Navis in unseren Autos funktionieren nicht mehr. Das Finanzamt will die Steuererklärung wieder auf Papier und die Bank weiß nicht mehr, wo sie die Nachweise über unseren Aktienbesitz gelassen hat – der ohnehin wertlos geworden ist. Das Stromnetz bricht des Öfteren zusammen. Die Neuigkeiten des Tages erfahren wir wieder aus der Zeitung und dem Rundfunk. Die Bilder und Videos in unserem Cloudspeicher sind verschwunden. Nur das, was wir rechtzeitig auf einen USB-Stick gerettet haben, ist noch da.

Wir kämpfen uns durch die ungewohnten Widrigkeiten des Alltags und warten sehnsuchtsvoll darauf, dass sich alles wieder normalisiert. Große Hoffnungen sollten wir uns nicht machen. Die Geschichte der Menschheit kennt keinen Rückwärtsgang. Wir landen also weder im 20. noch im 19. Jahrhundert. Das Ende des Römischen Reichs führte auch nicht in die Eisenzeit zurück. Aus den Trümmern der digitalen Zivilisation würde etwas ganz Neues entstehen. Viele Menschen werden am Anfang noch annehmen, dass sie bald wieder mit dem Handy jederzeit und überall telefonieren können. Dass sie in sozialen Netzen wieder ihre Erfolge oder ihren Ärger posten können. Aber irgendwann geben sie auf – und das Leben geht trotzdem weiter. Von der jetzigen Überflussgesellschaft werden wir uns aber sicherlich verabschieden müssen. Hier eine Übersicht:

Ernährung

Deutschland verbraucht etwa 10 bis 15 Prozent mehr Nahrungsmittel, als es erzeugt. Gleichzeitig arbeiten immer weniger Menschen in der Landwirtschaft. Im zweiten Quartal 2019 waren im Wirtschaftsbereich Land- und Forstwirtschaft sowie Fischerei insgesamt 639.000 Erwerbstätige beschäftigt.[201] Bei 83 Mio. Menschen in Deutschland versorgt also jeder Beschäftigte in der Landwirtschaft mehr als 120 Menschen! Das ist nur möglich, weil die mechanisierte Landwirtschaft immer mehr auf Digitaltechnik setzt. Bald werden vermutlich die Mähdrescher auf den Feldern autonom fahren und kleine Roboter werden Unkraut ausrupfen, um Pestizide einzusparen. Satellitenbilder zeigen, wie viel Dünger verstreut werden muss, um den Ertrag zu optimieren. Wenn diese Technik wegfällt, werden wieder mehr Menschen die harte Arbeit auf den Feldern und in den Ställen übernehmen müssen. Vermutlich wird der Ertrag auch erst einmal für einige Jahre einbrechen. Sollte der Klimawandel zu häufigeren Dürrejahren führen (wie z. B. 2018/2019), müssen Nahrungsmittel bewirtschaftet werden. Anders ausgedrückt: Der Staat gibt Lebensmittelkarten aus, weil sonst die Preise ungebremst in die Höhe schießen. Häufigere Wetterextreme, verbunden mit der Veränderung von Niederschlagsmustern, werden für immer mehr Missernten sorgen. Im globalen Süden treten verstärkt Hungersnöte auf. Die Industriestaaten werden dann aber kaum noch Hilfe leisten können.

Medizinische Versorgung

Deutschland, Österreich und die Schweiz sind zu Recht stolz auf ihre sehr gute medizinische Versorgung. Das Gesundheitswesen ist ein milliardenteurer Dienstleistungssektor, der ohne den massiven Einsatz von Digitaltechnik unbezahlbar wäre.

Arztpraxen, Apotheken, Krankenhäuser und Pflegeheime rechnen schon heute elektronisch ab. Aber auch Patientenakten werden spätestens 2030 nur noch im Computer geführt werden. Bildgebende Verfahren wie Röntgenaufnahmen, CTs, Sonografie und Magnetresonanztomografie helfen bei der Vorsorge und der Früherkennung. Künstliche Intelligenz wird die Diagnostik verbessern und Therapien optimieren. Roboter werden in der Altenpflege immer mehr Aufgaben übernehmen.

Wenn die Patienten zustimmen, senden moderne Blutzucker-, Blutdruck- und Pulsmessgeräte ihre Werte per Smartphone direkt an den behandelnden Arzt. In jedem Fall speichert die zugehörige App die Werte über mehrere Wochen und erstellt aus den Daten ein Gesundheitsprofil. Damit kann der Arzt beispielsweise die Wirkung seiner Behandlung überprüfen und die Therapie genauer einstellen.

Wenn die Lebensfunktionen von Patienten aus der Ferne überwacht werden können, wird man die Menschen früher aus den Krankenhäusern entlassen können. Das spart Ressourcen. Chronisch kranke Patienten müssen nicht mehr so häufig den Arzt aufsuchen, um den Krankheitsverlauf zu besprechen. Wenn die Sensoren keine Verschlechterung signalisieren, reicht ein Videogespräch am Handy.

Bis 2019 boten nur sehr wenige Arztpraxen oder medizinische Versorgungszentren eine Videosprechstunde an. In Berlin waren es noch im Februar 2020 gerade einmal vier. Mit der Corona-Pandemie änderte sich das schlagartig. Im Juni 2020 hatten mehr als 2000 Berliner Praxen eine Online-Sprechstunde eingerichtet.[202] Die meisten Ärzte wollen dieses Angebot beibehalten, gingen aber Mitte 2020 davon aus, dass es weniger als 20 Prozent ihrer Sprechzeit in Anspruch nehmen wird. Sie dürfen online keine Diagnosen stellen, nur eine Beratung ist erlaubt, und auch nur dann, wenn der Patient dem Arzt bereits persönlich bekannt ist. Gerade auf dem flachen Land, wo die nächste Arztpraxis 20 oder mehr Kilometer entfernt ist, ist das aber schon ein großer Fortschritt.

Krankenkassen in aller Welt haben erkannt, dass sie durch die intelligente Nutzung des Internets viel Geld sparen können. Gesundheits-Apps, zertifiziert vom Bundesinstitut für Arzneimittel und Medizinprodukte (BfArM), überwachen beispielsweise die Krankengymnastik bei Arthrose oder helfen gegen Schlaflosigkeit.

Aber auch die Ärzte werden kontrolliert: Die Medikamentengabe wird automatisch mit den Symptomen und dem Krankheitsverlauf abgeglichen. Bei Therapieversagen oder bei Gabe von untereinander unverträglichen Medikamenten wird das System den Arzt rechtzeitig warnen.

Das alles wird nicht sofort verschwinden, wenn die Zivilisation zusammenbricht. Es wird einfach nach und nach immer weniger verfügbar sein. Das Wissen der Ärzte bleibt natürlich erhalten. Es hat sich in den letzten 50 Jahren vervielfacht und kommt den Patienten weiterhin zugute. Die Krankengeschichten vieler Patienten könnten allerdings verloren gehen. Die modernen Medikamente auf der Basis von monoklonalen Antikörpern, die

Krebserkrankungen viel von ihrem Schrecken genommen haben, werden vermutlich nicht mehr hergestellt werden können. Labore werdem weniger Blutuntersuchungen anbieten. Und ja, bei allen Bemühungen der Ärzte und Pflegekräfte: Die Leistungsfähigkeit des Gesundheitswesens wird deutlich zurückgehen. Viele längst vergessene Krankheiten werden zurückkommen. Medikamente werden rar und teuer und die Lebenserwartung sinkt deutlich.

Wirtschaft, Finanzen und Warenströme

Wenn man sich unsere globale Zivilisation als Lebewesen vorstellt, dann sind die Geld- und Warenströme ihr Blutkreislauf und das Internet ihr Nervensystem. Sobald eines dieser Systeme nicht mehr richtig arbeitet, wird sie krank. Fällt es auch nur kurz ganz aus, muss die Zivilisation mühsam wiederbelebt werden. Am besten sofort, sonst stirbt sie. Ist der Schaden erst zu groß geworden, bleibt jeder Rettungsversuch vergeblich. Das plötzliche Ende der Bronzezeitkulturen im östlichen Mittelmeer sollte uns eine Warnung sein.

Das Szenario aus Kap. 1 vermittelt eine Idee von der Gesellschaft nach einem erzwungenen Nulldurchgang. Ob die komplexe Digitalwirtschaft mit ihren vielen internationalen Abhängigkeiten jemals wiederbelebt werden kann, bleibt allerdings Spekulation.

Infrastrukturen

Zu den Infrastrukturen zählt der *DUDEN Wirtschaft* „alle staatlichen und privaten Einrichtungen, die für eine ausreichende Daseinsvorsorge und wirtschaftliche Entwicklung als erforderlich gelten".[203] Und das sind heute mehr als je zuvor: Strom, Wasser, Abwasser, Gas, Straßenbau und -reinigung, Verwaltung, Polizei, Feuerwehr, Müllabfuhr – die gut geölte Maschinerie unserer

Gesellschaft ist unverzichtbar. Sie darf nicht einmal für wenige Tage ausfallen. Und natürlich gehört auch die Kommunikationsstruktur dazu, also Telefon- und Datenleitungen, Mobilfunknetze, Fernsehen und Rundfunk.

Die westliche Welt mit ihren jeweils exzellent ausgebauten Infrastrukturen[204] wird heftig zu kämpfen haben, wenn der globale Warenstrom stockt oder das Internet ausfällt. Dazu ein Beispiel:

Wenn, wie geplant, ab 2038 Sonne und Wind die Stromversorgung in Deutschland übernehmen, müssen mehrere Hunderttausend Stromversorger ständig auf den Bedarf von Millionen Stromverbrauchern abgestimmt werden. Das ist mindestens so kompliziert, wie es sich anhört. Die aktuelle Leistung von Zehntausenden von Windrädern und Hunderttausenden Fotovoltaikanlagen muss ständig erfasst und mit dem Verbrauch abgeglichen werden. Um das System in der Balance zu halten, werden beide Parameter ständig neu berechnet. Windräder werden zu- oder abgeschaltet, Strom in Speicher geleitet oder daraus entnommen, die Ladegeschwindigkeit von Elektroautos dynamisch angepasst. Die Stromversorgung braucht das Internet und das Internet braucht Strom. Die gegenseitige Abhängigkeit zweier lebenswichtiger Infrastrukturen ist aber ausgesprochen gefährlich.[205] Fällt das Internet aus, wird die Stromsteuerung blind und das Netz beginnt zu schwanken, bis es ausfällt. Ohne Strom lässt sich aber das Internet nicht betreiben. Ein Ausfall beider Systeme von nur zwei Wochen Dauer würde in Europa, Amerika, Japan oder China den Staat aus den Angeln heben und die Wirtschaft vernichten. Wir müssen deshalb den Ausfall kritischer Infrastrukturen als Super-GAU betrachten, als Kernschmelze unserer Zivilisation. Das Problem ist lange bekannt und ich hoffe, dass Regierung und Konzerne beim schnellen Ausbau der erneuerbaren

Energien auf ausreichende Reserven achten – und sich nicht auf das Satelliten-Internet verlassen.

Auch ein langsamer Zerfall digitaler Systeme würde das Stromnetz zunehmend instabil machen, aber dann wäre immerhin genügend Zeit, um Gegenmaßnahmen einzuleiten. Wenn die Stromversorgung über Sonne und Wind wegen fehlender Ersatzteile langsam ausläuft, gibt es nur einen einzigen heimischen Energieträger, der ohne filigrane Steuerung Strom liefern könnte: Braunkohle, der Gott-sei-bei-uns aller Umweltschützer.

Die Stabilität der Wasserversorgung hängt bisher nicht vom Internet ab, aber bis 2040 könnten viele Pumpen und Ventile digital gesteuert sein.

Forschung und Lehre an den Universitäten kommen weitgehend zum Stillstand, wenn die digitale Technik zerfällt. Ein beträchtlicher Teil der wissenschaftlichen Literatur wird bereits heute nicht mehr gedruckt. In den Naturwissenschaften ist die Forschung auf die massive Rechenkraft von Supercomputern angewiesen.

Der Staat verliert die in der Cloud gespeicherten Informationen über seine Bürger. Die müssten dann Meldeunterlagen neu einreichen, Rentenbescheide von Jahrzehnten zur erneuten Registrierung beibringen und ihren Grundbesitz nachweisen. Die Bearbeitung von Steuererklärungen würde für einige Jahre unmöglich, die Steuern müssten geschätzt werden.

Ich gehe davon aus, dass Glasfaserleitungen weiterhin in Betrieb bleiben, auch wenn das Satelliten-Internet den privaten Markt dominiert. Behörden und Großfirmen werden es weiterhin für kritische Aufgaben nutzen wollen. Privatleute wie Sie oder ich werden keinen Zugang haben, aber ein Notbetrieb der wichtigsten staatlichen Funktionen bleibt gewahrt. Es wird trotzdem nicht einfach werden: Polizei, Feuerwehr und Notdienste können keine Datenbanken mehr abfragen, für Notrufe muss ein neues System erarbeitet und aufgesetzt werden. Und das alles mitten in einer gewaltigen Wirtschaftskrise mit Massenarbeitslosigkeit und eventuell einer scharf rationierten Versorgung mit Lebensmitteln, Kleidung und Heizmaterial.

Es geht weiter ...

Unsere Zivilisation wird nicht ewig halten. Dutzende früherer Hochkulturen sind bereits verschwunden – für sie selbst sicherlich überraschend. Noch haben wir es in der Hand, die Lebenserwartung unserer digitalen Gesellschaft zu verlängern. Nur dann können wir der nächsten Zivilisation den Staffelstab in die Hand drücken und ihr unsere Errungenschaften vererben. Ansonsten müsste sie weitgehend von vorne anfangen, so wie die Menschen im Mittelalter nach dem Ende der Spätantike.

9

Was tun?

Zusammenfassung In der Mitte des 4. Jahrhunderts n. Chr. schien das Römische Reich fest etabliert zu sein. Aber schon wenige Jahrzehnte später brach es zusammen. Was können wir tun, damit unserer digitalen globalen Gesellschaft dieses Schicksal erspart bleibt?

In der Mitte des 4. Jahrhunderts n. Chr. schien das Römische Reich fest etabliert zu sein. Gut, die Zentralgewalt war schwach, Usurpatoren hatten in einigen Gebieten die Macht an sich gerissen und die Münzen enthielten immer weniger Silber. Aber nach wie vor verteidigten die Grenzlegionen das Reich zuverlässig gegen äußere Gefahren. Kaiser Diokletian hatte Ende des 2. Jahrhunderts grundlegende Reformen durchgesetzt, Konstantin die Grenzen noch einmal nachhaltig gesichert. Im Inneren herrschte Frieden, der Handel blühte und in den Provinzen ließ es sich gut leben. Belauschen wir einmal ein Gespräch, wie es gegen 370 n. Chr. unter Kaiser

© Springer-Verlag GmbH Deutschland, ein Teil von Springer Nature 2021
T. Grüter, *Offline!*, https://doi.org/10.1007/978-3-662-63386-1_9

Valentinian I. sicherlich vielfach in Städten wie Augusta Treverorum (Trier), Divodurum Mediomatricorum (Metz) oder Londinium (London) geführt wurde.

„Probier noch mal von meinem Wein. Beste Qualität, direkt aus Iberien, mein Haushofmeister hat ihn zu einem guten Preis bekommen. Übrigens, hast du gehört? Der Kaiser hat die Germanen geschlagen und die Grenze am Rhein wieder gesichert. Ist auch nötig. Diese germanischen Wilden machen mir Angst. Aber unsere Legionen haben sie besiegt. Endgültig, so hoffe ich."

„Endgültig, sagst du? Sie rücken ständig nach, schon seit Jahrhunderten. Wir müssen sie nicht besiegen, das Reich saugt sie auf. Unsere Legionen bestehen doch längst aus Germanen und Galliern. Wir geben ihnen gute Waffen, und es dauert nicht lange, dann erkennen sie die Vorteile unserer Kultur. Rom ist nicht nur ein Reich, es ist eine Idee, eine Lebensweise. Und viel zu gut, um unterzugehen. Wer will schon auf Glas aus Syrien, Wein aus Iberien oder gut geheizte Häuser verzichten?"

„Deinen Optimismus hätte ich auch gerne! Ja, wir haben reines Wasser aus den Bergen, gut ausgebaute Grenzbastionen und gepflasterte Straßen. Wir können sicher reisen, ohne ausgeraubt zu werden. Aber das kostet alles viel Geld. Seit Generationen werden die Münzen immer schlechter, die Preise steigen und die Steuern treiben mir den Schweiß auf die Stirn. Trotzdem scheint das Reich immer zu wenig Mittel zu haben. Irgendwann bricht alles zusammen, dann sitzen unsere Enkel wieder in lehmverkleisterten, rauchigen Holzhütten inmitten von Barbaren."

„Blödsinn! Wenn diese Wilden ins Reich eindringen, was passiert denn dann? Unsere Truppen schlagen sie zusammen, auch wenn das manchmal ein paar Jahre dauert. Oder wir geben ihnen Geld und Land an den Grenzen, damit sie uns verteidigen. Auf jeden Fall ist die zweite und dritte Generation schon so weit zivilisiert, dass sie das Reich stärkt, statt es zu schwächen. Irgendwann kommt wieder ein fähiger Imperator und sorgt für ein Ende der Inflation im Inneren. Vielleicht schafft Flavius Valentinianus das ja auch noch. Zutrauen würde ich es ihm. Rom mag untergehen, aber die Zivilisation mit ihrer fortschrittlichen Medizin und ihrer sicheren Rechtsprechung wird überleben. Nicht einmal die Barbaren werden das abschaffen wollen."

„Ich sage dir, Fulvius, wir gehen an den Kosten für all den Fortschritt irgendwann zugrunde. Medizin, Legionen, Wege, Aquädukte, Befestigungen, das will bezahlt werden. Die ständige Münzverschlechterung ist nur ein Zeichen dafür, dass der Staat mehr Geld ausgibt, als er einnimmt. Eines Tages kommt es noch so weit, dass der Kaiser sich Geld *leihen* muss!"[206]

„Ganz bestimmt nicht. Das wäre wirklich der Untergang! Weißt du was? Du bist ein ewiger Pessimist. Liegt wahrscheinlich an den dunklen Winternächten hier im Norden. Jetzt nimm dir noch ein Glas Wein und lass uns über unsere Geschäfte reden, statt über die ferne Zukunft zu philosophieren."

25 Jahre später begann der Westen des Reichs auseinanderzufallen und 40 Jahre später war die römische Zivilisation in Gallien, Germanien und Britannien am Ende. 410 n. Chr. plünderten die Westgoten Rom. Sie schonten die Stadt und die Bewohner, aber raubten alles von materiellem Wert. Was sie übrig ließen, holten sich 455 die Wandalen. Im Mittelmeer gingen Piraten auf Raubzug. Der Fernhandel auf dem Seeweg und in den westlichen Provinzen brach zusammen, und mit ihm die römische Lebensart. Bis um das Jahr 500 verschwand auch fast der gesamte Schatz der antiken Literatur.[207]

Das Oströmische Reich mit der Hauptstadt Konstantinopel lebte noch 1000 weitere Jahre, bevor es

1453 endgültig unterging. Aber die römische Lebensart war lange vorher verschwunden. Die riesige Bibliothek von Konstantinopel brannte bereits 475 völlig aus. Sie war eine der letzten Aufbewahrungsstätten der antiken Literatur gewesen.

Andere Hochkulturen lebten natürlich weiter. Die chinesische und die indische Welt waren von den Umwälzungen nicht betroffen. Das wäre heute anders. Die digitale Kultur umfasst die gesamte Welt. Wenn sie untergeht, wartet keine andere Kultur darauf, die erloschene Fackel wieder zu entzünden und weiterzutragen.

Unsere einzigartige Gesellschaft und ihre Risiken

Zum allerersten Mal in der Geschichte haben die Menschen eine weltweit arbeitsteilige Wirtschaft und Technik geschaffen. Daraus entsteht eine Lebensweise, die im Begriff ist, sich zu einer Kultur mit markanten neuen Werten und Umgangsformen zu entwickeln. Für die Generation der 15- bis 30-Jährigen ist es selbstverständlich, zu jeder Zeit alles filmen zu können, und per Smartphone mit Menschen in der ganzen Welt zu kommunizieren. Die modernen Idole, die Influencer, wohnen weit weg, sind aber gefühlt ganz nah. Jede Kultur hat auch ihre Rituale, Tabus und Verbote. Ein digitaler Mob rottet sich schneller zusammen als ein wirklicher und umfasst viel mehr Köpfe. Er vermag ein Leben dauerhaft und weltweit zu zerstören. Wer stets erreichbar ist, ist stets kontrollierbar. Schon heute wirkt Orwells Roman *1984* wie die Beschreibung einer nostalgischen Steampunk-Welt. In Berlin überwachten 2019 rund 40.000 Kameras das öffentliche Leben.[208] In London zeichnen 630.000

Kameras beinahe jede Bewegung im Freien auf. Aber das reicht noch nicht für den ersten Platz. Der gebührt der chinesischen Stadt Taiyuan. Dort kontrollieren rund 465.000 Kameras die 3,9 Mio. Einwohner, das ergibt etwa eine Kamera für je acht Bewohner. 18 der 20 am stärksten überwachten Städte liegen in China, nur London (Platz 3) und das indische Hyderabad (Platz 16) konnten sich dazwischendrängen.[209]

Bis Ende 2021 soll die Gesamtzahl aller Überwachungskameras die Milliarde überschreiten. Und wer weiß – vielleicht werden Diebstahlversicherungen bald darauf bestehen, dass die Versicherten in jedem Raum ihrer Wohnung eine ständig laufende digitale Kamera installieren. Auch das soziale Leben wird sich weiter verändern. Schlagworte und Moden kommen und gehen schneller als je zuvor. Wo sich weltweit Gleichgesinnte treffen, blühen auch Verschwörungstheorien und gedeiht der Hass.

Selbst der kurzlebige Islamische Staat im Irak und in Syrien hat seine atavistische Grausamkeit als Internet-Spektakel inszeniert, um weitere Anhänger zu gewinnen. Und er hatte damit Erfolg. Das ist – anders als viele Kommentare vermuten – keineswegs erstaunlich. Im Gegenteil, Sozialpsychologen wissen schon lange, dass Menschen für ihre eigene Gruppe beinahe alles tun, aber dazu neigen, gegnerische Gruppen ohne jedes Mitleid bekämpfen. Wohlgemerkt, nicht jeder Mensch reagiert so, aber sehr viele. Und es ist ebenso bemerkenswert, dass Menschen sich innerhalb von Minuten über beinahe beliebige Gemeinsamkeiten zu Gruppen zusammenfinden, die sich ebenso schnell passende Feinde suchen. Donald Trump fiel es deshalb nicht schwer, nach seiner Wahlniederlage im November 2020 den Mitgliedern der eigenen Gruppe einzureden, man habe ihnen den Sieg gestohlen. Es spielte keine Rolle, dass es dafür bei der amtlichen Überprüfung der Wahl keinerlei Hinweise gab. Seine fanatischen Anhänger standen auf dem Standpunkt, ihnen habe der Sieg zugestanden, weil sie die besseren Menschen seien oder weil ihre Feinde den Kommunismus einführen wollten oder warum auch immer.

Eine zurzeit sehr populäre sozialpsychologische Theorie führt den Erfolg des Homo sapiens darauf zurück, dass er die eigene Gruppe (In-Group) ebenso rückhaltlos unterstützt, wie er andere Gruppen (Out-Groups) bekämpft – einfach nur, weil sie nicht zu seiner In-Group gehören.

Soziale Netze fördern dieses fremdenfeindliche Verhalten – nicht etwa, weil sie dazu entschlossen sind, Menschen gegeneinander aufzuhetzen, sondern weil sich die Nutzer wohler fühlen, wenn man ihren Instinkten entgegenkommt. Dann bleiben sie länger und sehen sich mehr Werbung an. Inzwischen haben Facebook, Twitter und Google erkannt, welche Verheerungen sie anrichten, wenn sie den Aggressionen der Menschen freien Lauf lassen. Sie löschen die gefährlichsten Falschmeldungen und Hassaufrufe. Aber skrupellosere Netzanbieter wie Parler, Gab und Telegram[210] übernehmen gerne die Nutzer und den Profit.

Die Digitalisierung des Lebens löst per se keine Probleme, sie gibt uns nur neue Fähigkeiten an die Hand. Zugleich vervielfacht sie aber auch die Gelegenheiten zum Missbrauch. Die Polizei nutzt das Internet ebenso wie Kriminelle, und Hass lodert schneller und höher auf als je zuvor.

Der Traum vom Reichtum für alle durch Digitaltechnik hat wenig Chancen. Die Milliarden Smartphones, Tablets und Laptops brauchen Unmengen seltener Metalle. Sicher, kaum jemand findet es richtig, dass sich Menschen in Afrika oder Lateinamerika dafür zu Tode schuften.[211]

Aber die Computerindustrie müsste ohne diese Quellen ihre Produktion einschränken oder teurer einkaufen. Und das möchten die meisten Chinesen, Deutschen oder Amerikaner auch nicht unbedingt. Ein Heer von Arbeitern muss den Nachschub für die digitale Infrastruktur in Gang halten. Je mehr die Rohstoffe kosten, desto teurer das Endprodukt. Die meisten Käufer von T-Shirts für 1,98 Euro möchten lieber nicht wissen, wie so ein Preis zustande kommt. Und genauso fragt auch kaum jemand, wie ein Smartphone für nur 59 Euro hergestellt, transportiert und verkauft werden kann.

Digitalisierung und Globalisierung verbessern das Leben der Menschen nicht automatisch, sie ersetzen lediglich alte Abhängigkeiten durch neue. Eine Regionalisierung ist keine Alternative. Die Rohstoffe, das Know-how, die Fabriken und die Kunden verteilen sich über die ganze Welt.

Und natürlich lassen sich intelligente Roboter auch auf ganz verschiedene Weise einsetzen: für die Altenpflege, schwere Arbeiten, im Haushalt und im Krieg. Künstliche Intelligenzen können als Söldner mitleidlos ganze Landstriche entvölkern, wenn sie dafür geschaffen werden. Die Anfänge sehen wir heute schon.

Letztlich müssen wir uns entscheiden: Wollen wir im vollen Bewusstsein der Risiken die digitale globale Gesellschaft sichern und ausbauen? Ihre neuen Möglichkeiten nutzen und vielleicht allen Menschen ein besseres Leben ermöglichen? Oder ist uns das zu gefährlich und wir schalten das Internet wieder ab?

Die folgenden Vorschläge sind für den ersten Fall gedacht. Dann sollten wir aber auch nie vergessen, wo die Schlaglöcher und Fallgruben liegen. Hier also fünf Vorschläge zur Sicherung unserer Lebensweise:

Vorschlag 1

Die Erhaltung, Sicherung und Modernisierung der kritischen Infrastrukturen muss absolute Priorität erhalten

Wie das Gespräch der beiden Römer andeutet, hatten die Kosten für die Erhaltung der Straßen, der Aquädukte, der Grenzbefestigungen schon im 4. Jahrhundert jedes Maß gesprengt. Selbst das wohlhabende Römische Reich brachte nicht mehr die Mittel auf, um seine inneren Strukturen zu erhalten und zugleich seine Grenzen zu verteidigen. Das sollte uns eine Warnung sein.

Den meisten Menschen ist heute nicht bewusst, dass unsere moderne Infrastruktur erstaunlich jung ist. Erst in den letzten 100 Jahren der langen Menschheitsgeschichte haben Länder und Städte das umfangreiche Netzwerk aus Schienen, Rohren, Kabeln und Straßen aufgebaut, das uns heute ganz selbstverständlich erscheint. Anders als Bäume und Hecken wächst diese Infrastruktur nicht von selbst. Ihre Bewahrung und Modernisierung kostet mehr Geld, als die Menschen derzeit zu investieren bereit sind. Die deutschen Kommunen waren bei ihren Leistungen für die Infrastruktur im Jahr 2012 mit mehr als 100 Mrd. Euro in Verzug. Anfang 2019 hatten sie nicht aufgeholt, im Gegenteil, sie lagen jetzt mit 159 Mrd. Euro zurück. Der deutsche Staat schwimmt aber seit 2014 geradezu in Geld. Bis 2020 nahm der Bund keine Kredite mehr auf, weil die Einnahmen die Ausgaben übertrafen. Der wesentliche Grund für die Verzögerungen bei der Erneuerung von Straßen, Wasserleitungen und Gebäuden ist inzwischen die Flut von Vorschriften. Wie im letzten Kapitel gezeigt, kann eine Zivilisation an ihrer eigenen Komplexität zugrunde gehen. Für Wissenschaftler ist es sicher aufregend, der Bestätigung ihrer Theorie zuzusehen, für den

Rest von uns möchte ich das eher ausschließen. In den USA sind inzwischen das Straßennetz, die Wasserrohre und die Stromleitungen in einem desolaten Zustand, der Investitionsrückstand wird auf 2 Billionen US-Dollar auflaufen, wenn nicht gegengesteuert wird. Ex-US-Präsident Donald Trump hatte in seiner Amtszeit mehrfach großzügige Infrastrukturprogramme versprochen. Sie blieben aber alle in der Gesetzgebung hängen, ohne dass die Regierung sich ernsthaft bemüht hätte, sie wirklich umzusetzen.[212]

Das ist auf den ersten Blick kaum zu verstehen. Jede Gemeinde kann ausrechnen, was die Erhaltung von Gebäuden, Straßen, Wasserleitungen und Stromkabeln in den nächsten 20 Jahren kosten wird. Also wäre es kein Problem, die entsprechenden Gelder einzuplanen. Trotzdem verfallen öffentliche Gebäude, Straßen und Leitungsnetze. Es ist einfach unpopulär, den Bürgern die Kosten für die Erhaltung dieser Leistungen abzuknöpfen. Strom war immer schon da, warum sollte man also ein funktionierendes Netz erneuern, die Transformatoren der Umspannstationen austauschen, die öffentlichen Gebäude sanieren? Im nächsten Jahr ist es dafür auch noch früh genug. Also werben die Politiker lieber damit, dass sie die kommunalen Steuern und Abgaben nicht erhöhen und die Gebühren für Strom und Wasser stabil halten wollen (nicht, dass es ihnen jemals gelänge!).

Dieses Problem ist nicht auf die politisch beeinflussten kommunalen Betriebe begrenzt. Private Firmen wirtschaften im Allgemeinen effizienter als öffentliche Betriebe, aber sie neigen dazu, ihren Gewinn zu optimieren, indem sie die Ausgaben für die Wartung und Reparatur des Leitungsnetzes so gering wie nötig halten – oder noch geringer. Gleichzeitig erhöhen sie die Gebühren bis an die vertraglich zulässige Grenze, um so schnell wie möglich hohe Gewinne einzufahren. Dabei nehmen sie den langfristigen Verfall der Leitungsnetze bewusst in Kauf. Es gibt keinen Königsweg aus diesem Dilemma. Jeder Bürger in Deutschland, Europa und den USA muss sich darüber im Klaren sein, dass die Erhaltung der Infrastruktur enorme Summen allein für die Instandhaltung verschlingt. Modernisierungen und Verbesserungen kosten extra.

Während also die Stromversorgung, die Wasserversorgung und das Straßennetz relativ mühsam auf einem brauchbaren Stand gehalten werden, entsteht mit rasender Geschwindigkeit eine neue digitale Infrastruktur. Sie nutzt teilweise die vorhandenen Stromkabel und Telefonleitungen, aber sie braucht natürlich auch eigene Anlagen. Das ist teuer, aber vorläufig sind die Kunden noch bereit, für einen besseren Service und einen höheren Datendurchsatz mehr Geld zu bezahlen. Der Ausbau lohnt sich also. Spätestens in den 2030er-Jahren wird aber ein Punkt erreicht sein, an dem sich weitere Investitionen nicht mehr bezahlt machen. Der scharfe Wettbewerb zwingt die Anbieter dann zu ruinösen Preisen, sodass kein Geld für die Erhaltung und den Ausbau der Infrastruktur übrig bleibt. Glasfaserkabel müssen aber ungefähr alle 25 Jahre erneuert werden. Und das wird teuer. Bei 1 Mio. Kilometer Kabel insgesamt stehen dann rund 40.000 Kilometer im Jahr zur Verlegung an – allein in Deutschland.[213]

Die Erhaltung der Infrastruktur muss von der gleichzeitigen Sicherung gegen mögliche Angriffe begleitet sein. Internet und Stromversorgung sind dabei, in eine gefährliche zyklische Abhängigkeit abzugleiten. Das Gesamtsystem verliert dabei massiv an Betriebssicherheit, die Verletzlichkeit nimmt zu. Wir müssen aber mit virtuellen und physischen Angriffen in den nächsten Jahrzehnten rechnen und die Systeme entsprechend sichern und härten. Hier muss dringend ein Sicherheitskonzept entwickelt werden, das Angriffe auf lebenswichtige Ver-

sorgungseinrichtungen verhindert und im schlimmsten
Fall wenigstens einen Notbetrieb ermöglicht.

Letztlich ist die Erhaltung und Verbesserung der Infrastruktur der Prüfstein für die Überlebensfähigkeit unserer
Gesellschaft. Wir brauchen keine Mars-Reisen und
keine Kunstgehirne im Computer zu planen, wenn wir
es nicht schaffen, die Stromversorgung sicherzustellen,
die Kanalisation zu erhalten und die Kommunikations-
strukturen auszubauen. Wir vergessen oft, dass die
Straßen und Eisenbahnen die Blutadern unserer Gesellschaft sind, während sich das Internet immer mehr zum
zentralen Nervengeflecht entwickelt. Schon bald könnte
unsere Gesellschaft einem uralten Mann mit verstopften
Adern und einem zerfallenden Nervensystem gleichen. In
seinem Größenwahn schwadroniert er davon, die Welt
zu beherrschen, während er sich in Wahrheit ohne Hilfe
nicht mehr aus seinem Sessel erheben kann.

Vorschlag 2

**Klimawandel, Bodendegradation, Überfischung und
Plastikmüll in den Ozeanen bedrohen die Grundlagen
der globalen Gesellschaft. Sie sollten energisch – aber
nicht dogmatisch – bekämpft werden**

Mit diesem Vorschlag renne ich offene Türen ein. Fast
jeder will die globale Erwärmung stoppen und niemand
möchte zusehen, wie Böden erodieren und die Wüste vor-
rückt. Es ist auch allen klar, dass man auf die Dauer nicht
mehr Fische aus den Meeren holen kann als nachwachsen.
Und die Millionen Tonnen Plastik haben in den Ozeanen
natürlich nichts zu suchen. Nur: Die Menschen blasen
weiterhin viel zu viele Treibhausgase in die Atmosphäre,
die Landwirtschaft laugt den überforderten Boden aus und
die Fischer fangen mehr Fische als erlaubt. Allein während

ich diese Zeilen schreibe, treiben Hunderte Tonnen Plastikabfälle mit den Flüssen in die Ozeane.

Als Arzt bin mit dem Phänomen der Verdrängung durchaus vertraut. Jeder weiß, dass Übergewicht schädlich ist, trotzdem fällt den Menschen das Abnehmen extrem schwer. Sie werden irgendwann zuckerkrank und ihre Arterien verkalken. Sie haben alle Diäten durchprobiert, aber nichts hat bei ihnen gewirkt. Ich sage ihnen, dass sie Sport treiben, weniger sitzen und mehr laufen sollen. Und es wäre auch gut, auf Bier, Wein und Chips beim abendlichen Fernsehen zu verzichten. Kurzum: Sie müssen ihre Lebensweise grundlegend verändern, wenn sie gesund bleiben wollen. Fast alle verstehen das auch, trotzdem entkommt höchstens einer von fünf einem drohenden Diabetes.

Mit dem Klimawandel und der Übernutzung von Böden und Meeren verhält es sich nicht anders. Nicht einmal die Klimaaktivisten wollen unsere Lebensweise grundlegend ändern. Wenn wir beispielsweise den Energieverbrauch halbieren, würden wir das Problem bereits massiv entschärfen. Tatsächlich hat der Primärenergieverbrauch in Deutschland seit 2010 aber kaum abgenommen (nur etwa 5–10 Prozent) – trotz des Verbots von Glühbirnen und stärkerer Wärmedämmung. Und wenn wir mit den Nahrungsmitteln achtsamer umgingen, müssten Bauern und Fischer nicht so viel produzieren oder fangen.

„Ein Drittel von dem, was weltweit produziert wird, geht verloren, weil es bei der Herstellung oder beim Transport beschädigt wurde oder in Lagern, Läden und Haushalten verdirbt", schreibt die Welthungerhilfe.[214]

Wir sollten weniger fliegen, denn Flugzeuge belasten das Klima besonders stark, weil sie ihre Abgase direkt in die hohe Atmosphäre blasen. Aber viele junge Klimaaktivisten träumen davon, nach der Schule oder in den

Semesterferien mit einem Travel-and-Work-Visum durch Australien zu fahren, die Filmsets vom „Der Herr der Ringe" in Neuseeland zu sehen, oder in Afrika in einer Missionsstation zu arbeiten. Sie bitten ihre Eltern natürlich, dafür einen Ablass an eine Organisation zu zahlen, die in Madagaskar Bäume pflanzt oder in Afrika sparsamere Kochöfen verteilt – aber auf den Flug möchten sie doch nicht gerne verzichten.

Im Jahr 2021, sechs Jahre nach dem Klimaabkommen von Paris, haben immer mehr Menschen begriffen, dass die angestrebte Marke von 1,5 °C Temperaturerhöhung unerreichbar ist.[215]

Selbst mit massiver Senkung der CO_2-Emissionen werden die Temperaturen weiter steigen, es sei denn, man holt aktiv und in großem Maßstab CO_2 wieder aus der Atmosphäre. Dazu reicht es nicht, einige Milliarden Bäume zu pflanzen. Die Industriestaaten müssten Anlagen bauen, die bis 2100 zwischen 500 und 1000 Mrd. Tonnen CO_2 aus der Luft abscheiden und sicher in der Erde lagern.[216] Deutschlands Anteil läge bei einigen Hundert Millionen Tonnen CO_2 pro Jahr. Das wird allerdings hierzulande politisch nicht durchsetzbar sein. Die meisten Menschen möchten keine CO_2-Blasen unter ihren Füßen haben, und die Kosten übersteigen sicher 20 Mrd. Euro pro Jahr. Andererseits hat Deutschland allein in den letzten 30 Jahren etwa 1 Mrd. Tonnen CO_2 pro Jahr in die Atmosphäre entlassen. Es wäre nur fair, mindestens ein Viertel davon wieder einzufangen. Während Wissenschaftler das bereits für sinnvoll und notwendig erklärt haben[217], ziehen es die meisten Klimaaktivisten vor, einen großen Bogen um das Thema zu machen. Es ist einfach zu unpopulär.

Beim Thema Klimagerechtigkeit wird der Anstieg der Treibhausgase oft genug zum bloßen Zusatzargument für die eigentlichen Anliegen: Kampf gegen Rassismus, für

Frauenrechte, gegen Kapitalismus, für mehr Verteilungs-
gerechtigkeit. Schwarze, Frauen, arme Menschen und
arme Staaten litten besonders unter dem Klimawandel
und müssten entsprechend bessergestellt werden. Und hier
seien vor allem die Europäer in der Pflicht. Nur liegt der
Anteil der EU an der Emission von Klimagasen bei unter
9 Prozent. Dass Russland, China, Indien, Indonesien
und Japan zusammen mehr als fünfmal so viele Klima-
gase erzeugen, ist kein Thema. Wenn wir die USA, Saudi-
Arabien und Australien hinzunehmen, kommen wir auf
rund 60 Prozent der weltweiten Emissionen. Wenn diese
Länder nicht mitziehen, ist eine schnelle Reduktion des
weiteren Temperaturanstiegs nicht zu erwarten und alle
Proteste laufen ins Leere.

Auch das Schlagwort „Klimakrise" ist nicht sehr hilf-
reich. Unter einer Krise versteht man den entscheidenden
Moment in einer gefährlichen Lage. In dieser kurzen Zeit-
spanne entscheidet sich, ob das Blatt sich zum Besseren
wendet. Die globale Erwärmung ist aber ein Dauer-
problem. Selbst wenn die Menschheit mit heroischer
Anstrengung die CO_2-Emissionen in den nächsten
zehn Jahren halbieren, werden die Temperaturen dauerhaft auf einen ungemütlichen Wert ansteigen – und erst
einmal dort verbleiben. Nach einer – umstrittenen –
Berechnung von Jorgen Randers und Ulrich Golüke von
der BI Norwegian Business School in Oslo könnte der
unwiderruflich auftauende Permafrostboden allein bereits
zu einem massiven Anstieg der weltweiten Temperaturen
führen.[218] Wir haben es hier eben nicht nur mit einer
Krise zu tun, die durch entschlossenes Handeln kurzfristig abgewendet werden kann. Wir bringen lediglich mit
all unserer Kraft den Karren an einem steiler werdenden
Abhang zum Stehen – oder auch nicht. Aber wir werden
ihn sicher nicht wieder nach oben auf den Weg ziehen.

Das Klima *wird* sich also weltweit verändern – und das wirkt sich auf die Ernten aus, ebenso wie die zunehmende Bodendegradation.

Mit Stand 2020 produziert die Welt genügend Nahrungsmittel. Hunger ist heute die Folge von Krieg und Armut, nicht von Missernten.[219] Es ist aber sehr fraglich, ob das so bleibt. Die Veränderungen des Klimas und die Auslaugung des Bodens werden irgendwann zu schlechteren Ernten führen. Die Menschheit wird vermutlich Abhilfe schaffen, wenn sie genug Zeit hat – und genau da liegt das Problem. Niemand weiß, wie plötzlich die Veränderungen auftreten werden. In Deutschland fehlte 2018 und 2019 der Regen, beide Jahre waren viel zu trocken. Wenn dieser Trend bleibt, werden die Ernten dauerhaft geringer ausfallen – ab sofort. Wie lange bekannt ist, haben Teuerungen bei Nahrungsmitteln das Potenzial, Staaten zu destabilisieren. Einer der wichtigsten Auslöser der Französischen Revolution war das Gerücht, der König mache gemeinsame Sache mit Spekulanten, die nach mehreren Missernten den Getreidepreis hochtrieben.

Brotunruhen in China oder Indien wären für die Welt ausgesprochen gefährlich. Jeder Versuch, das fehlende Getreide durch mehr Fischfang auszugleichen, könnte wichtige Fischbestände vernichten. Das geht außerordentlich schnell, wie ab 1992 die Fischer an der kanadischen Ostküste feststellen mussten. Die seit Jahrzehnten überfischten Kabeljaubestände brachen innerhalb von drei Jahren vollkommen zusammen. Die Fangmenge tendierte gegen null und mehr als 35.000 Menschen verloren ihre Arbeit.

Es ist bisher unklar, welche Auswirkungen die Millionen Tonnen Plastikmüll auf das Leben in den Ozeanen haben. Bestenfalls stört er nicht weiter, im schlimmsten Fall bringt er die Ökosysteme dauerhaft durcheinander.

Bisher geschieht einfach zu wenig, um unsere Lebensweise gegen die zu erwartenden Störungen abzusichern. Ohne ein entschlossenes Vorgehen gegen den Klimawandel, den Müll in den Ozeanen und die Vernichtung fruchtbaren Bodens kann das kaum gelingen.

Vorschlag 3

Wir brauchen bezahlbaren und zuverlässig verfügbaren Strom. Die Stromversorgung darf nicht zusammenbrechen, wenn das Internet nicht arbeitet. Allein mit Sonne und Wind wird das kaum gelingen

Wir schreiben das Jahr 2046: Fast die gesamte Energieerzeugung Deutschlands ist auf erneuerbare Energien umgestellt. Wärmepumpen heizen Häuser und Büros, Prozesswärme für die Industrie stammt aus Stromheizungen oder Wasserstoff.

Millionen von Solarpanelen und Windkraftanlagen sind über ein filigranes Netzwerk von digitalen Sensoren und Stellgliedern verbunden. Wenn die Sonne untergeht und die Solarzellen auf den Dächern keinen Strom mehr liefern, werden automatisch viele verteilte Gaskraftwerke und Brennstoffzellensysteme hochgefahren. Schon wenn sich die Sonneneinstrahlung tagsüber ändert, prüft das KI-gestützte Steuerungssystem den Ladungszustand von Großbatterien und die Einsatzbereitschaft der Gaskraftwerke.

Das System ist fein austariert und arbeitet perfekt, bis plötzlich die Systeme der Steuerzentrale und der Regionalsteuerungen unvermittelt herunterfahren, neu booten und lediglich einen Erpresserbrief anzeigen:

„Ihre Daten und Programme sind verschlüsselt. Versuchen Sie nicht, in das System einzugreifen. Jeder Versuch, die Verschlüsselung zu brechen, löst eine automatische Löschung aus. Bitte zahlen Sie 1 Million Euro …"

Der Leiter der Steuerzentrale lässt daraufhin die Systeme abschalten und die Notfallsysteme hochfahren. Sie verweigern den Dienst. Offenbar haben sich die Hacker bereits seit Monaten an der Software zu schaffen gemacht. Drei der fünf Regionalzentralen melden das gleiche Problem. Die übrigen Computersysteme sind von den Datenmengen überlastet und das Stromnetz beginnt zu schwanken. Immer mehr Regionen werden vom Netz genommen, und über ganz Deutschland breitet sich ein Flickenteppich von Stromausfällen aus. Während die Netzbetreiber fieberhaft versuchen, den Schaden zu begrenzen und eine Notversorgung sicherzustellen, breiten sich die Stromausfälle immer weiter aus. Die Notstromaggregate der Internet-Knoten sind auf maximal 24 Stunden ausgelegt, und viele geben schon vorher auf. Weil die Sensoren keine Informationen mehr liefern und die Stellglieder keine Befehle mehr bekommen, müssen die Provider das Netz im Blindflug per Hand steuern.

Inzwischen haben die Erpresser herausgefunden, wen sie da erwischt haben, und erhöhen die Lösegeldforderung auf 100 Mio. Euro.

Die Stromversorger beginnen hastig, stillgelegte Steinkohlekraftwerke aus der Notreserve in Betrieb zu nehmen. Ihre Dynamos erzeugen einige Gigawatt Leistung und reagieren gutmütig auf Lastwechsel. Dagegen ist es beinahe aussichtslos, ohne schnelles Internet Millionen kleiner Erzeuger und Verbraucher sekundengenau abzustimmen. Aber das Internet ist nicht mehr verfügbar, weil der Strom ausgefallen ist. Und der Strom kommt nicht wieder, weil das Internet fehlt.

Klingt das unwahrscheinlich? Eigentlich nicht: Ende 2020 hatte eine Hackergruppe, die vermutlich im Auftrag Russlands unterwegs war, Tausende Rechner der amerikanischen Regierung gehackt, darunter auch die der National Nuclear Security Administration, die das Atomwaffenarsenal der USA verwaltet. Auf solche Angriffe muss man also jederzeit gefasst sein. Und die Gefahren einer gegenseitigen Abhängigkeit zwischen Stromversorgung und Kommunikationsnetzwerken sind schon ausgiebig untersucht worden.[220]

Im Jahr 2010 verbrauchte jeder Deutsche durchschnittlich elektrischen Strom im Gegenwert der Arbeitsleistung von 60 Menschen.[221] Etwa ein Viertel nutzt er privat, den Rest benötigen der öffentliche Sektor und die Industrie. Ein Vier-Personen-Haushalt im alten Rom müsste also 60 Sklaven beschäftigen, wenn der Besitzer eine vergleichbare Arbeitsleistung nutzen wollte. Weitere 180 Sklaven hielten das öffentlichen Leben und die Industrie in Gang. Wollten wir also – wie vor 2000 Jahren – unseren Lebensstandard mit menschlicher Arbeitskraft aufrechterhalten, müssten allein in Deutschland 4,8 Mrd. Menschen tätig sein! Und damit haben wir nur den Stromverbrauch berücksichtigt. Wenn wir die Energie aus Benzin, Heizöl und Erdgas hinzunehmen, kommen wir auf einen geradezu absurden Wert. Alle Menschen und alle Pferde der Welt könnten nicht die Arbeitsleistung erbringen, die allein Deutschland für Strom, Heizung und Mobilität benötigt.

In Zukunft soll der Energiebedarf im Wesentlichen mit erneuerbarer Energie gedeckt werden, die in Form von Strom erzeugt wird. Bis dahin ist noch ein weiter Weg zurückzulegen. Das Umweltbundesamt schreibt dazu: „Im Jahr 2019 wurden 17,1 Prozent des deutschen Endenergieverbrauchs aus erneuerbaren Energien gedeckt." Mehr als die Hälfte davon stammte aus Bioenergie (in Form von festen Brennstoffen, Biokraftstoffen oder Biogas), nur rund 8,5 Prozent aus Wasserkraft, Windkraft und Sonnenenergie.[222] Bis 2050 sollen daraus 100 Prozent werden. Nehmen wir an, dass es gelingt, den Verbrauch deutlich zu verringern. Nehmen wir weiter an, es gelingt, Strom in großem Maßstab zu speichern, damit er nicht nur dann fließt, wenn der Wind weht oder die Sonne scheint. Dann müssten wir immer noch mindestens fünf bis zehn Mal so viel Energie aus Windkraftanlagen und Solarpaneelen gewinnen wie bisher. Das ist – vorsichtig ausgedrückt – sehr ambitioniert.

Diese Zahlen sollen deutlich machen, welche Größenordnung das Problem erreicht hat. Strom ist der Lebenssaft der modernen Gesellschaft. Weil die meiste Energie derzeit aus der Verbrennung von Kohle, Öl oder Gas stammt, steigt der CO_2-Gehalt der Luft ungebremst an. Deutschland nimmt extrem hohe Strompreise in Kauf, um die Energieerzeugung vollständig auf erneuerbare Energien umzustellen. Das Umweltbundesamt schrieb dazu im Jahr 2010: „Die Kosten sind geringer als die Kosten, die bei einem ungebremsten Klimawandel auf uns und künftige Generationen zukommen würden."[223]

Leider verschweigen die Autoren, dass der deutsche Ansatz die Kosten eines ungebremsten Klimawandels nur vermeiden würde, wenn alle Industrie- und Schwellenländer mitzögen. Gerade die großen CO_2-Sünder wie China, Russland oder Saudi-Arabien haben es damit aber nicht eilig. So haben wir in Deutschland die einmalige Situation, gleichzeitig die Kosten für den ungebremsten Klimawandel und für dessen Vermeidung zu tragen. Niemand außer uns will riskieren, seine Wirtschaft nachhaltig zu ruinieren, indem er den Strom unbezahlbar teuer macht. Richtig wäre es stattdessen, nach Verfahren zu suchen, die preiswerten Strom ohne CO_2-Ausstoß liefern.

Dafür gibt es durchaus Ansätze. Einige Beispiele: Mindestens ein Dutzend Firmen und Konsortien arbeiten an Kernfusionsanlagen. Die Firma Commonwealth Fusion Systems (CFS) hat einen kleinen Reaktor entworfen, der bereits 2025 fertig sein soll. CFS ist ein Spin-off des

Massachusetts Institute of Technology (MIT) und hat bis Ende 2020 von mehreren Sponsoren rund 200 Mio. US-Dollar für sein Vorhaben erhalten. Die öffentlichkeitsscheue Firma TAE Technologies in Foothill Ranch, Kalifornien, werkelt seit 1998 an einem Reaktor mit ungewöhnlichem Design. Sie gibt an, rund 500 Mio. US-Dollar aufgetrieben zu haben, und möchte in der zweiten Hälfte der 2020er-Jahre einen ersten Prototyp bauen. Das internationale Projekt ITER im französischen Cadarache soll 2025 in Betrieb gehen, aber erst Jahre später Energie erzeugen. In Rostock steht der Experimentalreaktor Wendelstein 7-X. Anders als der auf dem Tokamak-Prinzip beruhende Reaktor von ITER ist Wendelstein ein sogenannter Stellarator. Sein Konstruktionsprinzip verlangt ein kompliziert verdrilltes Magnetfeld, dafür kann er im besten Fall stundenlang ohne Unterbrechung laufen.

In Deutschland sollen am 31. Dezember 2022 die letzten Kernspaltungsreaktoren vom Netz gehen, aber andere Länder bauen die Kernenergie weiter aus. In China waren zum Jahreswechsel 2020/21 fünfzig Reaktoren in Betrieb und elf weitere im Bau. Südkorea betreibt 24 Reaktoren und baut an vier weiteren.[224] Frankreich bezieht rund 70 % seines Stroms aus Kernkraftwerken, Schweden 34 %. In den USA und China forschen mehrere Gruppen an neuen Konzepten, die weniger radioaktiven Abfall erzeugen sollen und sicherer sind.

Ohne preiswerte Energie ist die Informationsgesellschaft nicht lebensfähig. Deshalb ist es unrealistisch, auf eine klimaverträgliche, aber unbezahlbare Stromerzeugung umstellen zu wollen. Andere Staaten werden das Konzept auch nicht übernehmen wollen, denn niedrige Strompreise sind auch ein Politikum. In den ersten fünf Jahren nach der Unterzeichnung des Pariser Klimaabkommens hat sich die weltweite Kapazität von Kohlekraftwerken um 137 Gigawatt erhöht, weil Kohle immer noch ein ausgesprochen billiger Energieträger ist.[225]

Das ist keine gute Entwicklung, und ich wage die Vorhersage, dass ohne Atomkraft eine klimaverträgliche Sicherung der Energieversorgung unmöglich sein wird.

Vorschlag 4

Mehrere Weltregionen müssen unabhängig voneinander in der Lage sein, die digitale Infrastruktur zu erhalten und auszubauen. Sie müssen das Knowhow und die Anlagen vorhalten, um die meisten Komponenten übergangsweise selbst herstellen zu können

Das Internet hat die Welt zu einem gemeinsamen Marktplatz gemacht. Weil der Schiffstransport nur noch Cent-Beträge pro Kilogramm Fracht kostet, versorgt sich Europa mit T-Shirts aus Bangladesch und Laptops aus China. Dafür kaufen reiche Chinesen gerne deutsche Autos mit Stern oder vier Ringen. Mit wenigen Klicks und E-Mails kann sich jeder Kunde und Händler weltweit nach günstigen Angeboten umsehen.

Aber die Welt ist nicht nur ein gemeinsamer Markt geworden, auch die Menschen rücken enger zusammen. Immer mehr Facebook-Nutzer haben Freunde in aller Welt, mit denen sie sich austauschen. Bestand die Welt noch vor 50 Jahren aus mehreren Kulturen, die untereinander wenig Berührungspunkte hatten, so verschmilzt für die heranwachsende Generation die Welt zu einem einzigen virtuellen Lebensraum. Wie alle Kulturen entwickelt auch die Internet-Kultur eine immer stärkere Arbeitsteilung. Schon vor 4000 Jahren, in den frühesten Städten des Zweistromlandes, gab es die Straßen der Schmiede, Schlachter oder Töpfer. In der Zeit des

Römischen Kaiserreiches stellten einige wenige Werkstätten kunstvolle Glasgefäße für das ganze Reichsgebiet her. Heute ist die Welt ein einziger großer Marktplatz geworden. Viele gängige Medikamente stammen aus wenigen großen Fabriken in Indien oder China. Und wenn dort ein Problem in der Produktion auftritt, fehlt nach einigen Wochen in der ganzen Welt der Wirkstoff. Zwischen 2010 und 2020 wurde das Problem zunehmend größer. Trotzdem geschah nicht viel. Die Apotheken verbrachten immer mehr Zeit damit, nach Alternativpräparaten zu suchen, wenn wieder einmal ein Mittel nicht verfügbar war. Aber die meisten Beteiligten akzeptieren stillschweigend, dass die zentrale Produktion außerhalb Europas am günstigsten ist. Im September 2020 billigte das Europäische Parlament eine Entschließung, in der es das neue Gesundheitsprogramm EU4Health ausdrücklich begrüßte. Es soll endlich die Verfügbarkeit von Medikamenten und medizinischen Geräten verbessern.

Außerdem forderte das Parlament, finanzielle Anreize für Unternehmen zu schaffen, um die Produktion pharmazeutischer Wirkstoffe in Europa zu stärken. Auch eine europäische Notfallapotheke soll eingerichtet werden. Und die Europäische Kommission wird zur Schaffung einer neuen Arzneimittelrichtlinie aufgefordert.[226]

Immerhin – das Problem ist erkannt. Ob sich jetzt etwas tut, ist eine andere Frage, denn jede europäische Lösung wird viele Medikamente erst einmal verteuern. Vielleicht wird der holprige Verlauf der Corona-Impfkampagne die Umstellung etwas beschleunigen.

Der Markt für Digitalprodukte ist nicht so stark reglementiert, aber genauso global. Die Herstellung von Hightech-Produkten konzentriert sich auf wenige Orte der Welt. Die metallischen Rohstoffe für Computer, Smartphones und ihre Bestandteile wiederum stammen aus anderen Ländern. Nicht einmal die größten Flächen-staaten der Welt besitzen ausreichende Vorkommen aller wichtigen Erze. Apple könnte seine iPads und iPhones in den USA nicht annähernd so günstig fertigen lassen wie in den riesigen monotonen Fabrikhallen seiner Zulieferer in Asien. Die Datencenter, das Gedächtnis des Internets, haben sich vorwiegend dort angesiedelt, wo Strom zuver-lässig und preisgünstig zur Verfügung steht. Die weltweite Digitalwirtschaft ist zu einem einzigen riesigen Wesen verschmolzen, das seine lebenswichtigen Organe über die ganze Welt verteilt hat. Wenn man es zerteilt, wird es sterben.

Die extrem teuren Fabs für die höchstintegrierten Schaltungen liegen fast alle in Asien. Wenn Europa eine Produktion aufbauen möchte, wird das sowohl teuer als auch schwierig. Die EU müsste einen mittleren zwei-stelligen Milliardenbetrag in die Hand nehmen und sich darüber im Klaren sein, dass die Anlagen sehr schnell veralten. Die Erzeugnisse wären anfangs nicht konkurrenzfähig und die EU müsste sie mit hohen Milliardenbeträgen subventionieren. Auch die Chips, die Software und die Peripheriegeräte müssten neu ent-worfen, getestet und gebaut werden. An eine Verlagerung der gesamten Produktionskette nach Europa ist erst recht nicht zu denken. Es fehlt schon an den notwendigen Rohstoffen. Dafür müsste eine passende Lagerhaltung geschaffen werden. Die USA kämpfen mit ähnlichen Problemen. Nicht einmal das US-Militär kommt ohne Lieferungen aus China aus.[227]

Das komplexe System der digitalen globalen Gesell-schaft lässt sich zwar durchaus stabilisieren und absichern, aber der Preis ist hoch. Es wird Zeit für eine rationale Ana-lyse und Risikoabschätzung.

Vorschlag 5

Wir brauchen wieder eine Herausforderung für die Menschheit. Das Sonnensystem steht uns offen. Es wird Zeit, dass wir uns auf den Weg machen

Wenn die Zukunft nur noch zum Fürchten ist, wird die Menschheit erst erstarren und dann aussterben. „Eine Gesellschaft, die sich zufriedengäbe mit dem, was ist, deren primäres Lebensziel die Verhinderung von Abstieg wäre, verlöre die Kraft und den Mut zur Gestaltung des Fortschritts." (Franz Müntefering, ehemaliger SPD-Vorsitzender, Abschiedsrede 2009)[228]

Unserer Gesellschaft sind die großen Ziele abhandengekommen. Die Zukunft hält keine Versprechen mehr bereit, sondern birgt Bedrohungen. Die westlichen Industrieländer wirken übersättigt. Die Mehrheit der Menschen glaubt, dass ihr Lebensstandard einen Gipfelpunkt erreicht hat, von dem es nur noch bergab gehen kann. Bei einer Umfrage des Pew Research Center aus dem Jahr 2018 meinten 52 Prozent der Deutschen, dass es ihren Kinder finanziell schlechter gehen werde als ihnen selbst. In England sahen das 70 Prozent so, in Frankreich 80 Prozent. Auch in Kanada (67 Prozent) und den USA (57 Prozent) erwartet die Mehrzahl für ihre Nachfahren einen finanziellen Abstieg. In einigen Schwellenländern sind die Menschen optimistischer. In Indien waren zwei Drittel der Befragten überzeugt, dass ihre Kinder mehr Geld zur Verfügung haben würden, in Indonesien sogar drei Viertel.[229] Andererseits äußerten sich die Menschen in Kenia, Tunesien und Mexiko ähnlich pessimistisch wie in Deutschland.

Wie sollen wir unseren Lebensstandard, unsere Infrastrukturen und den internationalen Handel aufrechterhalten oder ausbauen, wenn die Mehrheit der Menschen in Europa und Nordamerika einen Abstieg bereits akzeptiert hat?

Schlimmer noch: Ein Zusammenbruch der globalen digitalen Gesellschaft wäre dann eine Art selbsterfüllende Prophezeiung, das Eintreffen einer von vielen Menschen geteilten Erwartung.

Zu der verbreiteten Zivilisationsmüdigkeit im Westen passt auch die Diskussion um die Postwachstums-gesellschaft. Produktion und materieller Besitz können nicht ewig zunehmen, also soll man sich bescheiden. Die Wirtschaft soll schrumpfen, aber natürlich die Masse der Menschen nicht ärmer werden. Einer der bekannteren Vertreter dieser Denkschule in Deutschland ist Niko Paech, außerplanmäßiger Professor an der Universität Siegen. In einem Interview mit *heise online* im Mai 2020 erklärte er: „[Postwachstumsökonomie] bedeutet erstens eine Suffizienz-Bewegung, zweitens eine ergänzende Selbstversorgerwirtschaft, begleitet von einer 20-h-Arbeits-woche, drittens eine Stärkung der Regionalökonomie, viertens einen Umbau der nur noch halb so großen Industriekapazitäten. Und fünftens institutionelle sowie – falls sich jemals Mehrheiten dafür gewinnen lassen – politische Maßnahmen, die auf Selbstbegrenzung hinaus-laufen."

Weiter führte er aus, Hausgeräte aller Art sollten lang-lebiger werden, Werkzeuge könne man auch ausleihen, und die meisten Güter sollten wieder regional her-gestellt werden. Jedermann solle lernen, Dinge auch zu reparieren, statt sie wegzuwerfen. Das Internet könne man vielleicht jeden zweiten Tag abschalten, der Zugang für Kinder und Jugendliche solle streng begrenzt werden. Die Digitalisierung lehnt Paech komplett ab. „Die Digitalisierung potenziert jede ökologische Plünderung bis ins Unermessliche", meint er.[230]

Andere Aktivisten betten Wachstumskritik in eine generelle Kapitalismuskritik ein oder verknüpfen sie mit dem Ökofeminismus. Seltsamerweise setzen alle als gegeben voraus, dass die Infrastrukturen weiterhin optimal instandgehalten werden. Der Aufwand für Müllabfuhr, Wasser- und Stromversorgung, Abwasserentsorgung oder Straßenreinigung ist kein Thema. Dienste wie Feuerwehr, Polizei, Notdienste müssen bleiben. Und natürlich erwarten alle weiterhin eine optimale medizinische Versorgung.

Das alles kostet viel Geld, und das muss logischerweise erwirtschaftet werden. Demonstrative Genügsamkeit auf der Basis einer perfekt gewarteten Infrastruktur ist immer ein Privileg der Reichen. Ein Heer unsichtbarer Arbeiter muss diesen Unterbau ständig instandhalten. Die *Neue Züricher Zeitung* spottete:

„Mit vollem Magen und dem Wissen über ein materiell sorgenfreies Leben lässt sich entspannt über den Reiz der Genügsamkeit oder den hippen Charme des Urban Gardening philosophieren."[231]

Der Umbau zu einer klimafreundlichen Gesellschaft funktioniert nicht ohne eine massive Modernisierung von Heizungen oder Industrieanlagen. Solaranlagen und Windkraftwerke lassen sich nur mit modernster Digitaltechnik sinnvoll betreiben. Das alles kostet viel Geld, das erst einmal aufgebracht werden muss. Und in den Schwellenländern wird sich niemand vorschreiben lassen, dass die eigenen Kinder auf den Wohlstand verzichten sollen, den die Elterngeneration so mühsam erarbeitet hat.

Unser Weg führt nur nach vorne, der Rückweg ist versperrt. Sollten beispielsweise unsere Kläranlagen ihre Arbeit einstellen, werden unsere Flüsse binnen weniger Wochen sterben. Das Trinkwasser wird ständig sorgfältig überwacht, damit sich keine gefährlichen Krankheiten ausbreiten, das möchte niemand zurückfahren. Moderne

Medizin setzt eine funktionierende Technik voraus, Heilzauber wie in Computer-Rollenspielen stehen den Ärzten nicht zur Verfügung.

Andererseits sind jedem Wachstum Grenzen gesetzt. Wir werden unsere Wirtschaft aktiv umbauen müssen. Kreislaufwirtschaft ist ein energieintensiver Prozess. Dinge müssen hergestellt und wieder zerlegt werden, um sie erneut zu verarbeiten. Das bedingt zusätzliche Arbeitsschritte. Und wenn wir ein langes gesundes Leben haben wollen, muss sich die Medizin ständig weiterentwickeln. Das dazu nötige Kapital bringen nur große internationale Firmen und wenige Spitzenuniversitäten auf. Ohne globale Zusammenarbeit und eine schnelle Kommunikation kann das nicht funktionieren, wie schon die Entwicklung von Impfstoffen gegen SARS-CoV-2 gezeigt hat.

Eine reine Schrumpfung im Vertrauen darauf, dass weniger Konsum auch weniger Ressourcenverbrauch bedeutet und die Natur sich schon erholen werde, führt notwendig zum Zusammenbruch der Infrastrukturen. Ohne Kläranlagen, mit maroder Kanalisation und einem medizinischen Standard wie im 19. Jahrhundert verbessern wir nichts – weder für die Menschen noch für die Umwelt.

Aber wir alle müssen uns fragen, ob wir auf dem jetzigen Weg weitergehen wollen. Erscheint uns die digitale Lebensweise erhaltenswert? Wollen wir sie weiterentwickeln, ihre Fehler und Gefahren bekämpfen und bis 2100 die gesamte Menschheit vernetzen?

Das wird nicht ganz einfach. Nach den Prognosen der UNO wird sich die ärmste Bevölkerung des Planeten am stärksten vermehren. Außerdem ist der ökologische Fußabdruck, der den Verbrauch von nachwachsenden Ressourcen misst, bereits jetzt so groß, dass wir die Ressourcen von zwei Erden verbrauchen. Und selbst wenn es gelänge, ein Paradies für alle zu schaffen: Wie öde wäre es doch, ohne wirkliche Aufgaben in einer wohlgepflegten Gartenwelt zu leben, von geduldigen Robotern liebevoll umsorgt bis zum kerngesunden Tod im höchsten Alter!

Aber dazu wird es ohnehin nicht kommen. Wie die Corona-Pandemie eindrucksvoll gezeigt hat, gibt es immer Rückschläge und Gefahren. Wir müssen uns aktiv darum kümmern, dass die Menschheit genügend Reserven hat. Und wir brauchen wieder ein großes Ziel, sonst wird die Zukunft ein sinnloser und letztlich vergeblicher Kampf um den Erhalt des Status quo. Evolution hält niemals an, ein verordneter Stillstand geht notwendig in den Verfall über.

Wenn uns die Ziele verloren gehen, wenn alle nur davon träumen, sich anstrengungslos durch ein angenehmes Leben treiben zu lassen, dann werden wir vermutlich bald ziemlich hart aufschlagen. Warum suchen wir uns nicht eine echte Herausforderung? Bauen wir Kolonien auf dem Mond! An den Polen des Mondes, in den dunklen Böden uralter Krater, liegen Milliarden Tonnen Wasser versteckt, dort können wir anfangen. Besiedeln wir den Mars! Errichten wir Bergwerke auf metallischen Asteroiden! Verlassen wir das Sonnensystem! In der Milchstraße gibt es mehrere Milliarden Planeten, Hunderttausende davon sind bewohnbar. Die Firma SpaceX des umtriebigen Entrepreneurs Elon Musk baut Raketen, die uns den Weg ins Sonnensystem öffnen. Jeff Bezos, der Gründer von Amazon und einer der reichsten Männer der Welt, möchte mit ihm seiner Firma Blue Origin Konkurrenz machen. Die bemannte Raumfahrt, die noch 2012 vor dem Ende zu stehen schien, erhält jetzt buchstäblich neuen Schub. Schon 2024 möchten die USA eine Station auf dem Mond errichten. Und Elon Musks erklärtes Ziel ist die Errichtung einer selbst versorgenden Kolonie auf dem Mars.

„Wir müssen aufbrechen", betitelte Buzz Aldrin, der zweite Mensch auf dem Mond, im Jahre 2012 seinen Artikel in der Zeitschrift *Technology Review*. Er schrieb weiter: „Die Weltbevölkerung ... verbraucht rasant die begrenzten Ressourcen unseres Planeten. Zugleich verursachen wir Umweltprobleme, die unsere Überlebensfähigkeit auf der Erde beeinträchtigen. Wir haben jetzt ganz klar die Wahl: Wollen wir um die schwindenden Ressourcen des geschlossenen Systems Erde konkurrieren – oder zusammenarbeiten, um die unbegrenzten Ressourcen des Weltraums zu erschließen?"[232]

In den nächsten 30 bis 40 Jahren können wir die Weichen für die Eroberung des Weltraums stellen. Keine der vielen Hochkulturen der letzten 10.000 Jahre ist auch nur annähernd so weit gekommen. Ergreifen wir die Gelegenheit, denn noch in diesem Jahrhundert wird sich das Fenster wieder schließen und wir sind gescheitert.

10

Fazit

Zusammenfassung Die digitale globale Gesellschaft hat die Welt geschrumpft. Wir haben direkte Verbindung zu anderen Menschen auf jedem Kontinent. Das komplexe System unserer Kultur hat aber kein Sicherungsnetz und kann jederzeit zusammenbrechen, wenn wir nicht Vorsorge treffen.

Die digitale globale Gesellschaft hat die Welt geschrumpft. Wir haben direkte Verbindung zu anderen Menschen auf jedem Kontinent. Soziale Netze umspannen die Welt. Nachrichten, Bilder und Filme bringen uns andere Kulturen nahe. Das Internet erlaubt Milliarden Menschen die Teilhabe am Weltwissen, dem größten Schatz der Informationsgesellschaft. Aber diese Errungenschaften, so selbstverständlich sie uns erscheinen, bekommen wir nicht umsonst. Das Internet, seine Angebote und seine Zugänge kosten Geld, verbrauchen Energie, müssen gewartet, erhalten, modernisiert und ausgebaut werden. Computer und Kommunikationseinrichtungen verbrauchten 2018 etwa 10 % der gesamten Stromproduktion – mit steigender Tendenz.[233] Darin ist die Energie für die Gewinnung der Rohstoffe, den Bau der Komponenten und den Transport von Teilen und fertigen Produkten noch nicht enthalten.

Es wird Rückschläge geben, Krisen, Pandemien, vielleicht sogar weltweite Kriege. Es hat keinen Sinn, die Warnzeichen zu ignorieren und voller Optimismus darauf zu hoffen, dass es schon nicht so schlimm kommen wird.

Der Weg zurück ist versperrt. Wenn wir auf Stillstand oder Schrumpfung setzen, können wir unsere Infrastrukturen nicht ausbauen. Der Kampf gegen den Klimawandel verlangt aber den aktiven Umbau unseres gesamten Wirtschaftssystems mit vielen Innovationen und Veränderungen, die wiederum finanziert werden müssen. Und das Gespenst des Atomkriegs ist auch noch nicht gebannt.

Gleichzeitig sollten wir darauf achten, dass die ständige Erreichbarkeit nicht in eine umfassende Überwachung umschlägt. Unsere Webkameras, unsere Haushaltsroboter, unsere Smartphones und unsere digitalen Assistenten verfolgen all unsere Bewegungen und belauschen unsere Unterhaltungen. Es liegt in der Verantwortung der jetzt nachwachsenden Generation, dass unsere digitalen Helfer nicht zu Gefängniswärtern werden. Jede Macht hat eine dunkle Seite.

Das alles ist harte Arbeit. Aber die Zukunft hält auch ein bisher einmaliges Versprechen bereit: Wenn wir es schaffen, die nächsten 50 Jahre zu überstehen, führt unser Weg zu den Sternen.

Statt eines Nachworts

Wir können uns das Werden und Vergehen von Kulturen ein wenig wie das Auflaufen von Wellen auf einem flachen Strand vorstellen. Sie erscheinen in der Ferne, schwellen langsam an, werden hohl, brechen und laufen aus.

Irgendwann strömt eine besonders große Welle heran. Sie ist sich ihrer Kraft bewusst, lässt ihre Muskeln spielen und spürt, wie sie im flachen Wasser zu nie gekannter Höhe aufsteigt. Sie hat das Schicksal ihrer Vorgänger gesehen und nimmt sich vor, nicht so jämmerlich zu enden. Sie sieht sich den Strand hochlaufen, die Promenade überspülen, die Stadt unter sich lassen, Felder und Wälder durchqueren, vor den Gebirgen immer höher anlaufen und schließlich alles Land unter einer gewaltigen Flut begraben. Dann will sie weiter um die Welt ziehen, unbesiegbar, in Ewigkeit.

Sie läuft auf den Strand auf und spürt den Widerstand des Sandes an ihrer Basis. Ihr Kamm läuft vor, die Vorderfront wird steiler und kehlt sich aus. Mit aller Kraft stemmt sich die Welle gegen ihr Ende, bis sie vor

© Springer-Verlag GmbH Deutschland, ein Teil von Springer Nature 2021
T. Grüter, *Offline!*, https://doi.org/10.1007/978-3-662-63386-1

Anstrengung zu schäumen beginnt. Dann bricht sie und läuft flach am Strand aus.

Sie ist wirklich riesengroß, und die Kinder, die an der Flutmarke ihre Burgen bauen, flüchten vergnügt kreischend, als das Wasser ihre Knöchel umspült.

„Das war eine Große", sagt das kleine Mädchen. Der kleine Junge prüft kritisch die Schäden an seiner Sandburg. Er wird sie leicht reparieren können, und die Welle hat mit letzter Kraft noch den Burggraben gefüllt. So muss er nicht mit dem Eimer zum Meer laufen.

„Ja, das war gut."

Das Mädchen sieht auf das Meer hinaus.

„Und wenn eine Welle kommt, die immer größer wird? Die den Strand hochläuft, die Promenade überspült und um die Welt zieht? Was machen wir dann?"

Der kleine Junge sieht nicht auf.

„Ach was", sagt er mit Überzeugung in der Stimme, „so was gibt's gar nicht."

Anmerkungen

1. https://www.bauernverband.de/situationsbericht/1-land-wirtschaft-und-gesamtwirtschaft/12-jahrhundertvergleich
2. Casti 2012
3. https://fas.org/issues/nuclear-weapons/status-world-nuclear-forces/ Nach dieser Aufstellung von September 2020 haben Indien, Pakistan und China zusammen ca. 630 Sprengköpfe, stocken aber ihr Arsenal weiter auf.
4. Toon et al. 2019
5. https://www.spacex.com/about/capabilities
6. https://fcc.report/IBFS/SAT-LOA-20.190.704-00.057
7. https://www.welt.de/wirtschaft/article223364370/EU-plant-eigenes-Weltraum-Internet-Doch-Musk-und-China-sind-weit-voraus.html
8. https://www.intellinews.com/twice-as-expensive-as-elon-musk-s-starlink-russia-s-satellite-internet-project-still-awaits-state-funding-196.866/

© Springer-Verlag GmbH Deutschland, ein Teil von Springer Nature 2021
T. Grüter, *Offline!*, https://doi.org/10.1007/978-3-662-63386-1

9. https://www.glasfaser-internet.info/fiber-news/telekom-flaechendeckender-glasfaserausbau-wuerde-80-Mrd.-euro-kosten

10. https://www.telekom.com/de/blog/netz/artikel/multifunktionsgehaeuse-hightech-am-strassenrand-444.956

11. Eine gute Erklärung findet sich zum Beispiel bei Futurezone.at: https://futurezone.at/science/wie-eine-kettenreaktion-im-all-das-leben-auf-der-erde-lahm-legen-kann/400.596.518

12. https://agupubs.onlinelibrary.wiley.com/doi/abs/10.1029/JA083iA06p02637

13. https://www.skyandtelescope.com/astronomy-news/starlink-space-debris/

14. https://www.esa.int/Safety_Security/Space_Debris/Space_debris_by_the_numbers

15. Es kostet weniger als 100.000 €, einen Nanosatelliten (z. B. einen CubeSat mit $11,35 \times 10 \times 10$ cm) in die Umlaufbahn bringen zu lassen. Auch kleine Terrorgruppen könnten sich das leisten und die Gelegenheit nutzen, ein Kessler-Syndrom auszulösen. Die Sabotage von Unterseekabeln ist noch einfacher. Wenn man weiß, wo sie an Land ziehen, reicht im einfachsten Fall eine Axt.

16. http://climate.envsci.rutgers.edu/pdf/Robock NW2006JD008235.pdf

17. https://www.spektrum.de/kolumne/ruinieren-atombomben-das-weltklima/1.680.618

18. https://www.dzk-tuberkulose.de/aerzte/aktuelle-tuberkulose-situation/

19. https://apps.who.int/iris/bitstream/handle/10665/329368/9789241565714-eng.pdf?ua=1

20. https://idw-online.de/de/news473826

21. https://www.heise.de/ct/artikel/Fragen-Antworten-Microsoft-Office-365-4484999.html
22. Hier eine kurze Erläuterung: https://www.kieke-berg-museum.de/blick-ins-museum/aussenstellen/museumsstellmacherei-langenrehm
23. Quelle: Bundesnetzagentur, Monitoringbericht 2019, S. 39
24. Berger 2020
25. Petermann T et al. 2011
26. Bundesamt für Bevölkerungsschutz und Katastrophen-hilfe 2019
27. https://www.infrastructurereportcard.org/solutions/investment/
28. Weltwirtschaftsforum: Global Competitiveness Report 2019: http://reports.weforum.org/global-competitiveness-report-2019/competitiveness-rankings/#series=GCI4.A.02 22.02.2020
29. https://www.zeit.de/wirtschaft/2019-01/infrastruktur-investitionsstau-staedte-kommunen-rekordhoehe-verzoegerung-grossprojekte
30. Andere Zahlen liegen zwischen 138 und 150 Mrd.. Siehe dazu z. B. Christian Erhardt: *Nicht abgerufene Fördergelder: Kommunen bleiben auf Milliarden sitzen.* Kommunal.de vom 07.01.2020 https://kommunal.de/investitionsstau-kommunen *Investitionen und steigende Gebühren.* Westfälische Nachrichten. Titel-seite 29.02.2020.
31. Klaus Baumeister: *Künftig müssen auch Arzneimittel-reste und Mikroplastik raus aus dem Abwasser: Rosskur für die Kläranlage in Coerde.* Westfälische Nachrichten, 5. Lokalseite vom 29.02.2020.
32. https://www.kritis.bund.de/SubSites/Kritis/DE/Home/home_node.html

33. Definition „Kritische Infrastrukturen". https://www.bbk.
bund.de/SharedDocs/Downloads/Kritis/DE/basisschutz-
konzept_bmi.pdf?__blob=publicationFile. 01.03.2020.
Siehe auch hier: KRITIS – Glossar – K. https://www.
kritis.bund.de/SubSites/Kritis/DE/Servicefunktionen/
Glossar/Functions/glossar.html?lv2=4968594.
01.03.2020

34. https://www.deutschlandfunkkultur.de/vor-50-jahren-
als-die-wasserqualitaet-zum-problem-wurde.984.
de.html?dram:article_id=153423

35. Bundesnetzagentur und Bundeskartellamt, Jahres-
report 2019, S. 61

36. https://www.bitkom.org/sites/default/files/file/import/
Kurzstudie-RZ-Markt-Bitkom-final-20-11-2017.pdf

37. https://www.tagesspiegel.de/wirtschaft/strom-
fresser-internet-was-unser-digitalkonsum-an-energie-
kostet/25182828.html

38. Wer sich ein Bild über die weltweiten Infrastrukturen
in den Bereichen Strom, Daten, Gas und Wasser
machen möchten, kann sich auf dem Webportal
https://openinframap.org umfassend informieren.

39. https://www.researchgate.net/publication/
308365662_The_majestic_Hadrianic_aqueduct_of_
the_city_of_Athens

40. https://www.corning.com/media/worldwide/coc/
documents/Fiber/white-paper/WP8002.pdf

41. Anzahl von Mobilfunk-Nutzern lt. Statista: https://
de.statista.com/statistik/daten/studie/253281/
umfrage/anzahl-der-mobilfunknutzer-weltweit/

42. Anzahl von Smartphone-Nutzern lt. Statista: https://
de.statista.com/statistik/daten/studie/309656/umfrage/
prognose-zur-anzahl-der-smartphone-nutzer-weltweit/

43. https://waitbutwhy.com/table/iphone-thought-
experiment

44. https://ze.tt/wie-lange-bis-zum-iphone-wenn-die-menschheit-bei-null-anfangen-muesste/

45. https://www.golem.de/news/auftragsfertiger-globalfoundries-stoppt-7-nm-verfahren-1808-136215.html

46. Moore 1965

47. http://de.wikipedia.org/wiki/Intel-Core-i-Serie#cite_noteCB_2-20

48. Binswanger 2008

49. https://www.wiwo.de/unternehmen/auto/lieferengpaesse-der-grosse-mikrochip-mangel-autoindustrie-fehlt-nachschub/26831212.html

50. https://www.nabu.de/imperia/md/content/nabude/konsumressourcenmuell/190430_recycling_im_zeitalter_digitalisierung.pdf

51. Quellen: U. S. Geological Survey 2020; Liedtkte & Huy 2018

52. Watari et al. 2020

53. West 2020

54. Europäische Kommission 2020

55. https://www.heise.de/news/Kongo-verschaerft-Regeln-fuer-Kobalt-Abbau-4784929.html

56. In Griechenland und Spanien wird Baumwolle angebaut. Die Ernte macht weniger als 2 % der Weltproduktion aus.

57. https://www.westfalen-blatt.de/Ueberregional/Nachrichten/Aus-aller-Welt/4020445-Ministerpraesident-Laschet-Keine-Abschaltung-gegen-den-Willen-der-Hoerer-NRW-bekennt-sich-zu-UKW

58. Quelle FAZ 05.08.2020 https://www.faz.net/aktuell/finanzen/apple-stoesst-saudi-aramco-vom-thron-hoechster-boersenwert-der-welt-16891086.html. Saudi Aramco taucht in vielen Vergleichslisten nicht auf, weil nur 1,5 % der Anteile gehandelt werden. Der Rest gehört dem Staat Saudi-Arabien.

59. https://www.flightglobal.com/airlines/icao-predicts-12-billion-fewer-air-travellers-by-september/138032.article

60. https://www2.deloitte.com/de/de/blog/economic-trend-briefings/2020/welthandel-comeback.html

61. https://www.nytimes.com/2020/12/29/world/who-covid-pandemic-big.html. Originaltext: „These threats will continue. If there's one thing we need to take from this pandemic with all the tragedy and loss is that we need to get our act together. We need to get ready for something that may even be more severe in the future."

62. World Economic Forum 2021

63. https://eos.org/articles/nuclear-winter-may-bring-a-decade-of-destruction

64. Papale 2018

65. De Solla Price 1959 Scientific American

66. http://www.unesco.org/new/fileadmin/MULTI-MEDIA/HQ/CI/CI/pdf/mow/nomination_forms/switzerland_saint_eng.pdf

67. Zum Vergleich: Die Universitätsbibliothek Münster besitzt etwa 6 Mio. Bände wissenschaftliche Literatur, die US-Kongressbibliothek in Washington lagert mehr als 34 Mio. Bücher, 66 Mio. Manuskripte und 5 Mio. Landkarten.

68. https://www.bsb-muenchen.de/sammlungen/historische-drucke/bestaende/inkunabeln/

69. Ein Byte ist die Bezeichnung für 8 Bit. Ein Bit ist die kleinste digitale Einheit, sie beschreibt nur die Alternative zwischen zwei möglichen Zuständen wie 1 oder 0, an oder aus, schwarz oder weiß. Mit 8 Bit lassen sich 256 verschiedene Zustände oder Zeichen codieren. Das reicht für alle Buchstaben des Alphabets, die Zahlen von Null bis Neun, diverse

sprachspezifische Sonderzeichen, Satzzeichen aller Art, diverse Symbole und Blockgrafikzeichen. Deshalb verwendet man Byte gerne zur Angabe von Speichergrößen. Die Vorsilbe „Kilo" steht für Tausend, „Mega" für Million, „Giga" für Milliarde.

70. Nestor-Forschungsdaten 2012, S. 287

71. https://www.nytimes.com/1990/03/20/science/lost-on-earth-wealth-of-data-found-in-space.html?pagewanted=print&src=pm

72. https://www.reuters.com/article/us-nasa-tapes-idUSTRE56F5MK20090716

73. https://nas.nasa.gov/hecc/resources/environment.html

74. https://archiveteam.org/index.php?title=GeoCities

75. https://archive.org/web/geocities.php

76. https://www.marketwatch.com/story/this-violent-videogame-has-made-more-money-than-any-movie-ever-2018-04-06

77. https://www.cnbc.com/2020/04/03/video-games-sales-soar-as-coronavirus-leaves-millions-trapped-at-home.html

78. http://www.computerspielemuseum.de/1219_Ueber_uns.htm

79. https://www.iso.org/standard/51502.html

80. http://alte-schmiede-luelsdorf.de/

81. https://www.computerworld.com/article/2522197/y2k--the-good--the-bad-and-the-crazy.html

82. Bei der Recherche für die 1. Auflage von „Offline" 2012/13 waren es 1400 Edelstahlbehälter mit 27.000 km Mikrofilme.

83. https://www.bbk.bund.de/DE/AufgabenundAusstattung/Kulturgutschutz/ZentralerBergungsort/zentralerbergungsort_node.html

84. https://www.tagesspiegel.de/wissen/digitate-daten-kurze-ewigkeit/1653138.html

85. https://population.un.org/wpp/Download/Standard/ Population/

86. https://www.destatis.de/DE/Themen/Gesellschaft-Umwelt/Bevoelkerung/Bevoelkerungsvorausberechnung/ Publikationen/Downloads-Vorausberechnung/ bevoelkerung-deutschland-2060-presse-5124204099004. pdf

87. https://www.destatis.de/DE/Presse/Presse-konferenzen/2019/Bevoelkerung/pressebroschuere-bevoelkerung.pdf

88. Nach Ansicht des Philosophen Gottfried Wilhelm Leibniz (1646–1716) wäre Gott nicht allmächtig, wenn er nicht die beste aller möglichen Welten geschaffen hätte. Sein Zeitgenosse, der Philosoph Voltaire, war mit dem Zustand der Welt dagegen nicht glücklich und antwortete Leibniz mit einer ätzenden Satire (*Candide ou l'optimisme*).

89. Der relativ exklusive Club beschreibt sich selbst so: „Der Club of Rome wurde geschaffen, um die viel-fachen Krisen anzugehen, denen sich die Menschheit und der Planet gegenübersehen. Mithilfe des einzig-artigen kollektiven Wissens unserer 100 Mitglieder – bedeutende Wissenschaftler, Ökonomen, Wirtschafts-führer und ehemalige Politiker – streben wir danach, umfassende Lösungen für die komplexen und mit-einander verbundenen Probleme unserer Welt zu definieren." https://www.clubofrome.org/about-us/

90. https://www.wired.com/1997/02/the-doomslayer-2/

91. https://www.spiegel.de/spiegel/print/d-81302990. html

92. https://www.zeit.de/2012/48/Die-Grenzen-des-Wachstums-Wirtschaft-Prognosen

93. Turner 2008

94. Rockström et al. 2009

95. Steffen et al. 2015
96. http://www.un-documents.net/ocf-02.htm
97. Weizsäcker 2002
98. https://scilogs.spektrum.de/fischblog/dennis-l-meadows-die-grenzen-des-wachstums-2012-und-die-systemfrage/
99. https://www.tagesspiegel.de/wirtschaft/bauwirtschaft-der-sand-wird-knapp/20995962.html
100. Stefan Rahmstorf: *Was bringt 2021 für das Klima?* Spiegel online vom 31.12.2020. https://www.spiegel.de/wissenschaft/natur/erderhitzung-was-bringt-2021-fuer-das-klima-a-018d1bb8-4b48-4e94-a3b7-27478ba28cfb
101. https://www.fr.de/zukunft/storys/megatrends/megatrend-plastik-muell-umwelt-den-planeten-aufraeumen-frankfurt-abfall-problem-90039449.html
102. https://www.decadeonrestoration.org/
103. Wackernagel und Rees 1998
104. Wackernagel und Beyers 2016, S. 43
105. https://www.overshootday.org/about/
106. Die Formel „Mögest du in interessanten Zeiten leben" ist auch als „Chinesischer Fluch" bekannt. Während sie im Westen vielfach so zitiert wird, ist sie in China völlig unbekannt. Und die Aussicht auf „interessante Zeit" meint auch keinen Fluch, sondern ein Problem, das wir uns selbst aufgeladen haben. Link zum Thema: https://quoteinvestigator.com/2015/12/18/live/
107. https://www.wiwo.de/technologie/forschung/spacex-chef-wie-elon-musk-den-mars-besiedeln-will/14611136.html
108. https://www.zukunftsinstitut.de/ueber-uns/
109. https://www.zukunftsinstitut.de/dossier/megatrends/

110. https://www.focus.de/finanzen/antwort-auf-kryptowaehrungen-kommt-der-digitale-euro-vorteile-und-risiken-eines-digitalen-euros-fuer-die-buerger_id_12328084.html

111. https://onlineshop.zukunftsinstitut.de/shop/megatrend-dokumentation/

112. https://www.dni.gov/index.php/global-trends-home

113. https://www.dni.gov/index.php/global-trends/trends-transforming-the-global-landscape

114. https://www.imf.org/external/pubs/ft/ar/2020/eng/downloads/imf-annual-report-2020-de.pdf

115. https://www.fhi.ox.ac.uk/research/research-areas/

116. Bostrom 2019

117. *Mobilfunk aus dem All. Satelliten-Internet vor dem Comeback.* Computerwoche vom 10.03.2020. https://www.computerwoche.de/a/satelliten-internet-vor-comeback,3548563

118. Laut New York Times (https://www.nytimes.com/2021/01/08/climate/hottest-year-ever.html) war die Durchschnittstemperatur in den Jahren 2016 und 2020 um 1,25 °C höher als in vorindustrieller Zeit. Das IPCC hat die Referenz auf die Durchschnittstemperatur der Jahre 1850–1900 festgelegt. Dieser Zeitraum war nicht „vorindustriell", aber der früheste mit einigermaßen genauen Messungen. Vermutlich hatten die Temperaturen aber bereits angezogen (Hawkins et al. 2017). Deshalb sind 1,3 °C wohl der beste Schätzwert.

119. https://www.fmglobal.com/research-and-resources/tools-and-resources/resilienceindex/explore-the-data/?&cr=NOR&sn=ex

120. https://www.spiegel.de/wirtschaft/soziales/infra-struktur-in-deutschland-investiert-der-staat-genug-a-1159125.html

121. http://reports.weforum.org/global-risks-2018/

122. Vermutlich spielt der Begriff auf das berühmte Buch *The Future Shock* (1970) des amerikanischen Futurologen Alvin Toffler an. Allerdings definierte er „Future Shock" als ein Wahrnehmungsproblem: Die Menschen haben den Eindruck, dass sich in zu kurzer Zeit zu viel ändert. Daraus ergibt sich ein „Information Overload", der schließlich in eine Verweigerungshaltung münden kann, die im schlimmsten Fall breite Bevölkerungs-kreise erfasst. Das WEF bezeichnet dagegen mit dem Begriff „Future Shock" mögliche zukünftige Krisenereignisse.

123. Kyle und Gultchin 2018

124. Funke et al. 2020

125. Bernhard et al. 2006. Eine andere Meinung dazu vertritt Rusch 2014.

126. https://www.weforum.org/agenda/2020/08/pandemic-fight-costs-500x-more-than-preventing-one-futurity/

127. Diamond 2005, S. 504 f.

128. https://russiancouncil.ru/en/about/

129. Durnev und Kryukov 2019

130. https://www.heise.de/newsticker/meldung/Auftrag-kam-aus-Liberia-Der-Hacker-der-Telekom-Router-sagt-aus-3780499.html

131. https://www.nytimes.com/2007/05/29/technology/29estonia.html

132. https://www.spiegel.de/politik/ausland/konflikt-um-sowjet-ehrenmal-streit-zwischen-estland-und-russ-land-eskaliert-a-480442.html

133. https://www.heise.de/newsticker/meldung/Hacker-Jackpot-Credit-Bureau-Equifax-gehackt-3824607.html

134. https://www.heise.de/newsticker/meldung/Chinesische-Regierungs-Hacker-wegen-Equifax-Datendiebstahl-angeklagt-4657423.html

135. https://www.heise.de/news/EU-sanktioniert-Russen-fuer-Hackerangriff-auf-Bundestag-4937005.html

136. Kuhn 2005

137. https://www.dw.com/en/israel-thwarted-attack-on-water-systems-cyber-chief/a-53596796

138. https://www.sipri.org/sites/default/files/YB20%20 10%20WNF.pdf

139. SIPRI 2020 Jahrbuch 2020

140. https://www.tagesschau.de/ausland/sipri-atomwaffen-105.html

141. https://www.deutschlandfunk.de/das-neue-atomare-wettruesten-2-6-mini-nukes.676. de.html?dram:article_id=480420

142. https://fas.org/blogs/security/2020/01/w76-2deployed/

143. Vollständiger Name: „Vertrag über die Grundsätze zur Regelung der Tätigkeiten von Staaten bei der Erforschung und Nutzung des Weltraums einschließlich des Mondes und anderer Himmelskörper". Der Text ist in deutscher Übersetzung auf dem Webportal der Europa-Universität Viadrina Frankfurt (Oder) veröffentlicht. https://www.vilp.de/treaty_full?lid=en&cid=196

144. https://www.auswaertiges-amt.de/de/aussen-politik/themen/internationales-recht/einzelfragen/weltraumrecht/weltraumrecht/217086

145. https://www.ucsusa.org/resources/satellite-database

146. https://www.dw.com/en/modern-spy-satellites-in-an-age-of-space-wars/a-54691887

147. https://www.technologyreview.com/2019/06/26/725/satellite-space-wars/

148. https://londoneconomics.co.uk/blog/publication/economic-impact-uk-disruption-gnss/

149. https://www.unoosa.org/documents/pdf/psa/activities/2019/UNAustria2019/KoudelkaTUnanosat.pdf

150. https://www.ft.com/content/ab49c39c-1c0c-11ea-81f0-0c253907d3e0

151. Russland, Armenien, Kasachstan, Kirgisien, Tadschikistan und Weißrussland haben 2002 das Militärbündnis OVKS geschlossen. Russland unterhält allerdings mehr als fünfmal so viele Truppen wie alle übrigen Bündnisstaaten zusammen.

152. https://www.freiheit.org/tuerkei-neues-kapitel-der-kriegsfuehrung-ankara-feiert-sich-als-sieger-im-krieg-um-bergkarabach

153. https://www.army-technology.com/projects/rq-11-raven/

154. https://www.zkallenborn.com/publications-1

155. Kallenborn 2020

156. Reny 2020

157. Congressional Research Service 2020

158. https://www.dhs.gov/news/2020/09/03/dhs-combats-potential-electromagnetic-pulse-emp-attack

159. https://www.bbc.com/future/article/20200807-the-nuclear-mistakes-that-could-have-ended-civilisation

160. https://www.ft.com/content/0f423616-d9f2-4ca6-8d3b-a04d467ed6f8

161. https://media.defense.gov/2020/Sep/01/2002488689/-1/-1/1/2020-DOD-CHINA-MILITARY-POWER-REPORT-FINAL.PDF

162. https://www.diepresse.com/5875637/ us-navy-vor-grossexpansion-wegen-china

163. https://www.dw.com/de/japan-investiert-in-see-und-luftverteidigung/a-56082028

164. https://www.scmp.com/economy/china-economy/ article/3097781/china-food-security-country-faces-grain-supply-gap-130

165. https://www.spiegel.de/wirtschaft/soziales/analyse-zu-china-das-braucht-die-chinesische-wirtschaft-a-888099.html

166. https://www.golem.de/news/taiwan-risikogebiet-fuer-die-halbleiterindustrie-2010-151475.html

167. https://rsf.org/en/ranking

168. https://www.transparency.org/en/cpi/2020/index/nzl

169. https://fragilestatesindex.org/data/. Israel wird zusammen mit dem Westjordanland gewertet.

170. https://data.worldbank.org/indicator/SI.POV.GINI

171. https://ec.europa.eu/eurostat/databrowser/view/ tessi190/default/table?lang=en

172. Diamond 2011, S. 509

173. https://www.bbc.com/future/article/20190218-the-lifespans-of-ancient-civilisations-compared

174. Perkins 2005

175. Ward-Perkins 2006, S. 183

176. https://www.deutschlandfunk.de/roemisches-reich-und-mittelalter-voelkerwanderung-gab-es.1148. de.html?dram:article_id=487801

177. https://www.nytimes.com/2018/02/03/world/ americas/mayan-city-discovery-laser.html

178. https://www.geo.de/magazine/geo-epoche-kollektion/18001-rtkl-yucatan-wie-kam-es-zum-untergang-der-maya

179. https://www.nationalgeographic.de/geschichte-und-kultur/2018/02/exklusiv-laserscans-offenbaren-riesige-metropolregion-der-maya-im

180. Die Mounds waren ein Kennzeichen von Städten und Siedlungen der sogenannten Mississippi-Kultur, die sich über große Teile des Südostens der USA erstreckte. Cahokia war wohl die größte ihrer Städte. Als die Europäer in Nordamerika vordrangen, war die Kultur bereits im Niedergang begriffen, und die von Europäern eingeschleppten Krankheiten haben den Prozess möglicherweise beschleunigt. Genaueres z. B. in der *Encyclopedia of Alabama:* Mississippian Period. http://encyclopediaofalabama.org/article/h-1130

181. https://www.archaeology.org/news/1880-140306-illinois-cahokia-immigrants

182. Cline 2014, S. 127

183. Rennöfen sind die bis zu 2 m hohen vorgeschichtlichen Hochöfen aus Lehm oder Stein, die der Erzverarbeitung und Eisengewinnung dienten.

184. Muhly 1985

185. https://www.stern.de/panorama/wissen/mensch/himmelsscheibe-von-nebra-das-gold-stammt-aus-england-3094604.html

186. Pulak 1998

187. Cline 2014

188. In meinem Arbeitszimmer steht ein HP-Laserdrucker, der seit mehr als 20 Jahren klaglos seine Arbeit verrichtet.

189. Man erhält den (arithmetischen) Mittelwert, wenn man alle Werte addiert und durch die Anzahl der Werte teilt. Bei der Lebensdauer von Produkten ist das nicht unbedingt sinnvoll, weil auch nach 50 Jahre einige wenige noch funktionieren (oder

immer wieder repariert wurden). Deshalb lässt sich hier besser der Median (oder Zentralwert) als Maß verwenden. In unserem Beispiel gäbe er die Zeit an, nach der das fünfzigste von hundert Geräten seine Funktion einstellt. Diesen Wert kann ich leichter ermitteln, weil ich nicht warten muss, bis (fast) alle Geräte nicht mehr arbeiten. Bei sehr ungleichen Verteilungen ist der Median ebenfalls ein besseres Maß. Ein Beispiel: In einem Staat verdienen sehr viele Menschen wenig und einige Superreiche sehr viel. Wenn ich alles addiere und durch die Anzahl der Menschen teile, scheint das mittlere Einkommen recht hoch zu sein. Wenn ich aber feststelle, wie viel Geld derjenige mit nach Hause nimmt, der in der Mitte der Einkommensverteilung liegt (50 % verdienen mehr, 50 % weniger), dann erhalte ich ein realistischeres Bild.

190. https://www.statista.com/statistics/263055/cotton-production-worldwide-by-top-countries/

191. https://de.statista.com/statistik/daten/studie/659012/umfrage/selbstversorgungsgrad-mit-nahrungsmitteln-in-deutschland/

192. https://www.bzfe.de/service/news/aktuelle-meldungen/news-archiv/meldungen-2020/maerz/selbstversorgungsgrad-von-lebensmitteln/

193. https://www.bbc.com/future/article/20190218-are-we-on-the-road-to-civilisation-collapse

194. UNCTAD: *A new take on trade.* https://unctad.org/news/new-take-trade

195. WTO: *Trade shows signs of rebound from COVID-19, recovery still uncertain.* https://www.wto.org/english/news_e/pres20_e/pr862_e.htm

196. *Die Schulden-Pandemie: Wie Corona die Staatsfinanzen ruiniert.* Handelsblatt vom 06.11.2020. https://www.

handelsblatt.com/politik/international/oeffentliche-haushalte-die-schulden-pandemie-wie-corona-die-staatsfinanzen-ruiniert/26593456html?ticket=ST-1618208-rQvyv5i0bC9RzacR07en-ap5

197. https://www.br.de/nachrichten/netzwelt/vom-internet-zum-splitternet,S8aET8z
198. Manheim 2020
199. Kessler et al. 2010
200. Alfonseca et al. 2021
201. https://www.topagrar.com/management-und-politik/news/weniger-erwerbstaetige-in-der-landwirtschaft-11781944.html
202. https://www.aerztezeitung.de/Wirtschaft/600-%-Plus-bei-Videosprechstunde-in-Berlin-410364.html
203. https://www.bpb.de/nachschlagen/lexika/lexikon-der-wirtschaft/19727/infrastruktur
204. https://www.statista.com/statistics/264753/ranking-of-countries-according-to-the-general-quality-of-infrastructure/
205. Hossain und Peng 2020
206. Eine dauerhafte Staatsverschuldung war damals unbekannt.
207. Rohmann 2016
208. https://de.statista.com/infografik/19247/top-10-staedte-in-europa-nach-anzahl-der-eeberwachungskameras-je-1000-einwohner/
209. https://www.comparitech.com/vpn-privacy/the-worlds-most-surveilled-cities/
210. https://www.br.de/nachrichten/kultur/hype-um-parler-so-fluechten-trump-fans-in-ihre-eigene-realitaet
211. Giller und Tost 2019
212. https://www.cfr.org/backgrounder/state-us-infrastructure

213. Im Jahr 2020 betrug die Länge des Glasfasernetzes in Deutschland nach Angaben der Telekommunikationsfirmen mindestens 700.000 km, mit schnell steigender Tendenz.

214. https://www.welthungerhilfe.de/aktuelles/blog/lebensmittelverschwendung/

215. https://www.sueddeutsche.de/wissen/klimawandel-pariser-abkommen-treibhausgas-neutralitaet-15145043

216. Johansson et al. 2020

217. Van Vuuren et al. 2018

218. Randers und Goluke 2020. Eine Kritik findet sich z. B. in der Süddeutschen Zeitung vom 13.11.2020. https://www.sueddeutsche.de/wissen/klimawandel-permafrost-co2-erwaermung-15113230

219. http://www.fao.org/worldfoodsituation/csdb/en/

220. Chen et al. 2017

221. http://www.buerger-fuer-technik.de/body_wieviel_energie_braucht_der_me.html

222. https://www.umweltbundesamt.de/themen/klima-energie/erneuerbare-energien/erneuerbare-energien-in-zahlen#ueberblick

223. Umweltbundesamt 2010, S. 4

224. Quelle: International Atomic Energy Agency (IAEA). https://pris.iaea.org/PRIS/home.aspx

225. https://www.handelsblatt.com/unternehmen/energie/energiewirtschaft-von-wegen-klimaschutz-weltweit-sind-noch-viele-kohlekraftwerke-in-planung/26614042.html

226. https://www.europarl.europa.eu/news/de/headlines/society/20200709STO83006/medikamentenengpasse-in-der-eu-ursachen-und-losungen

227. https://www.reuters.com/article/us-usa-military-china-idUSKCN1MC275

228. https://www.tagesspiegel.de/politik/abschiedsrede-im-wortlaut-muentefering-wir-waren-einfach-nicht-interessant-genug/1632722.html

229. https://www.pewresearch.org/global/2018/09/18/expectations-for-the-future/

230. https://www.heise.de/newsticker/meldung/Missing-Link-Es-braeuchte-einen-Aufstand-gegen-die-Smart-phone-Epidemie-4707011.html?seite=2

231. https://www.nzz.ch/meinung/wachstum-ist-besser-als-sein-ruf-darauf-zu-verzichten-dient-weder-dem-menschen-noch-der-natur-ld.1459913

232. https://www.heise.de/hintergrund/Wir-muessen-aufbrechen-1740514.html

233. https://www.nature.com/articles/d41586-018-06610-y

Literatur

A

Afonseca M et al (2021) Superintelligence cannot be contained: lessons from computability theory. J Artif Intell Res 70:65–76

Amaral LA, Ottino JM (2004) Complex networks. Eur Phys J B 38(2):147–162

Andruleit H et al (2012) DERA Rohstoffinformationen (15). Deutsche Rohstoffagentur, Bundesanstalt für Geowissenschaften und Rohstoffe. Energiestudie 2012. Reserven, Ressourcen und Verfügbarkeit von Energierohstoffen https://www.bgr.bund.de/DE/Themen/Energie/Produkte/energie-studie2012_node.html. Zugegriffen: 22. Jan. 2021

Aronson E et al (2014) Sozialpsychologie. Pearson, Hallbergmoos

B

Backhaus K, Bonus H (1997) Die Beschleunigungsfalle oder der Triumph der Schildkröte, 2. Aufl. Schäffer Poeschl Verlag, Stuttgart

© Springer-Verlag GmbH Deutschland, ein Teil von Springer Nature 2021
T. Grüter, *Offline!*, https://doi.org/10.1007/978-3-662-63386-1

Bai ZG et al (2008) Global assessment of land degradation and improvement. 1. Identification by remote sensing. Report 2008/01, ISRIC – World Soil, Information, Wageningen https://www.isric.org/sites/default/files/isric_report_2008_01.pdf. Zugegriffen: 22. Jan. 2021

Bardi U (2017) Der Seneca-Effekt – Warum Systeme kollabieren und wie wir damit umgehen können. Oekom Verlag, München

Becker C (2009) Systematic planning for digital preservation: evaluating potential strategies and building preservation plans. Int J Digit Libr 10(4):133–157

Behringer W (2007) Kulturgeschichte des Klimas. Beck, München

Berger C (2020) Zustand der Kanalisation in Deutschland. Ergebnisse der DWA-Umfrage 2020. KA Korrespondenz Abwasser, Abfall. 67:939–953

Berger PL, Luckmann T (2012) Die gesellschaftliche Konstruktion der Wirklichkeit. Fischer Taschenbuch Verlag, Frankfurt

Bernhard H et al (2006) Parochial altruism in humans. Nature 442(7105):912–915

Binswanger HC (2008) Wachstumszwang und Nachhaltigkeit – die Feststellung des Konflikts als Voraussetzung seiner Lösung. Vortrag im Rahmen der Ringvorlesung zur Postwachstumsökonomie an der Carl von Ossietzky-Universität Oldenburg 12(11):2008

Blakeslee S (1990) Lost on Earth: Wealth of Data Found in Space. The New York Times, 20.03.1990. https://www.nytimes.com/1990/03/20/science/lost-on-earth-wealth-of-data-found-in-space.html. Zugegriffen: 22. Jan. 2021

Boll R et al (2012) Bundesnetzagentur. Jahresbericht 2011 https://www.bundesnetzagentur.de/SharedDocs/Mediathek/Jahresberichte/JB2011.pdf?__blob=publicationFile&v=3. Zugegriffen: 22. Jan. 2021

Bologna M, Aquino G (2020) Deforestation and world population sustainability: a quantitative analysis. Sci Rep 10(1):1–9

Bostrom N (2019) The vulnerable world hypothesis. Global Pol 10(4):455–476

Bostrom N, Ćirković M (2008) Global catastrophic risks. Oxford University Press, Oxford

Bracken P (2012) The second nuclear age. strategy, danger, and the new power politics. St. Martin's Griffin, New York

Branken P (2017) The ends of the world. volcanic apocalypses, lethal oceans, and our quest to understand Earth's past mass extinctions. HarperCollins Publishers, New York

Briffa KR et al (1998) Influence of volcanic eruptions on northern hemisphere summer temperature over the past 600 years. Nature 393(June):450–456

Brockman J (2003) Die neuen Humanisten. Wissenschaftler an der Grenze. Ullstein, Berlin

Brown JH et al (2011) Energetic limits to economic growth. Bioscience 61(1):19–26

Bundesamt für Bevölkerungsschutz und Katastrophenvorsorge (2019) Ratgeber für Notfallvorsorge und richtiges Handeln in Notsituationen. 7 Aufl, Bonn. https://www.bbk.bund.de/ SharedDocs/Downloads/BBK/DE/Publikationen/Broschueren_ Flyer/Buergerinformationen_A4/Ratgeber_Brosch.pdf?__ blob=publicationFile. Zugegriffen: 22. Jan. 2021

Bundesministerium für Bildung und Forschung. Nano-materialien im Alltag. Berlin, Bonn. https://www.bmbf. de/upload_filestore/pub/Nanomaterialien_im_Alltag.pdf. Zugegriffen: 22. Jan. 2021

Bundesnetzagentur und Bundeskartellamt (2019) Jahresbericht 2019 – Netze für die digitale Welt. https://www.bundesnetz-agentur.de/SharedDocs/Mediathek/Jahresberichte/JB2019. pdf?__blob=publicationFile&v=6. Zugegriffen: 22. Jan. 2021

Bundesnetzagentur und Bundeskartellamt (2020) Monitoring-bericht 2019. Bonn. https://www.bundesnetzagentur.de/ SharedDocs/Mediathek/Berichte/2019/Monitoringbericht_ Energie2019.pdf. Zugegriffen: 22. Jan. 2021

Bundesnetzagentur (2006) Untersuchungsbericht über die Ver-sorgungsstörungen im Netzgebiet des RWE im Münster-land vom 25.11.2005. https://www.bundesnetzagentur.de/

SharedDocs/Downloads/DE/Sachgebiete/Energie/Unternehmen_Institutionen/Versorgungssicherheit/Berichte_Fallanalysen/Bericht_12.pdf?__blob=publicationFile&v=3. Zugegriffen: 22. Jan. 2021

C

Carson R (1964) Der stumme Frühling. Biederstein Verlag, München

Castells M (2000) Toward a sociology of the network society. Contemp Sociol 29(5): 693–699242

Castells M (2000) The rise of the network society. In: The new economy. 2 Aufl. Blackwell Publishers, Oxford, 101–147

Casti J (2012) Der plötzliche Kollaps von allem – Wie extreme Ereignisse unsere Zukunft zerstören können. Piper Verlag, München

Chantauw C, Loy J (2007) Schneechaos im Münsterland in Bildern und Berichten. Aschendorff Verlag, Münster

Chen K et al (2017) Impact of climate change on heat-related mortality in Jiangsu Province. China. Environ Pollut 224:317

Christaki M et al (2016) The majestic Hadrianic aqueduct of the city of Athens. GlobalNEST Int J 18:559–568

Clake R, Knake K (2010) Cyber War. Harper Collins Publisher, New York

Clay J (2011) Freeze the footprint of food. Jason Clay identifies eight steps that, taken together, could enable farming to feed 10 billion people and keep Earth habitable. Nature 475:287–290

Clarke AC (1969) Im höchsten Grade phantastisch. Fischer Bücherei, Frankfurt

Cline EH (2014) 1177 B.C: The year civilisation collapsed. Princeton University Press, New York

Cochran G, Harpending H (2010) The 10,000 Years Explosion. Basic Books, New York, How Civilization accelerated Human Evolution

Congressional Research Service (2020) Hypersonic Weapons: Background and Issues for Congress. Washington, USA https://crsreports.congress.gov/product/pdf/R/R45811. Zugegriffen: 22. Jan. 2021

D

Dabringer G (2011) Unbemannte Systeme und die Zukunft der Kriegsführung. Militärische Kulturen: 187–197 https://www.bundesheer.at/pdf_pool/publikationen/20111212_et_militaerische_kulturen_dabringer.pdf. Zugegriffen: 22. Jan. 2021

Bond De (2000) New thinking for the new Millenium. Penguin Books, Hamondswerth

Price DS (1959) An ancient Greek computer. Sci Am 200(6):67

De Solla Price DJ (1974) Gears from the Greeks. the antikythera mechanism: a calendar computer from ca. 80 B.C. Trans Am Philos Soc, New Series, 64(7): 1–71

De Solla Price DJ (1974) Little Science, Big Science. Von der Studierstube zur Großforschung. Suhrkamp, Frankfurt

Deutsches Rundfunk Archiv Bestände, Dokumentationen, Daten https://www.dra.de/de/. Zugegriffen: 22. Jan. 2021

Deutschländer T, Wichura B (2005) Das Münsterländer Schneechaos am 1. Adventswochenende 2005. Klimastatusbericht 2005, DWD: 163–168

Diamandis PH, Kotler S (2012) Abundance. The future is better than you think. Free Press, New York

Diamond J (1999) The worst mistake In the history of the human race. Discover May: https://www.discovermagazine.com/planet-earth/the-worst-mistake-in-the-history-of-the-human-race. Zugegriffen: 22. Jan. 2021

Diamond J (2006) Der dritte Schimpanse. Evolution und Zukunft des Menschen. Fischer Taschenbuch Verlag, Frankfurt

Diamond J (2005) Collapse: how societies choose to fail or succeed. Penguin, New York

Diamond J (2011) Upheaval: turning points for nations in crisis. Back Bay Books, New York

Digital Preservation Coalition (2008) Preservation Management of Digital Materials: The Handbook https://www.dpconline.org/pages/handbook/docs/DPCHandbookDigPres.pdf. Zugegriffen: 22. Jan. 2021

Dijkstra H et al. (2020) Business models and sustainable plastic management: A systematic review of the literature. Journal of Cleaner Production, 120967

Dolgonosov BM (2010) On the reasons of hyperbolic growth in the biological and human world systems. Ecol Model 221(13–14):1702–1709

Douglas PM et al (2016) Impacts of climate change on the collapse of lowland Maya civilization. Annu Rev Earth Planet Sci 44:613–645

Durnev R, Kryukov K (2019) Analysis of Future Warfare. RIAC, Moskau. https://russiancouncil.ru/en/analytics-and-comments/analytics/analysis-of-future-warfare/. Zugegriffen: 22. Jan. 2021

E

Easterbrook G (2019) Warum die Welt einfach nicht untergeht. Sieben Endzeitszenarien und wie wir sie abwenden können. Piper Verlag GmbH, München

Eberl U (2011) Zukunft 2050. Wie wir schon heute die Zukunft erfinden. Beltz & Gelberg

Eibl-Eibesfeld I (2005) Die Biologie des menschlichen Verhaltens. Piper, München

Elsberg M (2012) Blackout – Morgen ist es zu spät. Blanchvalet, München

Elsner H et al (2010) Elektronikmetalle – zukünftig steigender Bedarf bei unzureichender Versorgungslage? Commodity Top News Nr. 33 BGR, Bundesanstalt für Geowissenschaften und Rohstoffe, Hannover. https://www.bgr.bund.de/DE/Gemeinsames/Produkte/Downloads/Commodity_

Top_News/Rohstoffwirtschaft/33_elektronikmetalle.pdf?__blob=publicationFile&v=2. Zugegriffen: 22. Jan. 2021

Eltges M et al (2006) Stadtumbau Ost. Anpassung der technischen Infrastruktur – Erkenntnisstand, Bewertung und offene Fragen. Werkstatt: Praxis Heft 41, Bundesamt für Bauwesen und Raumordnung. https://www.bbsr.bund.de/BBSR/DE/veroeffentlichungen/ministerien/bmvbs/wp/1998_2006/2006_Heft41_DL.pdf?__blob=publicationFile&v=1.html. Zugegriffen: 22. Jan. 2021

Europäische Kommission (2020) COM(2020) 474 Finalmitteilung der Kommission. Widerstandsfähigkeit der EU bei kritischen Rohstoffen: Einen Pfad hin zu größerer Sicherheit und Nachhaltigkeit abstecken. Brüssel, 03.09.2020. https://eur-lex.europa.eu/legal-content/DE/TXT/PDF/?uri=CELEX:52020DC0474&from=EN.Zugegriffen: 22. Jan. 2021

Eyal N (2018) Revolte. Der weltweite Aufstand gegen die Globalisierung. Ullstein, Berlin

F

Fischermann T, Hamann G (2011) ZEITBOMBE Internet. Gütersloher Verlagshaus, Gütersloh

Forum für die Verantwortung (2011) Perspektiven einer nachhaltigen Entwicklung. Wie sieht die Welt im Jahre 2050 aus? In: Welzer H, Wiegandt K (Hrsg) Fischer Taschenbuch Verlag, Frankfurt

Freeth T et al (2006) Decoding the ancient Greek astronomical calculator known as the Antikythera Mechanism. Nature 444:587–591

Freeth T (2010) Die Entschlüsselung eines antiken Computers. Spektrum der Wissenschaft, Ausgabe Mai: 62–70

Fried J (2002) Die Aktualität des Mittelalters. Jan Thorbecke Verlag, Stuttgart

Friedman TL (2008) Die Welt ist flach. Suhrkamp Taschenbuch, Frankfurt

Funke M et al (2020) Populist leaders and the ecomony. Kieler Institut für Weltwirtschaft. https://www.ifw-kiel. de/fileadmin/Dateiverwaltung/IfW-Publications/Manuel_ Funke/KWP_2169.pdf. Zugegriffen: 22. Jan. 2021

Furguson N (2012) Civilization. The Six Killer Apps of Western Power. Penguin Books, London

G

Gardner D (2010) future babble. Random House Group, London

Gardner D (2009) Risk. The science and politics of fear. Virgin Books, London

Giller FG, Tost M (2019) Konfliktminerale und Lieferketten- management mineralischer Rohstoffe. Berg- und Hütten- männische Monatshefte 164: 237–240. https://doi. org/10.1007/s00501-019-0862-9. Zugegriffen: 22. Jan. 2021

Gorbatschow M (1992) Der Zerfall der Sowjetunion. Bertels- mann, München

Görl S et al (2012) Themen. Technik. Langzeitarchivierung in der Praxis – ein nestor/DigCurV-School-Event. DigCurV- School Event Bibliotheksdienst 46(3/4): 253–260. https:// www.degruyter.com/view/journals/bd/46/3-4/article-p253. xml. Zugegriffen: 22. Jan. 2021

Gont F (2008) CPNI Center for the Protection of National Infrastructure (2008) Security Assessment of the Internet Protocol. 1–63 https://www.bsdcan.org/2009/schedule/attach- ments/73_InternetProtocol.pdf. Zugegriffen: 22. Jan. 2021

Gowdy J (2020) Our hunter-gatherer future: Climate change, agriculture and uncivilization. Futures, 115: 102488 https://www.sciencedirect.com/science/article/pii/ S0016328719303507. Zugegriffen: 22. Jan. 2021

Grandits EA (2012) 2112 – Die Welt in 100 Jahren. OLMS, Hildesheim

Grüter T (2011) Faszination Apokalypse, Mythen und Theorien vom Untergang der Welt. Scherz, Frankfurt

Grüter T (2019) Ruinieren Atombomben das Weltklima? Spektrum.de 21.10.2019 https://www.spektrum.de/kolumne/ruinieren-atombomben-das-weltklima/1680618. Zugegriffen: 22. Jan. 2021

Grundmann R, Stehr N (2011) Die Macht der Erkenntnis. Suhrkamp Taschenbuch, Berlin

H

Hall CAS, Day JW jr (2009) Revisiting the Limits to Growth After Peak Oil. American Scientist 97: 230–237 https://www.americanscientist.org/article/revisiting-the-limits-to-growth-after-peak-oil. Zugegriffen: 22. Jan. 2021

Handke V, Hross M (2019) Recycling im Zeitalter der Digitalisierung. Spezifische Recyclingziele für Metalle und Kunststoffe aus Elektrokleingeräten im ElektroG: Regulatorische Ansätze. ZT – Institut für Zukunftsstudien und Technologiebewertung gemeinnützige GmbH, Berlin. https://www.izt.de/themen/view/project/nabu_recycling/. Zugegriffen: 22. Jan. 2021

Hardin G (1998) The Feast of Malthus. Living within limits. The Social Contacts, Frühling 1998: 181–187. http://www.lifesci.utexas.edu/courses/THOC/Hardin_1998.pdf. Zugegriffen: 22. Jan. 2021

Hare B (2005) Relationship between increases in global mean temperature and impacts on ecosystems, food production, water and socio-economic systems. UK Met Office conference. February „Avoiding dangerous climate change". http://www.pik-potsdam.de/~mmalte/simcap/publications/Hare_submitted_impacts.pdf. Zugegriffen: 22. Jan. 2021

Hattenbach J (2013) Gammablitz oder Megaflare – was geschah im Mittelalter? Sterne und Weltraum 4:26–28

Hawkins E et al (2017) Estimating changes in global temperature since the preindustrial period. Bull Am Meteor Soc 98(9):1841–1856

Heidelberger Institut or International Conflict Research (HIIK) (2020) Conflict Barometer 2019. https://hiik.de/wp-content/uploads/2020/08/ConflictBarometer_2019_4.pdf. Zugegriffen: 22. Jan. 2021

Heinen et al (2017) Künstliche Intelligenz und der Faktor Arbeit: Implikationen für Unternehmen und Wirtschaftspolitik, Wirtschaftsdienst. Springer, Heidelberg, 97(10): 714–720. https://www.econstor.eu/bitstream/10419/206470/1/714-720-Heinen.pdf. Zugegriffen: 22. Jan. 2021

Henn R et al (2012) Jahresbericht 2011. Bundesnetzagentur. https://www.bundesnetzagentur.de/SharedDocs/Downloads/DE/Allgemeines/Bundesnetzagentur/Publikationen/Berichte/2012/Jahresbericht2011pdf.pdf?__blob=publicationFile&v=2. Zugegriffen: 22. Jan. 2021

Hilbert M, López P (2011) The world's technological capacity to store, communicate, and compute information. Science 332:60–65

Hintemann R (2017) Rechenzentren in Deutschland: Eine Studie zur Darstellung der wirtschaftlichen Bedeutung und der Wettbewerbssituation. Berlin https://www.bitkom.org/sites/default/files/file/import/Kurzstudie-RZ-Markt-Bitkom-final-20-11-2017.pdf. Zugegriffen: 22. Jan. 2021

Hjarvard S (2008) The mediatization of society. a theory of the media as agents of social and cultural change. Nordicom Review 29(2): 105–134

Holmes R (2009) The age of wonder. Harper Press, London

Hoornweg D, Pope K (2014) Socioeconomic pathways and regional distribution of the world's 101 largest cities. Global Cities Institute. https://shared.uoit.ca/shared/faculty-sites/sustainability-today/publications/largest_cities.pdf. Zugegriffen: 22. Jan. 2021

Hossain MM, Peng C (2020) Cyber-physical security for on-going smart grid initiatives: a survey. IET Cyber-Phys Syst Theory Appl 5(3):233–244

Hoßmann I et al (2008) Die demografische Zukunft von Europa. Wie sich die Regionen verändern. Berlin Institut für

Bevölkerung und Entwicklung, Kurzform des Buches bei dtv, München, August 2008

Horx M (2011) Das Megatrend -Prinzip. Deutsche Verlags Anstalt, München

Hülswitt T, Brinzanik R (2010) Werden wir ewig leben? Gespräche über die Zukunft von Mensch und Technologie. edition unseld 30, SV, Berlin

J

Jackson T (2009) Prosperity without growth? The transition to a sustainable economy, Earthscan Sustainable Development Commission, York. http://www.sd-commission.org.uk/data/files/publications/prosperity_without_growth_report.pdf. Zugegriffen: 22. Jan. 2021

Jackson T (2012) Wohlstand ohne Wachstum. Leben und Wirtschaften in einer endlichen Welt. 5. Auflage, oekom verlag, München

Johansson D et al. (2020) The role of negative carbon emissions in reaching the Paris climate targets: The impact of target formulation in integrated assessment models. Environmental Research Letters, 15: 124024

Johnson NP, Mueller J (2002) Updating the accounts: global mortality of the 1918–1920 „Spanish" influenza pandemic. Bull Hist Med 76:105–115

Jones N (2018) How to stop data centres from gobbling up the world's electricity. Nature 561(7722):163–167

K

Kaldor M (2000) Neue und alte Kriege. Suhrkamp Verlag, Frankfurt

Kallenborn Z (2020) An Analysis of Drone Swarms as Weapons of Mass Destruction. USAF Center for Strategic Deterrence

Studies https://media.defense.gov/2020/Jun/29/2002331131/-1/-1/0/60DRONESWARMS-MONOGRAPH.PDF. Zugegriffen: 22. Jan. 2021

Kessler DJ, Cour-Palais BG (1978) Collision frequency of artificial satellites: The creation of a debris belt. J Geophys Res Space Phys 83(A6):2637–2646

Kessler D et al (2010) The kessler syndrome: implications to future space operations. Advances in the Astronautical Sciences, 137(8): 2010

Knab S et al (2010) Smart Grid: The Central Nervous System for Power Supply. New Paradigms, New Challenges, New Services. Schriftenreihe Innovationszentrum Energie Nr. 2. https://depositonce.tu-berlin.de/bitstream/11303/2710/1/Dokument_23.pdf. Zugegriffen: 22. Jan. 2021

Kristensen HM, Korda M (2019) Status of World Nuclear Forces. Federation of American Scientists. https://fas.org/issues/nuclear-weapons/status-world-nuclear-forces/. Zugegriffen: 22. Jan. 2021

Küster T (1994) Geschichte der Stadt Münster. In: Jakobi F-J (Hrsg) Bd. 3, Aschendorffsche Verlagsbuchhandlung, Münster

Kuhn J (2005) Der Schutz kritischer Infrastrukturen unter besonderer Berücksichtigung von kritischen Informations-infrastrukturen. IFSH Institute for Peace Research and Security Policy at the University of Hamburg

Kupper P (2003) Weltuntergangs-Vision aus dem Computer. Zur Geschichte der Studie „Die Grenzen des Wachstums" von 1972. In: Hohensee J, Uekötter F (Hrsg) Wird Kassandra heiser? Beiträge zu einer Geschichte der falschen Öko-Alarme. Beihefte der Historischen Mitteilungen der Ranke-Gesellschaft, Franz Steiner Verlag, Stuttgart

Kurzweil R (2005) The singularity is near. When humans transcend biology. Penguin Books, London

Kyle J, Gultchin L (2018) Populists in power around the world. Tony blair institute for global change. https://institute.global/sites/default/files/articles/Populists-in-Power-Around-the-World-.pdf. Zugegriffen: 22. Jan. 2021

L

Lagi M et al (2011) The food crises and political instability in North Africa and the Middle East. arXiv:1108.2455v1, 11 Aug 2011 https://necsi.edu/the-food-crises-and-political-instability-in-north-africa-and-the-middle-east. Zugegriffen: 22. Jan. 2021

Landes D (2009) Wohlstand und Armut der Nationen. Warum die einen reich und die anderen arm sind. 4 Aufl Verlagsgruppe Random House GmbH, München

Larhart J et al (2008) The limits to growth. Revive Malthusian Fears. Wall Street J, 24.03.2008. https://www.wsj.com/articles/SB120613138379155707. Zugegriffen: 22. Jan. 2021

Lauterbach R (2016) Das lange Sterben der Sowjetunion. Schicksalsjahre 1985–1999. edition berolina, Berlin

Lem S (1967) Der Unbesiegbare. Suhrkamp, Frankfurt

Liedtke M, Huy D (2018) Rohstoffrisikobewertung – Gallium. DERA Rohstoffinformationen 35, Berlin

Luks F (1999) Bis zum bösen Ende? Seit Jahrhunderten streiten Ökonomen darüber, ob der Kapitalismus auf Wachstum angewiesen ist. Zeit online, 29.12.1999. https://www.zeit.de/2000/01/Bis_zum_boesen_Ende_/seite-2?utm_referrer=https%3A%2F%2Fwww.google.com%2F. Zugegriffen: 22. Jan. 2021

M

Manheim D (2020) The Fragile World Hypothesis: Complexity, Fragility, and Systemic Existential Risk. Futures 122: 102570. https://www.sciencedirect.com/science/article/pii/S0016328720300604. Zugegriffen: 22. Jan. 2021

Marchant J (2010) Mechanical Inspiration. Nature 468:496–499

Marchant J (2012) Return to Antikythera: what divers discovered in the deep. The Guardian (02.10.2012). https://www.theguardian.com/science/blog/2012/oct/02/return-antikythera-wreck-ancient-computer. Zugegriffen: 22. Jan. 2021

Markham H (2012) The Human Brain Project. A Report to European Commission https://ec.europa.eu/digital-single-market/en/human-brain-project. Zugegriffen: 22. Jan. 2021

Mattews JA, Briffa KR (2005) ‚Little ice age': re-evaluation of an evolving concept. Geografiska Annaler. Series A Phys Geograp 87(1): 17–36

Mattsson K et al (2017) Brain damage and behavioural disorders in fish induced by plastic nanoparticles delivered through the food chain. Sci Rep 7:11452

Maul SH (2020) Das Gilgamesch-Epos. Neu übersetzt und kommentiert. Beck oHG, München

McDonough JP (2008) ‚Digital Dark Age' May Doom Some Data. Science Daily 29.10.2008. https://www.sciencedaily.com/releases/2008/10/081027174646.htm. Zugegriffen: 22. Jan. 2021

Meadows D, Randers J, Meadows D (2004) The Limits to Growth. The 30-Year Update. Chelsea Green Publishing Company, White River Junction

Meadows D (1972) Die Grenzen des Wachstums. DVA informativ, Stuttgart

Menski U, Gardemann M (2008) Auswirkungen des Ausfalls Kritischer Infrastrukturen auf den Ernährungssektor am Beispiel des Stromausfalls im Münsterland im Herbst 2005. Empirische Untersuchung im Auftrag der Bundesanstalt für Landwirtschaft und Ernährung (BLE). https://www.hb.fh-muenster.de/opus4/frontdoor/index/index/docId/462. Zugegriffen: 22. Jan. 2021

Mesarović M, Pestel E (1974) Menschheit am Wendepunkt. 2. Bericht an den Club of Rome zur Weltlage. DVA informativ, Stuttgart

Mitchell M (2009) Complexity – a guided tour. Oxford University Press, New York

Moore G (1965) Cramming more components onto integrated circuits. Electronics 38(8):114–117

Muhly J D (1985) Sources of tin and the beginnings of bronze metallurgy. American J Archaeol 89(2): 275–291. https://ancient-world-project.nes.lsa.umich.edu/tltc/wp-content/

uploads/2016/05/METAL_METALLURGY_Muhly-1985-AJA_Sources-of-Tin-and-the-Beginning-of-the-Bronze-Age-1.pdf. Zugegriffen: 22. Jan. 2021

N

Naisbitt J (1984) Megatrends – 10 Perspektiven, die unser Leben verändern werden. Hestia, Bayreuth

National Intelligence Council (2008) Disruptive Civil Technologies. Six Technologies with Potential Impacts on US Interests out to 2025. http://www.fas.org/irp/nic/disruptive.pdf. Zugegriffen: 22. Jan. 2021

Nestor-Forschungsdaten (2012) Kompetenznetzwerk Langzeitarchivierung, Göttingen. https://nestor.sub.uni-goettingen.de/bestandsaufnahme/. Zugegriffen: 22. Jan. 2021

Neuroth H et al (2012) Langzeitarchivierung von Forschungsdaten. Eine Bestandsaufnahme. Version 1.0 https://nestor.sub.uni-goettingen.de/bestandsaufnahme/. Zugegriffen: 22. Jan. 2021

Neuroth H et al (2010) nestor Handbuch. Eine kleine Enzyklopädie der digitalen Langzeitarchivierung. Version 2.3 https://nestor.sub.uni-goettingen.de/handbuch/. Zugegriffen: 22. Jan. 2021

P

Papale P (2018) Global time-size distribution of volcanic eruptions on Earth. Sci Rep 8(1):1–11

Perkins P et al (2005) An Analysis of economic infrastructure investment in South Africa. South African J Econ 73(2):211–228

Petermann T et al (2011) TAB Studien des Büros für Technikfolgen-Abschätzung beim Deutschen Bundestag. Was bei einem Blackout geschieht. Folgen eines lang andauernden und großräumigen Stromausfalls. Sigma Edition, Berlin

Pinker S (2002) The blank slate. The Penguin Press, London

Prillwitz F, Krüger M (2007) Netzwiederaufbau nach Großstörungen. 12. Symposium Maritime Elektrotechnik, Elektronik und Informationstechnik, 08.–10.10.2007, Rostock

Pulak C (1998) The Uluburun shipwreck: an overview. Int J Nautical Archaeology, 27(3): 188–224. https://onlinelibrary. wiley.com/doi/abs/10.1111/j.1095-9270.1998.tb00803.x. Zugegriffen: 22. Jan. 2021

Q

Quammen D (2012) Spillover. Animal Infections and the next human pandemic. The Bodley Head, London

R

Radkau J (2008) Technik in Deutschland. Campus Verlag, Frankfurt

Randers J, Goluke U (2020) An earth system model shows self-sustained melting of permafrost even if all man-made GHG emissions stop in 2020. Scientific Reports 10: 18456. https://www.nature.com/articles/s41598-020-75481-z. Zugegriffen: 22. Jan. 2021

Randers J (2012) 2052: A Global Forecast for the Next Forty Years. Chelsea Green Publishing, Vermont, US252

Regis E (1997) The doomslayer. Wired 02(01):1997. https:// www.wired.com/1997/02/the-doomslayer-2/. Zugegriffen: 22. Jan. 2021

Reisner J et al (2018) Climate impact of a regional nuclear weapons exchange: An improved assessment based on detailed source calculations. J Geophys Res Atmos 123(5):2752–2772

Reny S (2020) Nuclear-armed hypersonic weapons and nuclear deterrence. Strategic Stud Quarterly 14(4):47–73

Richerson P et al (2001) Was agriculture impossible during the pleistocene but mandatory during the holocene? A climate change hypothesis. Am Antiq 66:387–411

Richardson L (2007) Was Terroristen wollen. Campus Verlag, Frankfurt

Rinke A, Schwägerl C (2012) 11 drohende Kriege. C Bertelsmann Verlag, München

Robock A et al (2007) Climatic consequences of regional nuclear conflicts. Atmo. Chem. Phys. 7:2003–2012

Robock A et al (2007) Nuclear winter revisited with a modern climate model and current nuclear arsenals: Still catastrophic consequences. J Geophys Res Atmos 112:D13

Rockström J et al (2009) A safe operating space for humanity. Nature 461:472–475

Rockström J et al (2009) Planetary boundaries: exploring the safe operating space for humanity. Ecology and society, 14(2): 32

Rohmann D (2016) Christianity, book-burning and censorship in late antiquity: studies in text transmission (vol. 135). Walter de Gruyter GmbH & Co. KG

Romm J (2016) Climate change. What everyone needs to know. Oxford University Press, New York

Rosenthal DSH (2010) Bit preservation: a solved problem? Int J Digit Curat 1(5):134–148

Ross S (2012) Digital preservation, archival science and methodological foundations for digital libraries. The New Review of Information. Mai 2012. https://dl.acm.org/doi/1 0.1080/13614576.2012.679446. Zugegriffen: 22. Jan. 2021

Rougier J et al (2018) The global magnitude-frequency relationship for large explosive volcanic eruptions. Earth Planet Sci Lett 482:621–629

Rusch H (2014) The evolutionary interplay of intergroup conflict and altruism in humans: a review of parochial altruism theory and prospects for its extension. Proc Royal Soc B: Biol Sci 281(1794):20141539

S

Sample I (2007) Global food crisis looms as climate change and population growth strip fertile land. The Guardian, 31.08.2007. https://www.theguardian.com/environment/ 2007/aug/31/climatechange.food. Zugegriffen: 22. Jan. 2021

Schneider G, Troeger VE (2006) War and the world economy: Stock market reactions to international conflicts. J Conflict Resolut 50(5):623–645

Schultz NL (1999) Fear itself. Enemies real & imagined in American Culture. Purdue University Press, India

Shelley M (1826) Der letzte Mensch. Verlag GmbH, Ditzingen, Philipp Reclam jun

Simon J, Kahn H (1984) The resourceful EARTH. Basil Blackwell, New York

Simmons J (2011) Making safe, affordable and abundant food a global reality. Range Beef Cow Symposium. https://digitalcommons.unl.edu/cgi/viewcontent.cgi?article=1299&context=rangebeefcowsymp. Zugegriffen: 22. Jan. 2021

Smit E et al (2011) Avoiding a digital dark age for data: why publishers should care about digital. Preservation Learned Publishing 24(1):35–49

Smith A (2010) Adam Smith für Anfänger. Der Wohlstand der Nationen. Winter H, Rommel T (Hrsg) Deutscher Taschenbuch Verlag, München

Spengler O (1918) Der Untergang des Abendlandes. Braumöller, Wien

Statistisches Bundesamt DESTATIS (2018) Fachserie 19 Reihe 2.1.2. Umwelt. Öffentliche Wasserversorgung und -entsorgung 2016. https://www.destatis.de/DE/Themen/Gesellschaft-Umwelt/Umwelt/Wasserwirtschaft/Publikationen/Downloads-Wasserwirtschaft/abwasser-oeffentlich-2190212169004.html. Zugegriffen: 22. Jan. 2021

Stanton T et al (2020) It's the product not the polymer: Rethinking plastic pollution. Wiley Interdisciplinary Reviews: Water, e1490

Steffen W et al (2015) Planetary boundaries: Guiding human development on a changing planet. Science 347:6223

Stehr N (2000) Die Zerbrechlichkeit moderner Gesellschaften. Die Stagnation der Macht und die Chancen des Individuums. Velbrück Wissenschaft, Weilerswist

Stenke A et al (2013) Climate and chemistry effects of a regional scale nuclear conflict. Atmos Chem Phys 13(19):9713–9729

Stephenson N (2015) Amalthea. Manhattan, München

Stockholm International Peace Research Institute (2020) SIPRI Yearbook 2020 – Summary. Stockholm. https://www.sipri. org/sites/default/files/2020-06/yb20_summary_en_v2.pdf. Zugegriffen: 22. Jan. 2021

T

Tainter JA (1988) The collapse of complex societies. Cambridge University Press, New York

Taleb NN (2007) Der Schwarze Schwan. Die Macht höchst unwahrscheinlicher Ereignisse. Carl Hanser Verlag, München

Taleb NN (2007) Dooled by randomness. The hidden role of chance in life and the markets. 2 Aufl. Penguin Books, London

Thiel T (2012) Am Boulevard der toten Links. Archivierung des Internets. Frankfurter Allgemeine, Feuilleton, 24.06.2012 (12.11.2012). https://www.faz.net/aktuell/feuilleton/archi- vierung-des-internets-am-boulevard-der-toten-links-11791771. html. Zugegriffen: 22. Jan. 2021

Toon O et al (2019) Rapidly expanding nuclear arsenals in Pakistan and India portend regional and global catastrophe. Sci Adv 5(10):5478

Toynbee AJ (1954) A study of history, Bd 8. Oxford University Press, London

Turner G (2008) A comparison of the limits to growth with thirty years of reality. CSIRO

U

Uekötter F (2012) Simulierter Untergang. Zeit online, 22.11.2012. https://www.zeit.de/2012/48/Die-Grenzen-des- Wachstums-Wirtschaft-Prognosen. Zugegriffen: 22. Jan. 2021

Ullrich K, Wenger C (2008) Vision 2017. Was Menschen morgen bewegt. Redline Wirtschaft, München

Umweltbundesamt (2010) Energieziel 2050: 100 % Strom aus erneuerbaren Quellen. Dessau-Roßlau. https://www.umwelt-bundesamt.de/publikationen/energieziel-2050. Zugegriffen: 22. Jan. 2021

U.S. Geological Survey (2020) Mineral commodity summaries 2020: U.S. Geological Survey. https://doi.org/10.3133/mcs2020. Zugegriffen: 22. Jan. 2021

V

Van Vuuren DP et al. (2018) Alternative pathways to the 1.5 C target reduce the need for negative emission technologies. Nature climate change, 8(5): 391–397

W

Wackernagel M, Rees W (1998) Unser ökologischer Fußabdruck. Wie der Mensch Einfluss auf die Umwelt nimmt. Birkhäuser, Basel

Wackernagel M, Beyers B (2016) Footprint: Die Welt neu vermessen. CEP, Hamburg

Waldrop MM (1993) Inseln im Chaos – Die Erforschung komplexer Systeme. Rowohlt, Reinbek

Waldrop MM (1992) Complexity. The emerging science at the edge of order and chaos. Simon and Schuster Paperbacks, New York

Wallace-Wells D (2019) The unihabitable earth. Life after warming. Tim Duggan Books, New York

Watari T et al (2020) Review of critical metal dynamics to 2050 for 48 elements. Resources, Conservation and Recycling, 155: 104669

Ward P (2009) The Medea Hypothesis. Is Life on Earth Ultimately Self-Destructive? Princton University Press, Wiidstick

Ward-Perkins B (2006) The fall of rome. Oxford University Press, New York

WDR (2005) Quarks & Co. Skript zur WDR Sendereihe „Unter Strom". PDF zur Sendung. https://www.wdr.de/tv/applications/fernsehen/wissen/quarks/pdf/Q_Strom.pdf. Zugegriffen: 22. Jan. 2021

Weidringer JW, Weiss W (2011) Schutzkommission beim Bundesministerium des Inneren, Vierter Gefahrenbericht. Bundesamt für Bevölkerungsschutz und Katastrophenhilfe. https://www.bbk.bund.de/SharedDocs/Downloads/BBK/DE/Publikationen/PublikationenForschung/SdS_Band4.pdf?__blob=publicationFile. Zugegriffen: 22. Jan. 2021

Weisman A (2008) Die Welt ohne uns. Reise über eine unbevölkerte Erde. Piper Verlag GmbH, München

Weizsäcker EU et al (2002) Schlussbericht der Enquete-Kommission Globalisierung der Weltwirtschaft – Herausforderungen und Antworten. Deutscher Bundestag, Drucksache 14/9200, 06.2002. http://dip21.bundestag.de/dip21/btd/14/092/1409200.pdf. Zugegriffen: 22. Jan. 2021

West J (2020) Extractable global resources and the future availability of metal stocks: "Known Unknowns" for the foreseeable future. Resources Policy, 65: 101574

World Economic Forum (2021) The Global Risks Report 2021. 16th Edition, Genf. http://www3.weforum.org/docs/WEF_The_Global_Risks_Report_2021.pdf. Zugegriffen: 22. Jan. 2021

World Health Organization (2019) Global tuberculosis report 2019. Genf. https://apps.who.int/iris/bitstream/handle/10665/329368/9789241565714-eng.pdf?ua=1. Zugegriffen: 22. Jan. 2021

Woudhuizen FC (2018) Towards a reconstruction of Tin-trade routes in mediterranean protohistory. Praehistorische Zeitschrift 92(2):342–353

Wüst C (2013) Fahren ohne Fahrer, Der Spiegel 28.01.2013. https://www.spiegel.de/spiegel/print/d-90750488.html. Zugegriffen: 22. Jan. 2021

Wyman O (2012) Innovation in country risk management. https://www.oliverwyman.com/our-expertise/insights/2012/feb/innovation-in-country-risk-management.html#.UP6__ZGYP8s. Zugegriffen: 22. Jan. 2021

Z

Zalasiewicz J (2008) The earth after us. what legacy will humans leave in the rocks? Oxford University Press, New York

Zetter K (2011) How digital detectives deciphered stuxnet, the most menacing malware in history. Wired, 07.11.2011. https://www.wired.com/2011/07/how-digital-detectives-deciphered-stuxnet/. Zugegriffen: 22. Jan. 2021

Zentrum für Transformation der Bundeswehr (2012) Teilstudie 1: Peak Oil. Sicherheitspolitische Implikationen knapper Ressourcen. Dezernat Zukunftsanalyse. https://www.bundeswehr.de/resource/blob/140546/650f85c4df8085f948bdca8c9bac04c7/peakoil-data.pdf. Zugegriffen: 22. Jan. 2021

Zimmer DE (1999) Das große Datensterben. Von wegen Infozeitalter: Je neuer die Medien, desto kürzer ist ihre Lebenserwartung. Zeit online, 18.11.1999. https://www.zeit.de/1999/47/199947.information1a_.xml. Zugegriffen: 22. Jan. 2021

Stichwortverzeichnis

© Springer-Verlag GmbH Deutschland, ein Teil von Springer Nature 2021
T. Grüter, *Offline!*, https://doi.org/10.1007/978-3-662-63386-1

Printed in the United States
by Baker & Taylor Publisher Services